重庆市级精品课配套教材

国家示范性高职院校重点建设专业精品规划教材（土建大类）

——国家高职高专土建大类高技能应用型人才培养解决方案

钢筋混凝土主体结构施工

（修订版）

主　编／游普元
副主编／龚文璞

THE MAIN STRUCTURE OF REINFORCED CONCRETE CONSTRUCTION

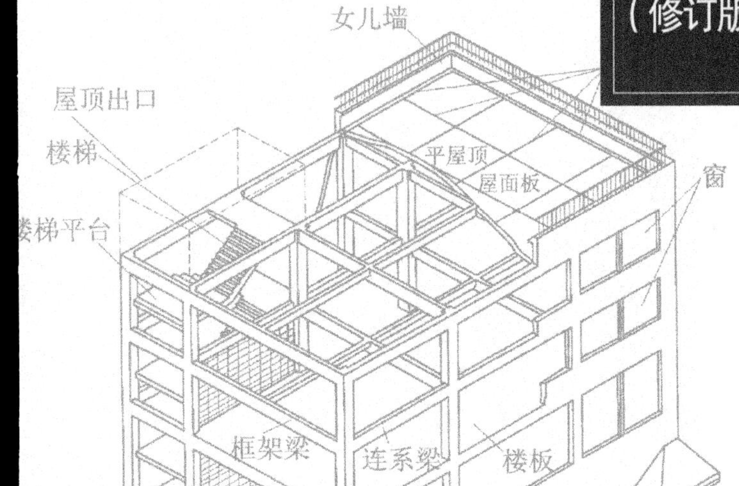

天津大学出版社
TIANJIN UNIVERSITY PRESS

内容提要

本书根据高职高专示范院校建设的要求，基于工作过程系统化进行课程建设的理念，满足建筑工程技术专业人才培养目标及教学改革要求，选择构件（柱、梁、板、剪力墙、楼梯）为载体，根据9大任务编写而成，书中采用了最新的建筑施工规范。

书中除课程导入外，共分柱施工、梁施工、板施工、剪力墙施工和楼梯施工5个学习情境。在每个学习情境后编排了部分工程项目分析题，并增加了“教学评估表”，收集学生对本学习情境的学习反馈，便于教师完成教学反思。为满足学生可持续发展需要，书中增加了部分拓展知识，各个学校可根据需要和课时，自行安排。这充分实现了学习过程重复，但学习知识不重复，对已经学习过的知识，在学习情境2以后，讲述其区别所在，并用任务单的形式，实施引导式教学。

本书可作为高职高专建筑工程技术、工程造价、工程项目管理、给排水等专业的教学用书，也可供其他类型学校，如职工大学、函授大学、电视大学等相关专业选用，以及有关的工程技术人员参考。

图书在版编目（CIP）数据

钢筋混凝土主体结构施工/游普元主编. —天津：天津大学出版社，2020.1（2024.8重印）

ISBN 978-7-5618-3832-7

Ⅰ.①钢…　Ⅱ.①游…　Ⅲ.①钢筋混凝土结构－工程施工－高等学校：技术学校－教材　Ⅳ.①TU755

中国版本图书馆CIP数据核字（2011）第008776号

出版发行　天津大学出版社
地　　址　天津市卫津路92号天津大学内（邮编：300072）
电　　话　发行部：022-27403647
网　　址　www.tjupress.com.cn
印　　刷　北京虎彩文化传播有限公司
经　　销　全国各地新华书店
开　　本　185mm×260mm
印　　张　17.5
字　　数　440千
版　　次　2020年1月第4版
印　　次　2024年8月第8次
定　　价　59.00元

总　序

“国家示范性高职院校重点建设专业精品规划教材（土建大类）”是根据教育部、财政部《关于实施国家示范性高等职业院校建设计划 加快高等职业教育改革与发展的意见》（教高〔2006〕14 号）及《关于全面提高高等职业教育教学质量的若干意见》（教高〔2006〕16 号）文件精神，为了适应我国当前高职高专教育发展形势以及社会对高技能应用型人才培养的需求，配合国家示范性高职院校的建设计划，在重构能力本位课程体系的基础上，以重庆工程职业技术学院为载体，开发了与专业人才培养方案捆绑、体现“工学结合”思想的系列教材。

本套教材由重庆工程职业技术学院建筑工程学院组织，联合重庆建工集团、重庆建设教育协会和兄弟院校的一些行业专家组成教材编审委员会，共同研讨并参与教材大纲的编写和教材内容的审定工作，是集体智慧的结晶。本套教材的特点是：与企业密切合作，制定了突出专业职业能力培养的课程标准；反映了行业新规范、新技术和新工艺；打破传统学科体系教材编写模式，以工作过程为导向，系统设计课程内容，融“教、学、做”为一体，体现高职教育“工学结合”的特点。

在充分考虑高技能应用型人才培养需求和发挥示范院校建设作用的基础上，编委会基于能力递进工作过程系统化理念构建了建筑工程技术专业课程体系。其具体内容如下。

1. 调研、论证、确定岗位及岗位群

通过毕业生岗位统计、企业需求调研、毕业生跟踪调查等方式，确定建筑工程技术专业的岗位和岗位群为施工员、安全员、质检员、档案员、监理员，其后续提升岗位为技术负责人、项目经理。

2. 典型工作任务分析

根据建筑工程技术专业岗位及岗位群的工作过程，分析工作过程中各岗位应完成的工作任务，采用“资讯、计划、决策、实施、检查、评价”六步骤工作法提炼出“识读建筑工程施工图（综合识图）”等 43 项典型工作任务。

3. 由典型工作任务归纳为行动领域

根据提炼出的 43 项典型工作任务，按照是否具有现实、未来以及基础性和范例性意义的原则，将 43 项典型工作任务直接或改造后归纳为“建筑工程施工图及安装工程图识读、绘制”等 18 个行动领域。

4. 将行动领域转换配置为学习领域课程

根据“将职业工作作为一个整体化的行动过程进行分析”和“资讯、计划、决策、实施、检查、评价”六步骤工作法的原则，构建“工作过程完整”的学习过程，将行动领域或改造后的行动领域转换配置为“建筑工程图识读与绘制”等18门学习领域课程。

5. 构建专业框架教学计划

具体参见电子资源。

6. 设计基础学习领域课程的教学情境

由课程建设小组与基础课程教师共同完成基础学习领域课程教学情境的设计，基于专业学习领域课程所需的理论知识和学生后续提升岗位所需知识来系统地设计教学情境，以满足学生可持续发展的需求。

7. 设计专业学习领域课程的教学情境

根据专业学习领域课程的性质和培养目标，校企合作共同选择以图纸类型、材料、对象、分部工程、现象、问题、项目、任务、产品、设备、构件、场地等为载体，并考虑载体具有可替代性、范例性及实用性的特点，对每个学习领域课程的教学内容进行解构和重构，设计出专业学习领域课程的教学情境。

8. 校企合作共同编写学习领域课程标准

重庆建工集团、重庆建设教育协会及一些企业和行业专家参与了课程体系的建设和学习领域课程标准的开发及审核工作。

在本套教材的编写过程中，编委会强调基于工作过程的理念进行编写，强调加强实践环节，强调教材用图统一，强调理论知识满足可持续发展的需要。采用了创建学习情境和编排任务的方式，充分满足学生“边学、边做、边互动”的教学需求，达到所学即所用。本套教材体系结构合理、编排新颖而且满足了职业资格考核的要求，实现了理论实践一体化，实用性强，能满足学生完成典型工作任务所需的知识、能力和素质的要求。

追求卓越是本系列教材的奋斗目标，为我国高等职业教育发展而勇于实践和大胆创新是编委会共同努力的方向。在国家教育方针、政策引导下，在各位编审委员会成员和作者团队的共同努力下，在天津大学出版社的大力支持下，我们力求向社会奉献一套具有“创新性和示范性”的教材，我们衷心希望这套教材的出版能够推动高职院校的课程改革，为我国职业教育的发展贡献自己微薄的力量。

丛书编审委员会

前　言

《钢筋混凝土主体结构施工》是高职高专土建大类教材编委会组编的建筑工程技术类课程规划教材之一。建筑物主体结构有钢筋混凝土结构、砌体结构和钢结构三种形式，而主体结构类似于人体骨骼的作用。目前，钢筋混凝土结构使用越来越广泛，该课程是以钢筋混凝土结构为主要研究对象，它的任务是研究钢筋混凝土结构各构件的施工工艺、施工技术和施工方法，其实践性强、综合性大、社会性广、新技术发展快。其主要内容包括各构件施工图的识读、构造会审、人机料计划编制、抄平放线、脚手架搭设、钢筋施工、模板施工、混凝土施工、质量及安全控制等九个任务。本教材根据高职高专人才培养目标和工学结合人才培养模式以及专业教学改革的要求，在编者多年教学实践的基础上编写而成，采用“边学、边做、边互动”模式，实现所学即所用。

本书遵循《混凝土结构施工图平面整体表示方法制图规则和构造详图》(11G101—1、11G101—2、11G101—3、11G101—4)、《混凝土结构设计规范》(GB 50010—2010)、《高层建筑混凝土结构技术规程》(JGJ3—2010)、《混凝土结构工程施工质量验收规范》(GB 50204—2011)、《混凝土泵送施工技术规程》(JGJ/T10—2011)、《建筑工程施工质量验收统一标准》(GB 50300—2010)、《建设工程施工现场供用电安全规范》(GB 50194—2002)等国家标准编写而成。

高职高专院校专业设置和课程内容的选取要充分考虑企业和毕业生就业岗位的需求，而建筑工程技术专业的毕业生主要走向是施工员、安全员、质检员、档案员、监理员等岗位和岗位群，因此本教材在内容选取中，涉及柱、梁、板、剪力墙、楼梯等五个构件，每个构件又涉及读图、会审等九大任务。由于其核心岗位为施工员，所以在五部分内容的编排和选取上有所侧重。

本书是集体智慧的结晶，“国家示范性高职院校重点建设专业精品规划教材(土建大类)”教材编审委员会、重庆建工集团、重庆建设教育协会等企业、行业、学校的专家审定了教材编写大纲。本书由重庆工程职业技术学院游普元统稿、定稿，并担任主编；副主编由重庆建工集团二建龚文璞总工和酒泉市建设工程安全质量监督管理站乐莹担任。参与本教材编写的老师有游普元、张冬秀、黄治国、杨宁、徐小珊、谯川。

学习情境 1 为柱的施工，主要内容包括：柱施工图的识读、柱的构造会审、柱的人机料计划编制、柱的抄平放线、柱的脚手架搭设、柱的钢筋施工、柱的模板施工、柱的砼施工、柱的质量及安全控制。

学习情境 2 为梁的施工，主要内容包括：梁施工图的识读、梁的构造会审、梁的人机料计划编制、梁的测量施工、梁的脚手架搭设、梁的钢筋施工、梁的模板施工、梁的砼施工、梁的质量及安全控制。

学习情境3为板的施工，主要内容包括：板施工图的识读、板的构造会审、板的人机料计划编制、板的测量施工、板的脚手架搭设、板的钢筋施工、板的模板施工、板的砼施工、板的质量及安全控制。

学习情境4为剪力墙的施工，主要内容包括：剪力墙施工图的识读、剪力墙的构造会审、剪力墙的人机料计划编制、剪力墙的测量施工、剪力墙的脚手架搭设、剪力墙的钢筋施工、剪力墙的模板施工、剪力墙的砼施工、剪力墙的质量及安全控制。

学习情境5为楼梯的施工，主要内容包括：楼梯施工图的识读、楼梯的构造会审、楼梯的人机料计划编制、楼梯的测量施工、楼梯的脚手架搭设、楼梯的钢筋施工、楼梯的模板施工、楼梯的砼施工、楼梯的质量及安全控制。

任务1和任务3由乐莹编写，任务2由游普元编写，任务4由张冬秀编写，任务5由杨宁编写，任务6和任务7由徐小珊编写，任务8由黄治国编写，任务9由谯川编写。

本书在“学习目标”描述中所涉及的程度用语主要有“熟练”“正确”“基本”。“熟练”指能在规定的较短时间内无错误地完成任务，“正确”指在规定的时间内无错误地完成任务，“基本”指在没有时间要求的情况下，不经过旁人提示，能无错误地完成任务。

承蒙重庆建工集团二建的龚文璞总工、三建的黄钢琪总工、茅苏惠部长及我院建筑专业教学指导委员会的全体委员审定和指导了教材编写大纲及编写内容，在此一并表示感谢。

为了帮助任课教师更好地备课，按照教学计划顺利完成教学任务，我们将对选用本教材的授课教师提供一套包括电子教案、课程标准、教学计划、教学课件等在内的完整的教学解决方案，从而为教师提供全方位的、细致周到的教学资源增值服务（索取教师服务资源库信息的电子信箱：ccshan2008@sina.com）。

由于是第一次系统化地基于工作过程，并按照构件分类编写该教材，难度较大，加之编者水平有限，缺点和错误在所难免，恳请专家和广大读者不吝赐教、批评指正，以便我们在今后的工作中改进和完善。

编　者

2017年9月

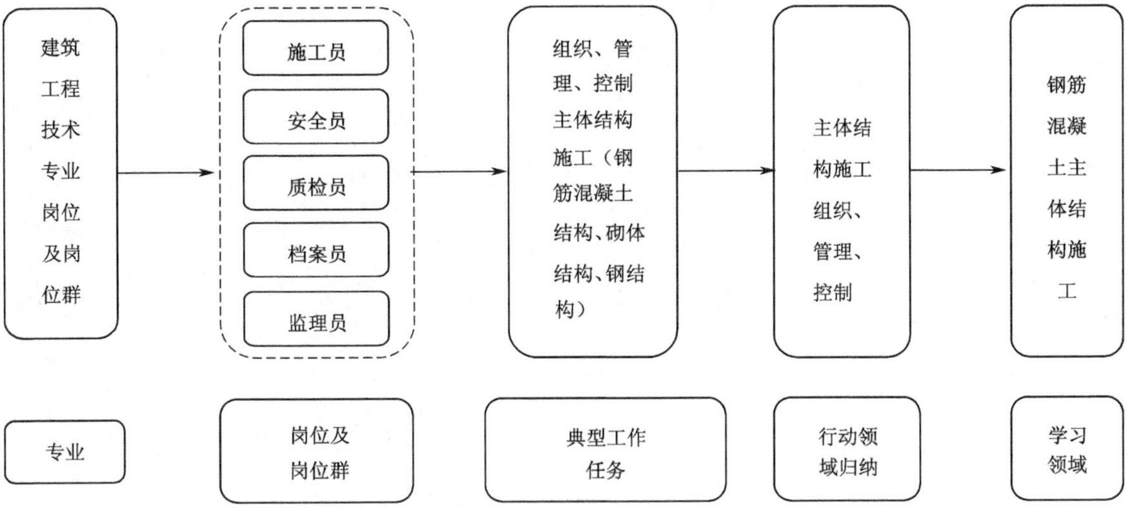

《钢筋混凝土主体结构施工》课程设计框图

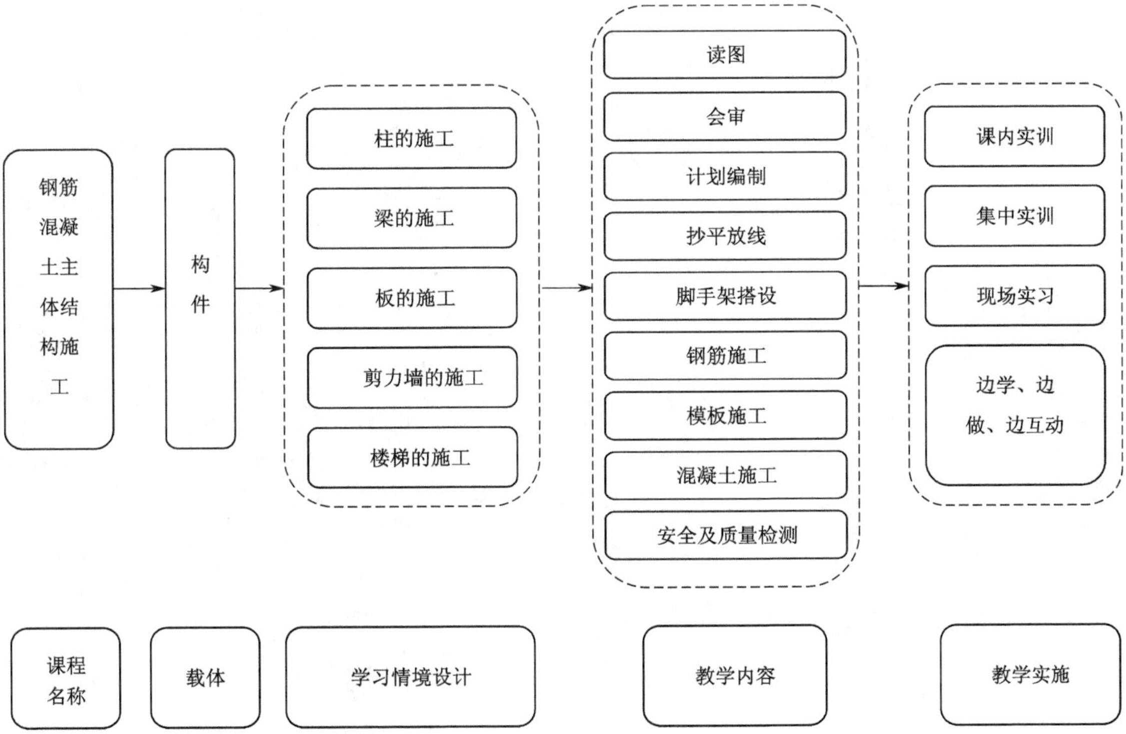

《钢筋混凝土主体结构施工》课程内容框图

目 录

0　课程导入

【学习目标】

知识目标	能力目标	权重
能正确表述主体结构的含义	能正确领悟主体结构施工的程序及工作过程	0.20
能正确表述主体结构的形式	能正确领悟主体结构的各种形式在建筑工程中的应用，并与所在院校的建筑物相联系	0.20
能基本正确地表述主体结构施工技术的发展趋势	能指出我国某些地标性建筑物所用施工技术	0.15
能熟练表述本课程的性质与目标	能正确领悟本课程与其他课程间的衔接关系	0.15
能熟练表述本课程的学习方法和要求	能正确领悟各学习方法在本课程中的应用	0.15
能正确表述本课程的考核方法	能正确理解并适应本课程的考核办法	0.15
合　计		1.00

【教学准备】

准备 10 ~ 20 min 的教学录像，其内容主要是介绍施工图与建筑物的关系、工程图绘制的发展历程。

【教学方法建议】

集中讲授、小组讨论、观看录像、读图正误对比、拓展训练。

【建议学时】

2 学时

0.1　主体结构的含义

在建筑结构中，基础以上主要承受并传递荷载的结构称为主体结构。钢筋混凝土主体结构工程是由模板、钢筋、混凝土等多个分项工程组成，其主要构件有柱、梁、板、剪力墙和楼梯，它的施工程序如图 0.1 所示，每一施工程序的工作过程如图 0.2 所示。由于其施工过程多，因而要加强施工管理、统筹安排、合理组织，以保证质量、缩短工期和降低造价。

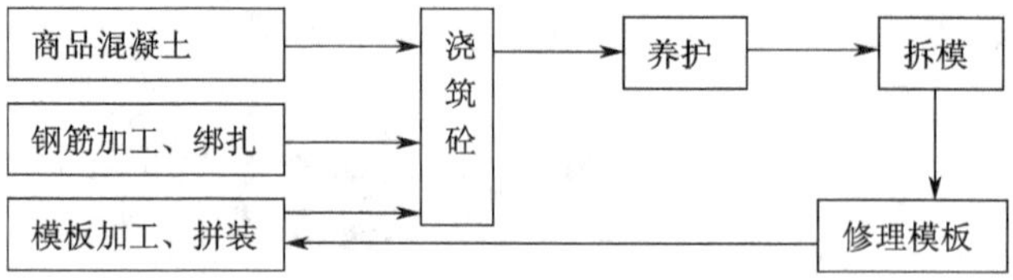

图 0.1　钢筋混凝土主体结构工程施工程序图

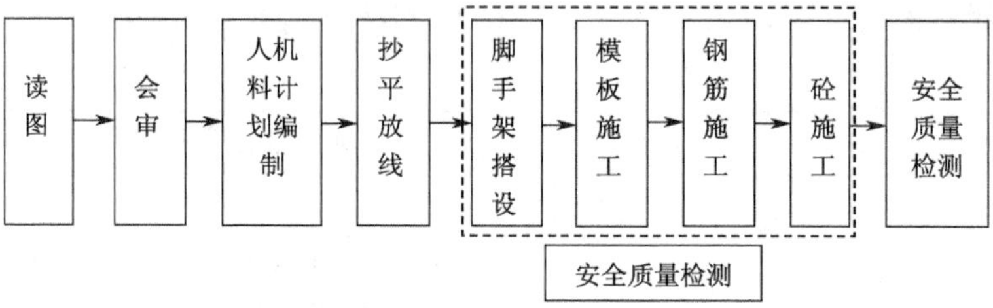

图 0.2　钢筋混凝土主体结构工程施工程序的工作过程

钢筋混凝土主体结构的施工方法有预制装配式、装配整体式、部分装配式和全现浇四种，本教材主要介绍全现浇的施工方法。

0.2　钢筋混凝土主体结构形式

1. 框架结构

框架结构是指由柱和与柱相连的横梁所组成的承重骨架，如图 0.3 所示，其施工方法有现浇和装配式两种。

2. 剪力墙结构

剪力墙结构是指利用建筑物内墙和外墙作为承重骨架，如图 0.4 所示，其施工方法主要是大模板或滑模现浇。

3. 框支剪力墙结构

框支剪力墙结构是指把剪力墙结构的部分纵横墙体在底部或数层不落到底，采用框架支撑上部剪力墙，如图 0.5 所示，多用于高层商住楼和高层旅馆建筑。其施工方法主要是现浇。

4. 框架剪力墙结构

框架剪力墙结构是框架和剪力墙两种结构体系的结合，如图 0.6 所示，其剪力墙部分用大模板浇筑，框架的梁柱仍按框架体系施工。

5. 筒体结构

筒体结构是指由剪力墙构成空间薄壁筒体，成为悬臂箱形梁，或由加密的柱和刚度较大的裙梁形成框架筒，是一个或多个筒体为主要抗侧力构件的结构，如图 0.7 所示。其施工方法主要是大模板或滑模现浇。

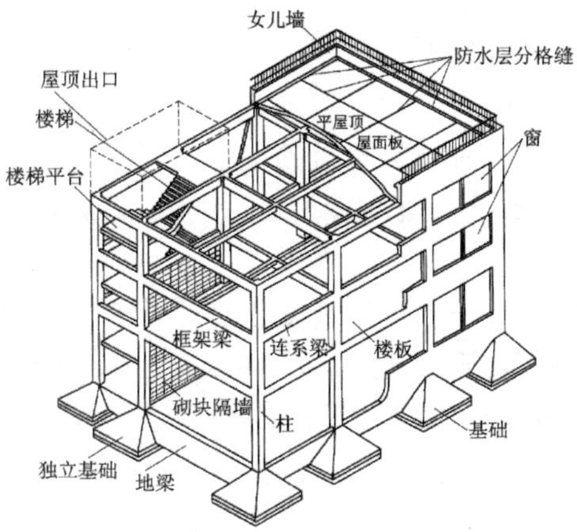

图 0.3　框架结构示意图

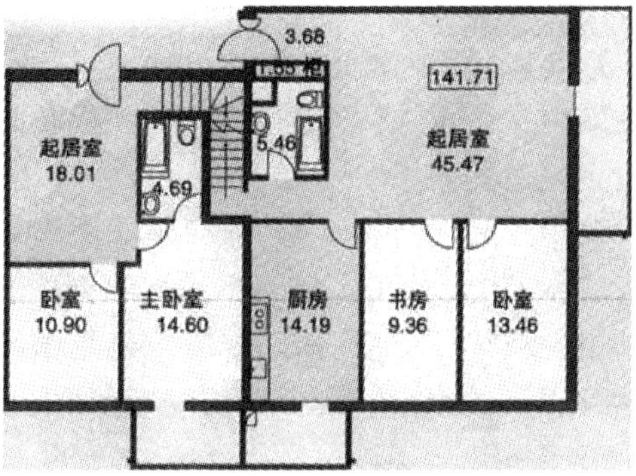

图 0.4　剪力墙结构平面示意图

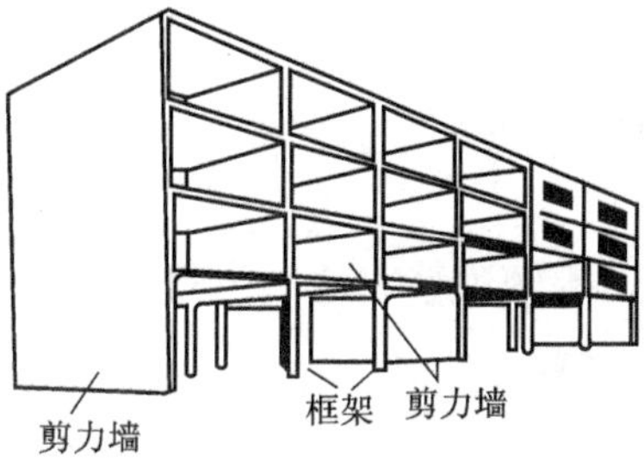

图 0.5　框支剪力墙结构构造示意图

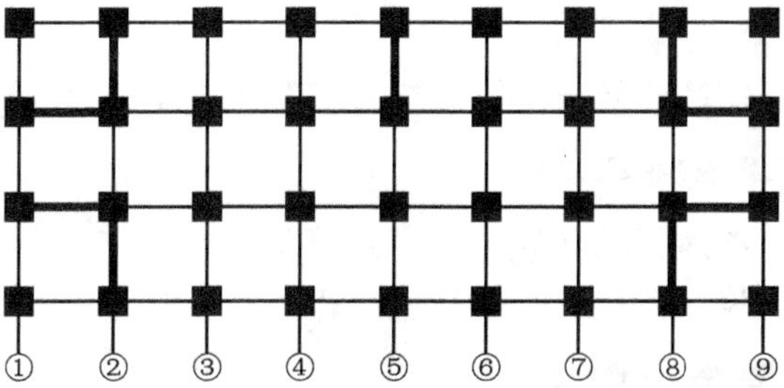

图 0.6　框架剪力墙结构

图 0.7　筒体结构图

0.3　钢筋混凝土主体结构施工技术的发展概况

近年来，我国建筑业发展迅猛，建筑业在国民经济中占有举足轻重的地位。建筑施工技术领域取得了令世人瞩目的成就，一大批新时期的施工技术赶上或超过了发达国家，在总体上也接近了发达国家。

改革开放的持续推进，为建筑业注入了生机和活力，一系列标志性建筑先后落成。北京国家大剧院、北京国家体育场(鸟巢、水立方)、上海世博会设施、跨长江和跨海大桥、各地的轻轨与地铁工程等，不论是钢筋混凝土还是钢结构的主体施工都集中体现了我国的建筑施工技术已达到很高的水平，有些已达到国际领先水平。

0.4　学习领域的性质及目标

1. 性质

钢筋混凝土主体结构施工是土建类专业的必修课和专业核心课。

2. 前导课程

本课程的前导课程有建筑工程材料的检测与选择、建筑工程图识读与绘制、建筑结构构造及计算、建筑工程测量、施工机具设备选型。

3. 平行课程

本课程的平行课程有工程质量通病分析及预防、基础工程施工、特殊工程施工、钢结构工程施工。

4. 后续课程及职业能力知识

本课程的后续课程包括装饰装修工程施工、工程质量通病分析及预防、建筑工程施工组织编制与实施，包含施工员考试考核中的许多内容，如结构施工图的识读、钢筋下料长度计算、质量控制、安全检查等方面的内容。

0.5　教学方法、考核方法

1. 教学方法

建议采用多媒体教学、案例教学、任务式教学，到实训基地、施工现场等进行实境教学。

2. 考核方法

建议采用形成性评价和总结性评价相结合的方法进行考核。形成性评价是指在教学过程中对学生的学习态度、作业、任务单完成情况进行的评价；在每一个学习情境中，建议学习态度占 10 分、书面作业占 15 分、任务单完成情况占 15 分、实作占 30 分，共 70 分。总结性评价是指在教学活动结束时，对学生整体技能情况的评价，占 30 分。其中各学习情境所占比值如表

0.1 所示。

表 0.1 各学习情境在总结性评价中所占比值一览表

序号	学习任务	评价内容	评价比值
1	课程导入	评价学生对钢筋混凝土主体结构施工的认知程度	5
2	柱的施工	评价学生对柱施工图的识读、柱的结构构造、人机料计划的编制、柱的施工(包括钢筋、模板、混凝土)及质量安全控制等方面的应用能力	25
3	梁的施工	评价学生对梁施工图的识读、梁的结构构造、人机料计划的编制、梁的施工(包括钢筋、模板、混凝土)及质量安全控制等方面的应用能力	25
4	板的施工	评价学生对板施工图的识读、板的结构构造、人机料计划的编制、板的施工(包括钢筋、模板、混凝土)及质量安全控制等方面的应用能力	15
5	剪力墙的施工	评价学生对剪力墙施工图的识读、剪力墙的结构构造、人机料计划的编制、剪力墙的施工(包括钢筋、模板、混凝土)及质量安全控制等方面的应用能力	15
6	楼梯的施工	评价学生对楼梯施工图的识读、楼梯的结构构造、人机料计划的编制、楼梯的施工(包括钢筋、模板、混凝土)及质量安全控制等方面的应用能力	15

0.6 本课程的特点和学习方法

钢筋混凝土主体结构施工是一门综合性、时效性很强的专业课程,它综合运用建筑工程材料的检测与选择、建筑功能及建筑构造分析、建筑结构构造及计算、建筑工程测量、施工机具设备选型等课程知识,应用国家颁发的现行建筑工程施工及验收规范和相关施工规程,来解决主体结构施工中的问题。

施工技术与生产实践联系非常紧密,生产实践是施工发展的源泉,而技术的发展日新月异,给主体施工提供了日益丰富的技术内容。因此,本课程也是一门实践性很强的课程。由于技术发展迅速,本课程内容的综合性、实践性、时效性强,涉及的知识面广,学习中需勤动手、勤动脑、勤动口、勤查阅相关资料,重视课内实训、集中实训及协岗、定岗、顶岗实习等实践教学环节,实现"做中学、学中做、边做边学",与学过的知识相联系,理论与实践相联系,培养学生的职业能力。

习 题

1. 请陈述钢筋混凝土主体结构的施工程序和施工顺序。

2. 查阅有关资料和报纸杂志,陈述全国有哪些重要或标志性建筑正在建设,其主体结构施工在技术上有什么特点。

学习情境1　柱的施工

【学习目标】

知识目标	能力目标	权重
能正确表述柱的平面整体表示方法及制图规则	能正确识读柱的结构施工图(平法表示)	0.10
能基本表述柱的构造标准	根据柱的构造标准,能进行柱施工图的会审和技术交底	0.15
能正确表述钢筋混凝土主体结构施工进度表中柱的施工内容	能较正确地提出柱施工的人机料计划,正确选择所需施工机具	0.10
能够熟练表述利用水准仪、经纬仪、全站仪对柱进行定位放线时的操作步骤及方法	能正确操作水准仪、经纬仪、全站仪,正确进行柱的定位、放线及轴线的引测	0.10
能熟练表述柱施工脚手架的种类及特点、脚手架的搭设要求及搭设步骤	能正确选用柱施工时所需脚手架及支架的类型,指导脚手架及支架的施工(包括搭设和检查)	0.10
能正确表述钢筋的进场验收步骤、柱钢筋下料单的编制方法、柱钢筋的施工方法及施工规范等	能正确进行进场钢筋的抽样检查,编制柱钢筋的下料单;能指导柱钢筋的施工(包括钢筋的成型、连接、安装、检查)	0.13
能正确表述柱模板的类型及特点、模板的配板过程、模板的施工方法及施工规范等	能正确选用柱模板的种类及规格,进行柱模板的配板设计,指导柱模板的施工(包括模板的定位、安装、检查)	0.10
能正确表述浇筑柱混凝土的抽样检查内容及步骤、混凝土工程的施工方法及施工规范等	能进行混凝土的抽样检查,指导柱的泵送混凝土施工(包括泵站的选择、管道的支设、混凝土的浇筑、检查)	0.10
能正确表述柱施工质量的检查方法及质量控制过程,质量安全事故等级划分及处理程序,柱施工的安全技术措施,柱施工常见的质量事故及其原因	能在柱施工过程中正确进行安全控制、质量控制,分析并处理常见质量问题和安全事故	0.12
合　计		1.00

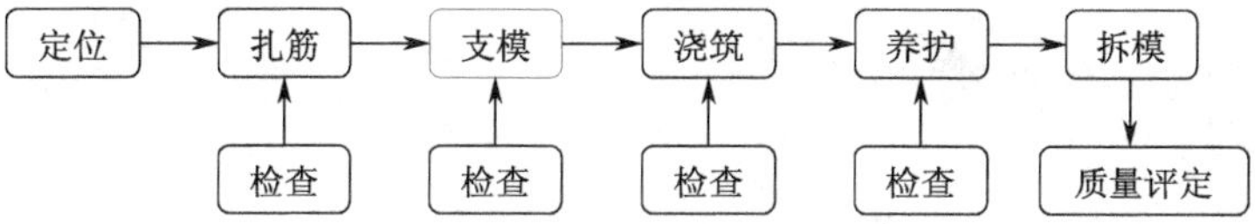

钢筋混凝土柱施工的流程框图

【教学准备】

准备各工种(测量工、架子工、钢筋工、混凝土工等)的视频资料(各院校可自行拍摄或向相关出版机构购买),实训基地、水准仪、全站仪、钢管、模板、钢筋等实训场地、机具及材料。

【教学方法建议】

集中讲授、小组讨论方案、制订方案、观看视频、读图正误对比、下料长度计算、基地实训、现场观摩、拓展训练。

【建议学时】

50(24)学时

问题引入

案例1　某影剧院观众厅看台为框架结构,有柱子14根。底层柱从基础顶起到一层大梁止,高7.5 m,断面为750 mm×750 mm。混凝土浇筑后,拆模时发现13根柱有严重的蜂窝、麻面和露筋现象,特别是在地面以上1 m处尤其集中与严重。

案例2　广东省某加油站的一个油亭,在浇筑屋面混凝土时突然塌落,造成5人死亡、1人重伤、3人轻伤的重大事故。

该工程为单层钢筋混凝土结构,由4根钢筋混凝土柱支撑一反井梁屋盖,共有10根交叉大梁。平面尺寸为14 m×14 m,面积为196 m^2,支撑屋盖的柱子高6.8 m,柱间距双向均为9 m。

该工程结构不复杂。浇筑屋盖时采用满堂支模板,梁底部采用ϕ48 mm×3.5 mm扣件式钢管脚手架支撑立柱,间距0.5 m。平板部分采用1 m×1 m间距的支撑。

任务1　柱施工图的识读

施工前必须先读懂施工图,一套完整的施工图包括建筑施工图、结构施工图、设备施工图(水、电、暖等的施工图)。本书仅介绍结构施工图的识读。

结构施工图包括基础施工图、柱施工图、梁施工图、板施工图、剪力墙施工图、楼梯施工图等。首先看柱施工图。

1.1 柱的平面表示方法

1.1.1 列表注写方式

用表格的方式将柱的名称、起止标高、几何尺寸、配筋数值、箍筋类型等内容在图纸上注写出来，就是列表注写方式，如图 1.1.1 和表 1.1.1 所示。

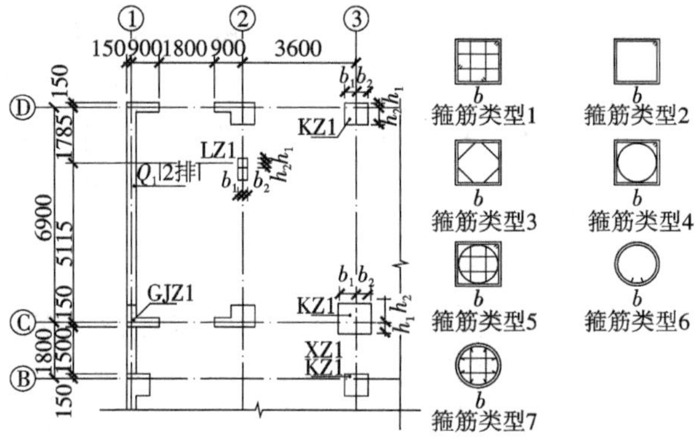

图 1.1.1 柱的列表注写方式例图

表 1.1.1 柱的列表注写方式

柱号	标高	$b\times h$（圆柱直径 D）	b_1	b_2	h_1	h_2	全部纵筋	角筋	b 边一侧中部筋	h 边一侧中部筋	箍筋类型号	箍筋
KZ1	-0.03～19.47	750×700	375	375	150	550	24Φ25				1(5×4)	φ10@100/200
	19.47～37.47	650×600	325	325	150	450		4Φ22	5Φ22	4Φ20	1(4×4)	φ10@100/200
	37.47～59.07	550×500	275	275	150	350		4Φ22	5Φ22	4Φ20	1(4×4)	φ10@100/200
XZ1	-0.03～8.67						8Φ25					
	在③×Ⓑ轴 KZ1 中设置											

在实际工程中，柱的类型非常多，具体类型见表 1.1.2。

表 1.1.2 柱的类型

柱类型	框架柱	框支柱	芯柱	梁上柱	剪力墙上柱
代号	KZ	KZZ	XZ	LZ	QZ

1.1.2 截面注写方式

在同一编号的柱中选择一个截面放大到能看清的比例，直接注写柱的名称、起止标高、几何尺寸、配筋数值、箍筋类型等内容，就是截面注写方式，如图 1. 1. 2 所示。

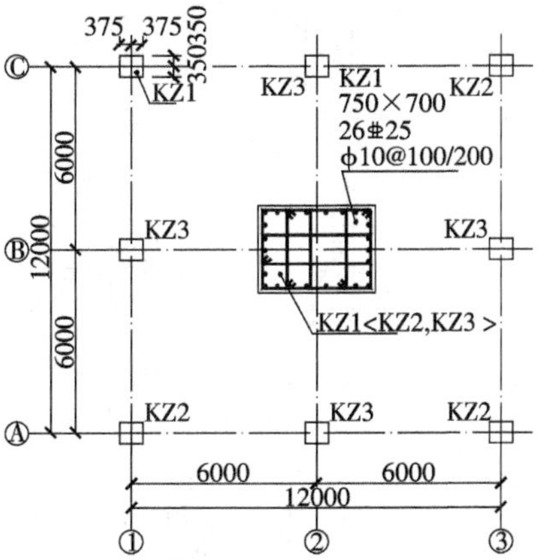

图 1. 1. 2　柱的截面注写方式例图

（ -4. 53 ~12. 27 m 柱平面布置图）

KZ1 集中标注表达的意思如下。

750 ×700：表示柱的截面尺寸为 750 mm（宽）×700 mm（长）。

26 ⌀ 25：表示全部纵筋有 26 根，直径为 25 mm 的Ⅱ级钢筋。

ϕ10@ 100/200：表示柱的箍筋为直径 10 mm 的Ⅰ级钢筋，加密区间距为 100 mm，非加密区间距为 200 mm。

1. 2　柱钢筋的识读

1. 2. 1　柱箍筋的识读

识读柱箍筋时，要清楚箍筋的种类及根数。其种类有非复合箍筋和复合箍筋两种，具体如图 1. 1. 3 和图 1. 1. 4 所示。

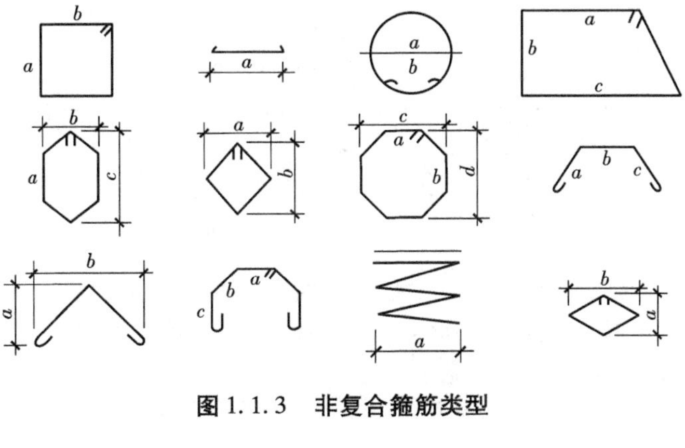

图 1. 1. 3　非复合箍筋类型

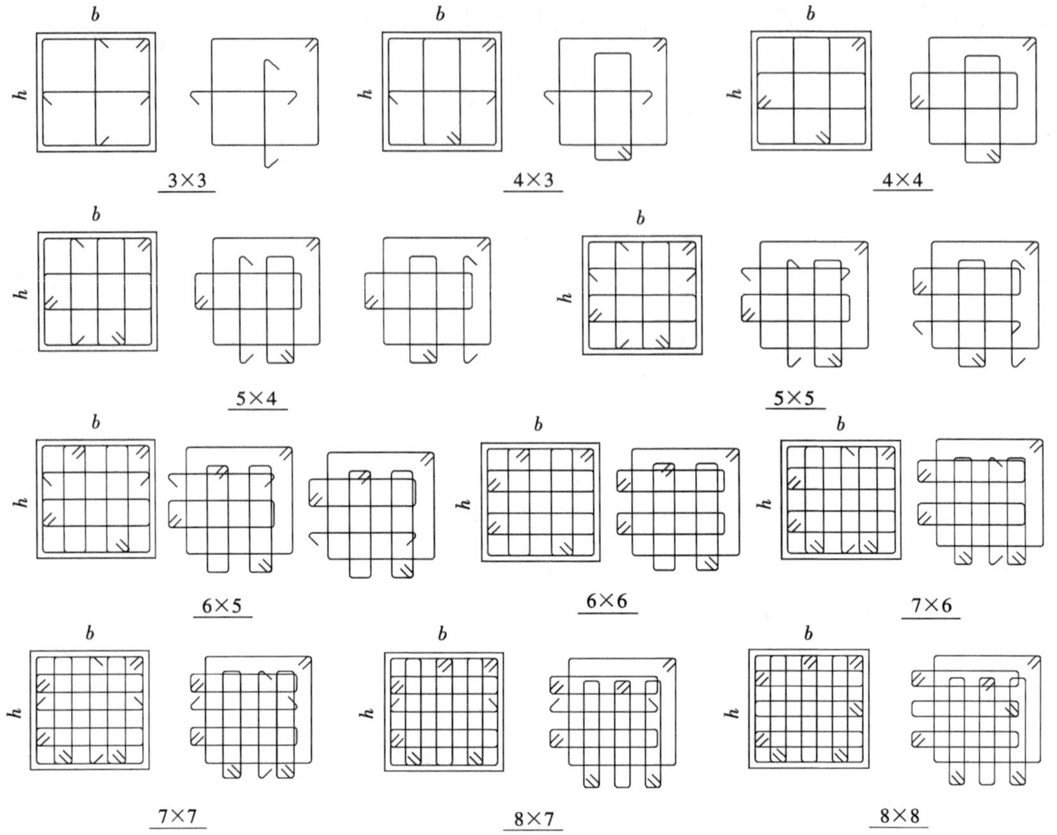

图 1.1.4　复合箍筋类型

柱箍筋根数的计算分为两种情况：一种是按纵筋绑扎连接时计算，另一种是按纵筋机械连接时计算。

1. 按纵筋绑扎连接情况计算箍筋的根数

(1)基础层箍筋根数计算(图 1.1.5)

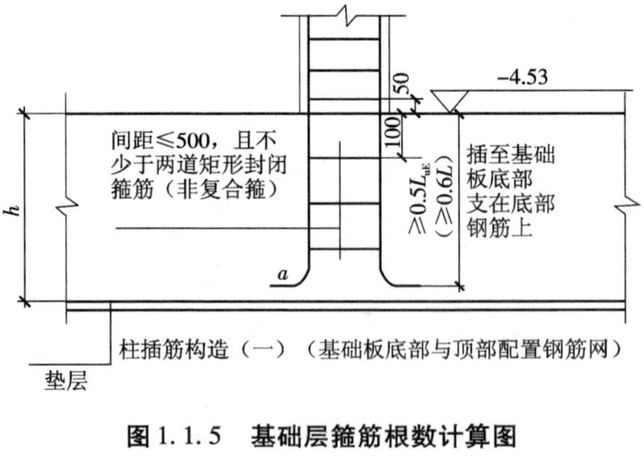

图 1.1.5　基础层箍筋根数计算图

1）基础层上、下两端均不布置箍筋。

箍筋根数 =（基础高度 h − 基础保护层）/500 − 1

2）基础层上或下一端布置一根箍筋。

箍筋根数 =（基础高度 h − 基础保护层）/500

3）基础层上、下两端各布置一根箍筋。

箍筋根数 =（基础高度 h − 基础保护层）/500 + 1

（2）楼层箍筋根数计算

1）基础相邻层（或一层）柱箍筋根数按图 1.1.6 计算。

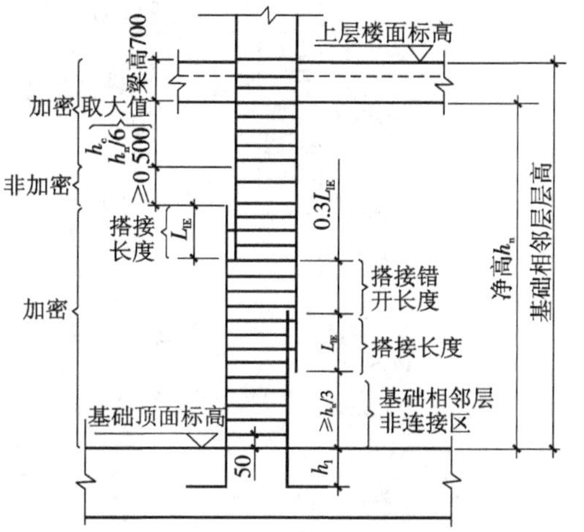

图 1.1.6　基础相邻层柱箍筋根数计算图

根据图 1.1.6，基础相邻层（或一层）箍筋根数计算见表 1.1.3。

表 1.1.3　基础相邻层（或一层）箍筋根数计算表（绑扎连接）

序号	部位	范围	是否加密	加密长度	全高加密箍筋根数计算公式	非全高加密箍筋根数计算公式
1	基础或首层根部	$h_n/3$	加密	（层高 − 梁高）/3 = A	如果 $A+B+C+D$ 大于层高，说明为全高加密。箍筋根数 =（层高 − 50）/加密区间距 +1	（A − 50）/加密区间距 +1
2	搭接范围	L_{lE} + 0.3L_{lE} + L_{lE}	加密	2.3L_{lE} = B		B/加密区间距
3	梁下部位	Max（h_c，h_n/6，500）	加密	Max（h_c，h_n/6，500）= C		C/加密区间距 +1
4	梁高范围	梁高	加密	梁高 − 保护层 = D		D/加密区间距
5	非加密部位	剩余部分	非加密	层高 −（$A+B+C+D$）= E		E/非加密区间距 −1

2)中间层柱箍筋根数按图 1.1.7 计算。

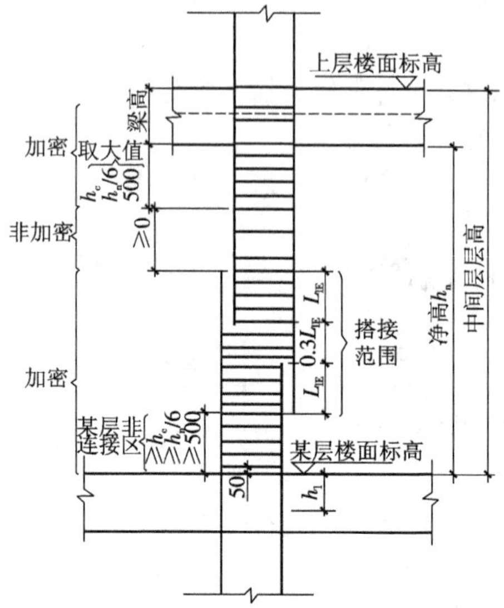

图 1.1.7　中间层柱箍筋根数计算图

根据图 1.1.7,中间层箍筋根数计算见表 1.1.4。

3)顶层柱箍筋根数按图 1.1.8 计算。

根据图 1.1.8,顶层箍筋根数计算见表 1.1.4。

表 1.1.4　中间层及顶层箍筋根数计算表(绑扎连接)

序号	部位	范围	是否加密	加密长度	全高加密箍筋根数计算公式	非全高加密箍筋根数计算公式
1	某层非连接区	$\mathrm{Max}(h_c, h_n/6, 500)$	加密	$\mathrm{Max}(h_c, h_n/6, 500) = A$	如果 $A + B + C + D$ 大于层高,说明为全高加密。箍筋根数 =(层高 − 50)/加密区间距 +1	$(A - 50)$/加密区间距 +1
2	搭接范围	$L_{lE} + 0.3L_{lE} + L_{lE}$	加密	$2.3L_{lE} = B$		B/加密区间距
3	梁下部位	$\mathrm{Max}(h_c, h_n/6, 500)$	加密	$\mathrm{Max}(h_c, h_n/6, 500) = C$		C/加密区间距 +1
4	梁高范围	梁高	加密	梁高 − 保护层 $= D$		D/加密区间距
5	非加密部位	剩余部分	非加密	层高 $-(A + B + C + D) = E$		E/非加密区间距 −1

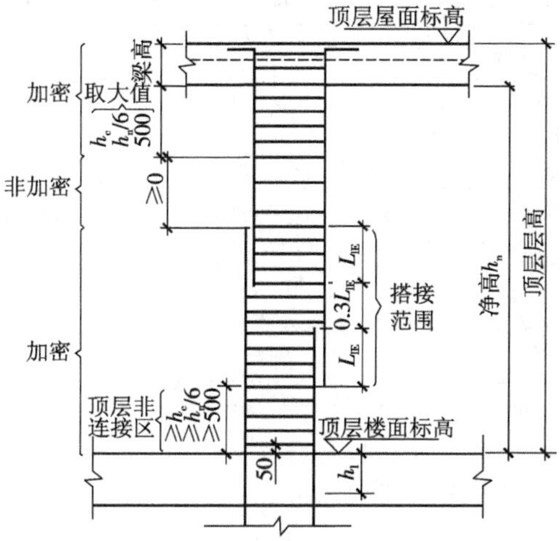

图 1.1.8　顶层柱箍筋根数计算图

2.按纵筋机械连接情况计算箍筋的根数

(1)基础层箍筋根数计算

基础层箍筋根数计算同绑扎连接的计算情况,这里不再赘述。

(2)楼层箍筋根数计算

1)基础相邻层(或一层)柱箍筋根数按图 1.1.9 计算。

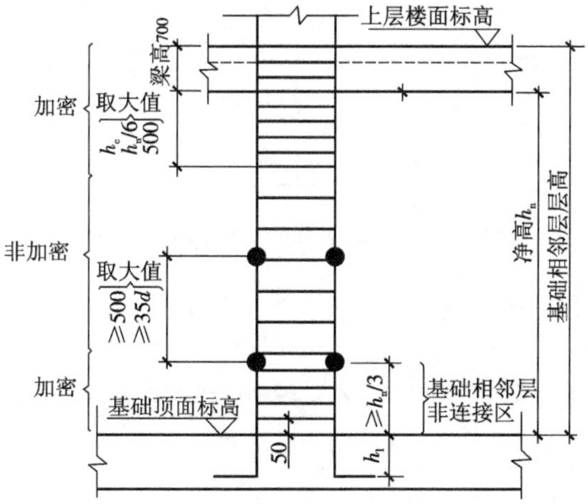

图 1.1.9　基础相邻层柱箍筋根数计算图

根据图 1.1.9,基础相邻层(或一层)箍筋根数计算见表 1.1.5。

表 1.1.5　基础相邻层(或一层)箍筋根数计算表(机械连接)

序号	部位	是否加密	箍筋布置范围	计算公式
1	基础或首层根部	加密	$h_n/3$ (层高－梁高)/3＝A	根数＝(A－50)/加密区间距＋1
2	梁下部位	加密	Max(h_c,h_n/6,500)＝B	根数＝B/加密区间距＋1
3	梁高范围	加密	梁高－保护层＝C	根数＝C/加密区间距
4	中间部位	非加密	层高－(A＋B＋C)＝D	根数＝D/非加密区间距－1
总根数＝序号 1 根数＋序号 2 根数＋序号 3 根数＋序号 4 根数				

2)中间层柱箍筋根数按图 1.1.10 计算。

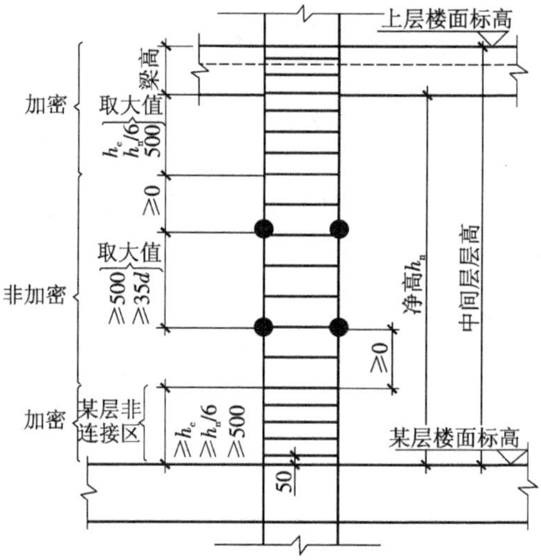

图 1.1.10　中间层柱箍筋根数计算图

根据图 1.1.10,中间层柱箍筋根数计算见表 1.1.6。

表 1.1.6　中间层及顶层柱箍筋根数计算表(机械连接)

序号	部位	是否加密	箍筋布置范围	计算公式
1	中间层、顶层根部非连接区	加密	Max(h_c,h_n/6,500)＝A	根数＝(A－50)/加密区间距＋1
2	梁下部位	加密	Max(h_c,h_n/6,500)＝B	根数＝B/加密区间距＋1
3	梁高范围	加密	梁高－保护层＝C	根数＝C/加密区间距
4	中间部位	非加密	层高－(A＋B＋C)＝D	根数＝D/非加密区间距－1
总根数＝序号 1 根数＋序号 2 根数＋序号 3 根数＋序号 4 根数				

3）顶层柱箍筋根数按图 1.1.11 计算。

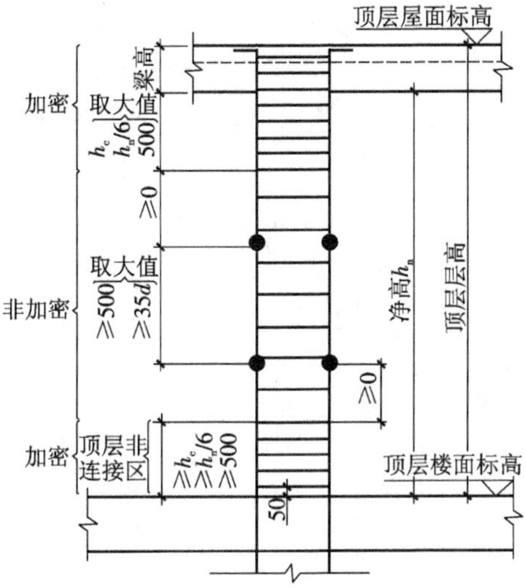

图 1.1.11　顶层柱箍筋根数计算图

根据图 1.1.11，顶层柱箍筋根数计算见表 1.1.6。

1.2.2　柱纵筋的识读

1. 基础层纵筋计算

柱可直接生根于基础板或基础梁，此时基础插筋长度应按下式计算。基础插筋配置如图 1.1.12 所示。

基础插筋长度 = 弯折长度 a + 竖直长度 h_1 + 非连接长度 $h_n/3$ + L_{1E}

$a = \text{Max}(6d, 150)$

h_1——基础或基础梁高 h - 基础保护层厚度。

h_n——基础相邻层的净高（层高 - 梁高）。

L_{1E}——搭接长度（搭接率为 50% 时，搭接长度 $L_{1E} = 1.4\ L_{aE}$；搭接率为 25% 时，搭接长度 $L_{1E} = 1.2L_{aE}$）。

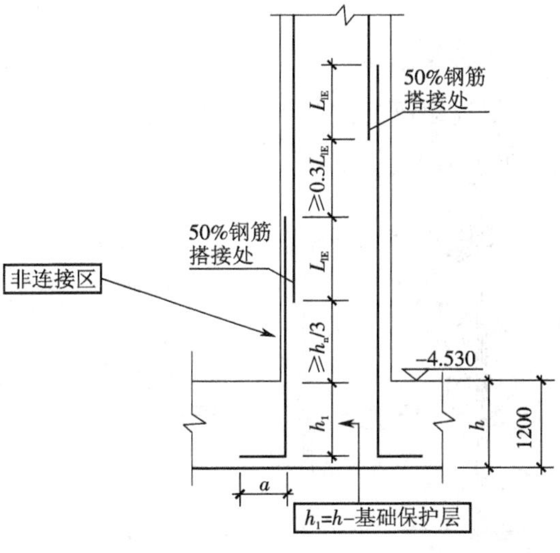

图 1.1.12　基础插筋配置图

2. 中间层柱的纵筋计算

由图 1. 1. 13 可知,

中间层柱的纵筋长度 = 层高 - 当前层非连接区长度 + 上一层非连接区长度 + 搭接长度(如果是机械连接,搭接长度 = 0)

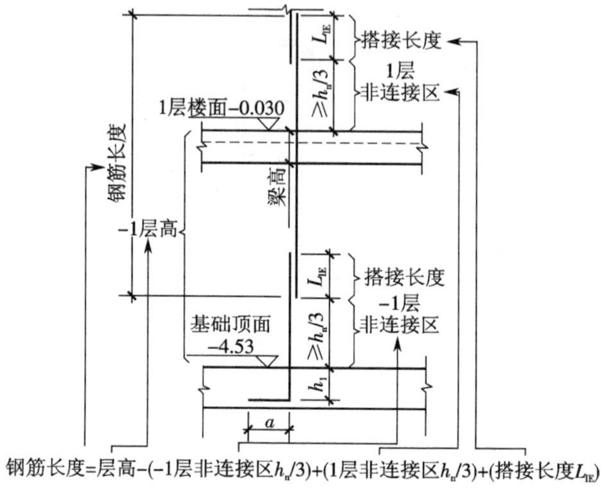

图 1. 1. 13　中间层柱的纵筋配置图

3. 顶层柱纵筋计算

顶层柱因所处位置不同,分为中柱、边柱和角柱三类。各类柱纵筋的顶层锚固长度各不相同,如图 1. 1. 14 ~ 图 1. 1. 27 所示。

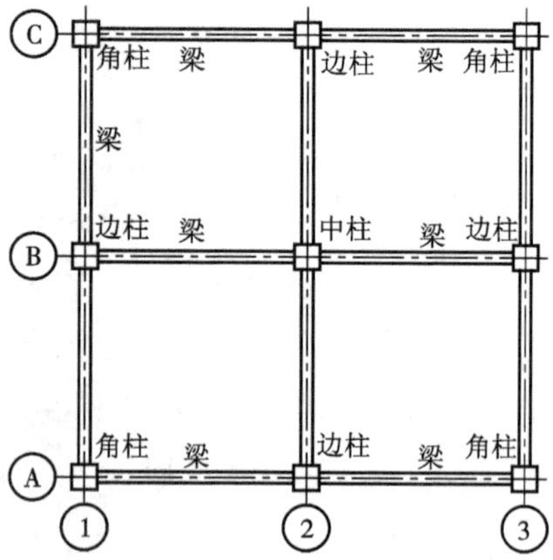

图 1. 1. 14　中柱、边柱、角柱识别图

(1)顶层中柱纵筋计算

中柱顶部四面有梁,其纵向钢筋直接锚入顶层梁内或板内,锚入方式有以下三种情况。

1)当直锚长度 $< L_{aE}$ 时,锚固长度按图 1. 1. 15 计算。

顶层中柱纵筋计算如图 1. 1. 16 所示,计算公式为

顶层中柱纵筋长度 = 顶层层高 - 顶层非连接区长度 - 保护层 + $12d$

2)当直锚长度 $< L_{aE}$ 时,且顶层为现浇板,其强度等级 ≥ C20,板厚 ≥ 80 mm 时,锚固长度按图 1. 1. 17 计算。

顶层中柱纵筋长度 = 顶层层高 - 顶层非连接区长度 - 保护层 + $12d$

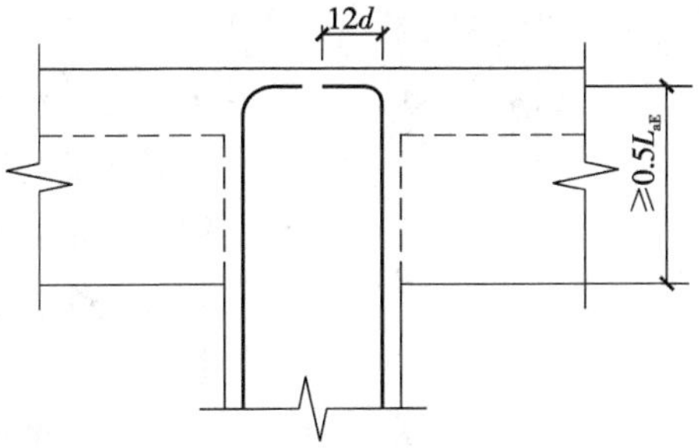

A

（当直锚长度＜L_{aE}时）

图 1.1.15　锚固长度(A)

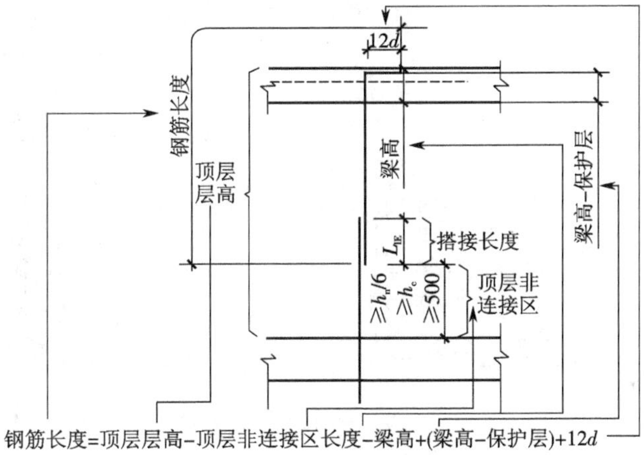

图 1.1.16　顶层中柱纵筋计算图

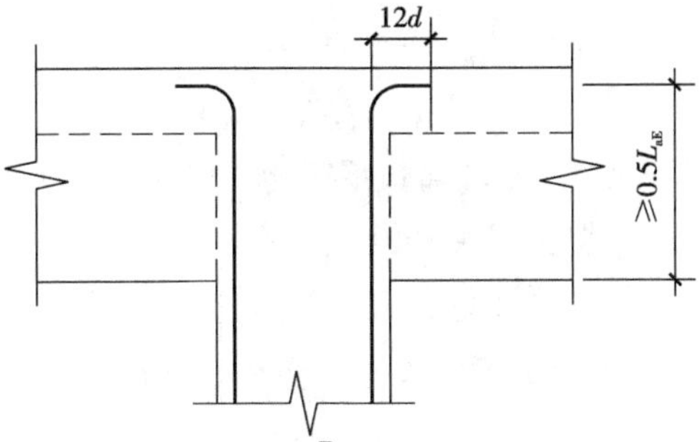

B

（当直锚长度＜L_{aE}，且顶层为现浇砼板，其强度等级≥C20，板厚≥80 mm时）

图 1.1.17　锚固长度(B)

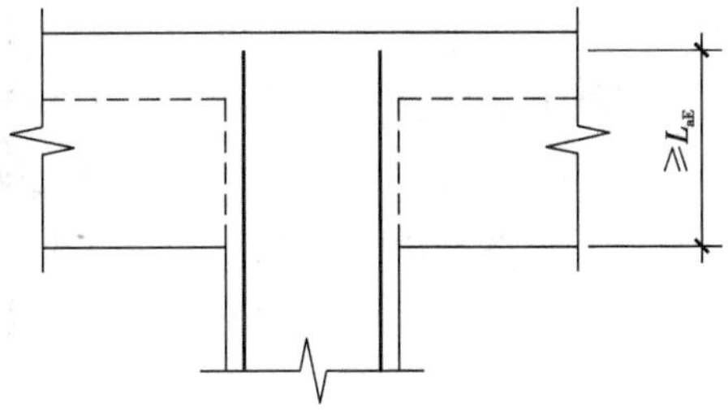

C

（当直锚长度≥L_{aE}时）

图 1.1.18　锚固长度(C)

3）当直锚长度≥L_{aE}时，锚固长度按图 1.1.18 计算。

顶层中柱纵筋长度 = 顶层层高 − 顶层非连接区长度 − 梁高 + 锚固长度 L_{aE}

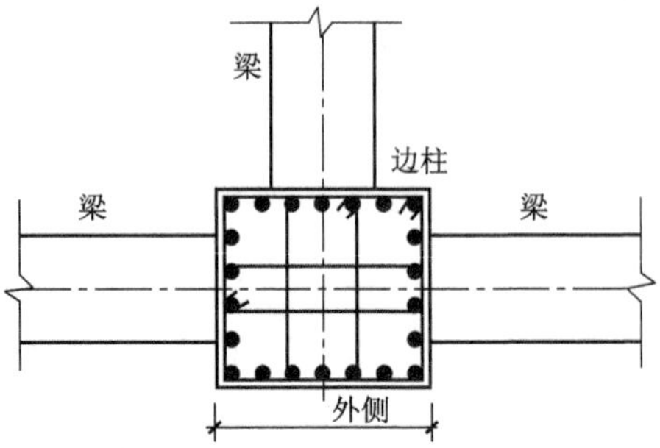

图 1.1.19　边柱识别图

（2）顶层边柱纵筋计算

边柱三面有梁，如图 1.1.19 所示。

1）当顶层梁宽小于柱宽，又没有现浇板时，边柱外侧纵筋只有 65% 锚入梁内，如图 1.1.20 所示。边柱外侧纵筋根数的 65% 为①号钢筋，其余外侧的 35% 为②号或③号钢筋（当外侧钢筋太密，需要出现第二层时，用③号钢筋），剩余侧面为④号钢筋或⑤号钢筋（当直锚长度≥L_{aE}时，为⑤号钢筋）。由图 1.1.20 可知，顶层边柱①～⑤号纵筋长度计算如下：

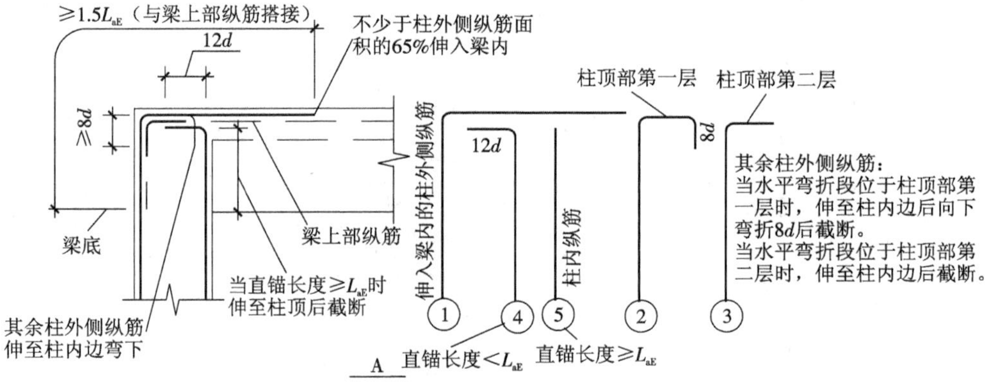

图 1.1.20　顶层主筋计算图(65% 锚入梁内)

①号筋长度 = 顶层层高 − 顶层非连接区长度 − 梁高 + 1.5L_{aE}

②号筋长度 = 顶层层高 − 顶层非连接区长度 − 保护层 + 与弯折平行的柱宽 −2 × 保护层 + 8d

③号筋长度 = 顶层层高 − 顶层非连接区长度 − 保护层 + 与弯折平行的柱宽 −2 × 保护层

④号筋长度 = 顶层层高 − 顶层非连接区长度 − 保护层 + 12d

⑤号筋长度 = 顶层层高 − 顶层非连接区长度 − 梁高 + 锚固长度 L_{aE}

2）当顶板为现浇板，混凝土强度等级≥C20，板厚≥80 mm 时，边柱外侧纵筋 100% 锚入梁及板内，如图 1.1.21 所示。

这种情况只有①号筋和④号筋，长度计算如下：

①号筋长度 = 顶层层高 − 顶层非连接区长度 − 梁高 + 1.5L_{aE}

④号筋长度 = 顶层层高 − 顶层非连接区长度 − 保护层 + 12d

3）当柱外侧纵向钢筋配筋率大于 1.2% 时，边柱外侧纵筋分两批锚入梁内，50% 的钢筋锚

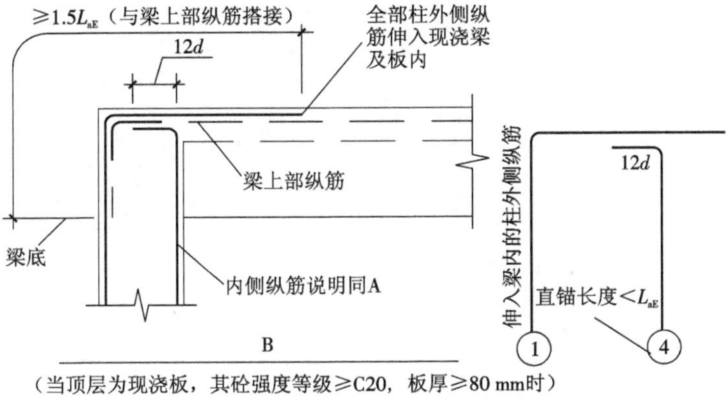

图 1.1.21　顶层主筋计算图

固长度为 1.5L_{aE}，50%的钢筋锚固长度为 1.5L_{aE} +20d，如图 1.1.22 所示。计算公式如下：

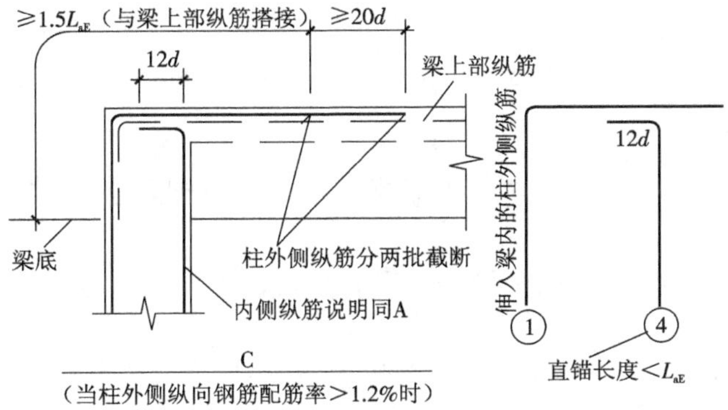

图 1.1.22　顶层主筋计算图

①号筋长度（外侧一半）= 顶层层高 − 顶层非连接区长度 − 梁高 +1.5L_{aE}

①号筋长度（外侧另一半）= 顶层层高 − 顶层非连接区长度 − 梁高 +1.5L_{aE} +20d

④号筋长度 = 顶层层高 − 顶层非连接区长度 − 保护层 +12d

（3）顶层角柱纵筋计算

角柱两面有梁，如图 1.1.23 所示。顶层角柱纵筋的计算方法和边柱一样，只是外侧是两个面，外侧纵筋总根数为两个外侧总根数之和。

4. 变截面柱纵筋计算

（1）$c/h_b \leqslant 1/6$（其中 c 为上、下层柱截面变化尺寸，h_b 为梁高）

这种情况分绑扎连接和机械连接两种情况，如图 1.1.24 所示。这种情况 c 值很小，斜长忽略不计，纵筋计算方法和中间层一样。纵筋长度按

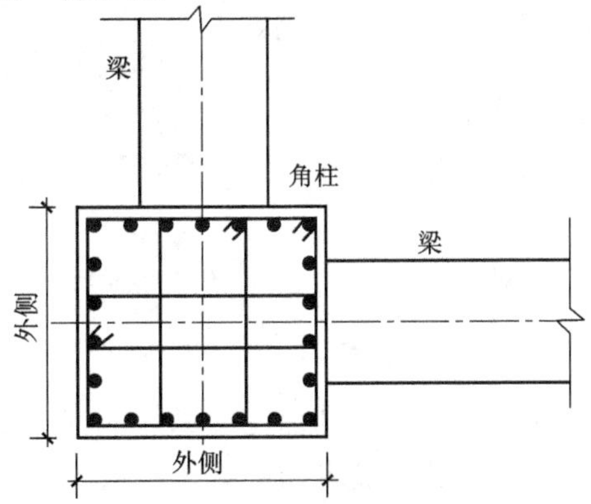

图 1.1.23　角柱识别图

图 1.1.25 计算。计算公式如下：

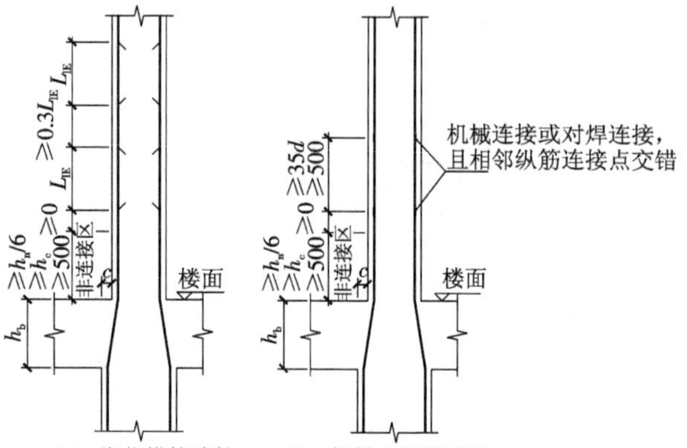

（a）绑扎搭接连接　（b）机械或焊接连接

图 1.1.24　$c/h_b \leqslant 1/6$ 的情况

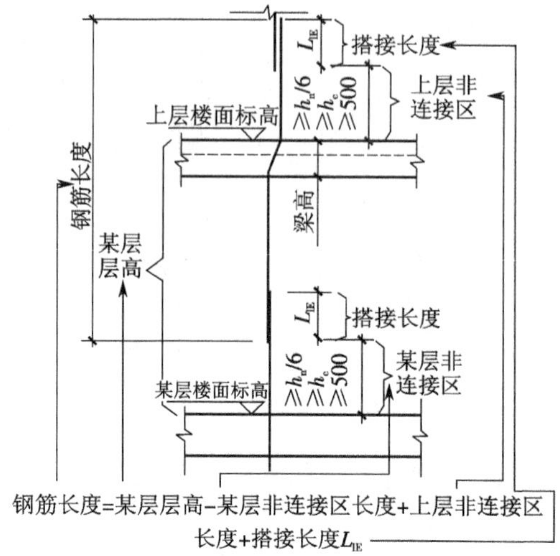

图 1.1.25　变截面柱纵筋计算图

变截面层柱纵筋长度 = 某层层高 - 某层非连接区长度 + 上层非连接区长度 + 搭接长度 L_{1E}（当机械连接或焊接连接时，搭接长度 $L_{1E}=0$）

(2)$c/h_b > 1/6$

这种情况也分绑扎连接和机械连接两种情况，如图 1.1.26 所示。纵筋长度按图 1.1.27 计算。

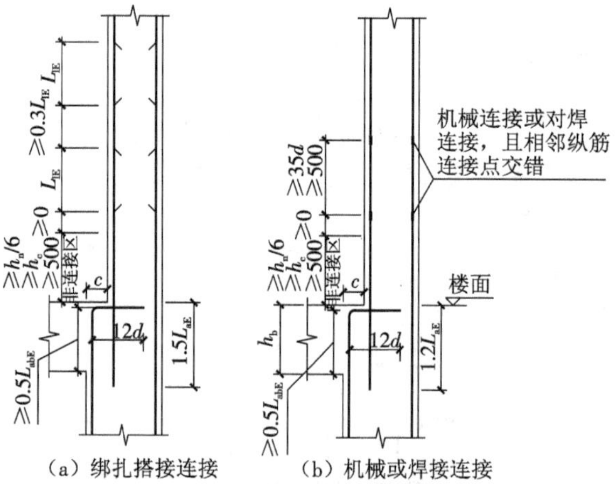

（a）绑扎搭接连接　（b）机械或焊接连接

图 1.1.26　$c/h_b > 1/6$ 的情况

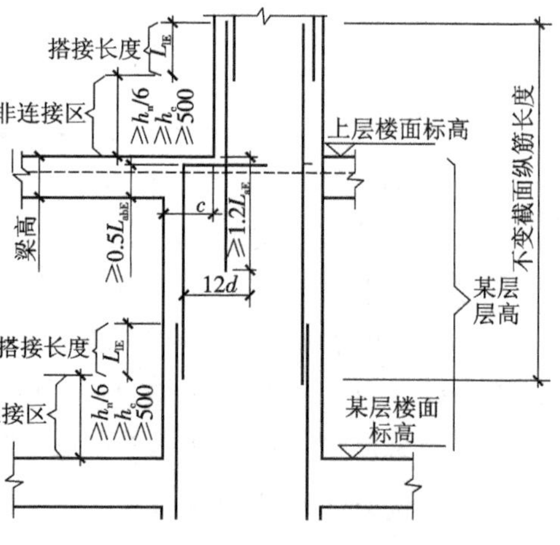

图 1.1.27　变截面柱纵筋计算图

这种情况需要计算三种钢筋：变截面纵筋、不变截面纵筋和插筋。计算公式如下：

变截面处纵筋长度 = 某层层高 - 某层非连接区长度 + 上层非连接区长度 +（梁高 - 保护层）+（c + 200 - 保护层）

不变截面处纵筋长度 = 某层层高 - 某层非连接区长度 + 上层非连接区长度 + 搭接长度 L_{1E}(当机械连接或焊接连接时,搭接长度 $L_{1E}=0$)

变截面上层柱插筋长度 = 上层非连接区长度 + 搭接长度 L_{1E}

习　　题

1. 柱的列表注写方式和截面注写方式有什么区别?

2. 柱的集中标注包括哪些因素?分别是什么意义?

3. 箍筋类型 5×4 是什么意思?

4. 写出柱插筋长度的计算公式。柱插筋拐头 α 是由哪些因素决定的?

5. 哪些层柱纵筋的下部非连接区是 $h_n/3$?哪些层柱纵筋的下部非连接区是 $\mathrm{Max}(h_n/6, 500, h_c)$?

6. 柱与梁相交部位是否布置箍筋?如果要布置,是按加密区布置还是按非加密区布置?

任务2　柱的构造会审

2.1　柱的构造要求

2.1.1　框架柱的截面要求

①柱的截面形式一般采用矩形、方形、圆形或多边形等。截面宽度和高度:无抗震要求时均不宜小于 250 mm,有抗震要求时均不宜小于 300 mm;圆柱形截面直径及多边形截面的内切直径不宜小于 350 mm;错层处框架柱的截面高度不应小于 600 mm。截面高度与宽度的比值不宜大于 3。

②框架柱的截面宜满足 $l_0/b_c \leq 30$,$l_0/h_c \leq 25$(l_0为柱的计算长度;b_c、h_c 分别为柱的截面宽度和高度)。框架柱的剪跨比宜大于 2。

③在柱的截面中部三分之一左右的核心部位配置附加纵向钢筋形成芯柱,如图 1.2.1 所示。为便于梁筋通过,芯柱边长不宜小于柱边长或直径的 1/3,且不宜小于 250 mm。

2.1.2　框架柱和框支柱的纵向钢筋要求

1)框架柱和框支柱的纵向受力钢筋的配置,应符合下列要求。

①圆柱中纵向钢筋宜沿周边均匀布置,根数不宜少于 8 根,且不应少于 6 根。

②纵向受力钢筋直径 d 不宜小于 12 mm。通常在 16 ~ 32 mm 选用。一般宜采用较粗的钢

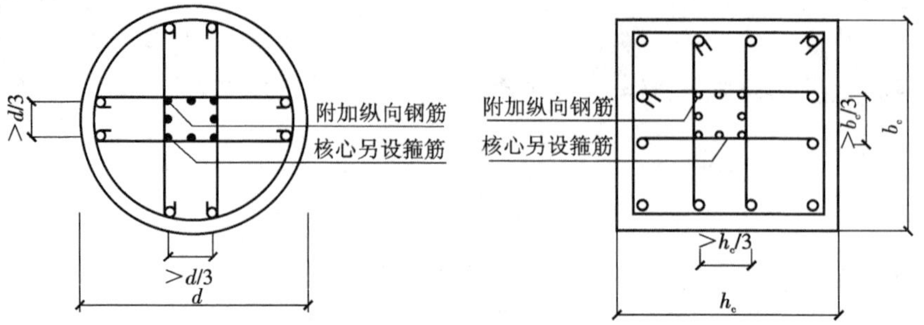

图 1.2.1　芯柱尺寸示意图

筋，以形成较刚劲的骨架，受荷后不易被压屈。

③纵向受力钢筋配筋率：不得小于 0.4%；对于无抗震要求的不宜大于 5%，不应大于 6%；对于有抗震要求的不应大于 5%。

④当偏心受压柱的截面高度 $h \geq 600$ mm 时，在柱的侧面应设置直径为 10 ~ 16 mm 的纵向构造钢筋，并相应设置复合箍筋和拉筋。

⑤柱中纵向钢筋的净间距不应小于 50 mm，在偏心受压中，垂直于弯矩作用平面的纵向受力钢筋以及轴心受压柱中各边的纵向受力钢筋，其中距不宜大于 300 mm。

⑥抗震设计时，柱的纵向钢筋宜对称配置。截面尺寸大于 400 mm × 400 mm 的柱，纵向钢筋的间距不宜大于 200 mm，地下室柱截面每侧的纵向钢筋面积，除应满足设计要求外，不应小于地上一层对应柱每侧纵筋的 1.1 倍。

2）柱中各部位钢筋的接头采用搭接接头方案时，搭接接头方案应满足以下条件。

①受压钢筋直径 $d \leq 32$ mm，受拉钢筋的直径 $d \leq 28$ mm。

②非抗震设计时搭接位置可以从基础顶面和各层板面开始，柱每边的钢筋不多于 4 根时，可一次搭接；柱每边的钢筋为 5 ~ 8 根时，分两次搭接；柱每边的钢筋为 9 ~ 12 根时，分三次搭接。

③抗震设计时搭接位置应错开，同一截面内钢筋接头不宜超过全截面钢筋总根数的 50%（图 1.2.2）。当柱纵向钢筋总根数为 4 根时，可在同一截面搭接。

④在搭接接头范围内，箍筋间距小于 $5d$（d 为柱的较小纵向钢筋直径），且不宜大于 100 mm。

⑤下柱伸入上柱搭接钢筋的根数及直径应满足上柱受力的要求。当上、下柱内的钢筋直径不同时，搭接长度应按上柱内钢筋直径计算。

2.1.3　框架柱的箍筋

①柱中的周边箍筋应做成封闭式；对圆柱内的箍筋，搭接长度不应小于抗拉强度的锚固长度 L_a，且末端应做成 135°弯钩，弯钩末端平直段长度不应小于箍筋直径的 10 倍。

②柱中箍筋构造要求应满足表 1.2.1 的规定。

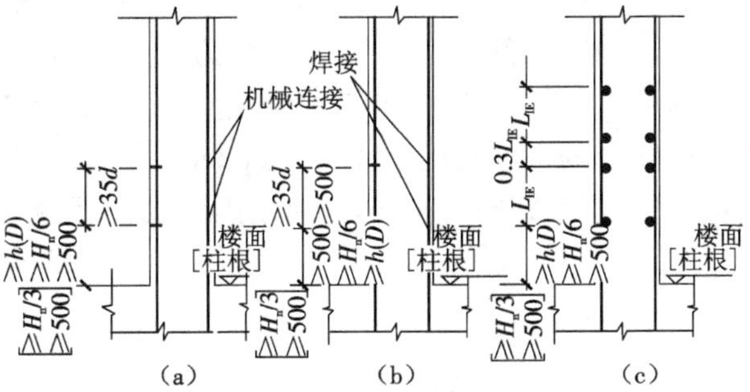

图 1.2.2　纵向钢筋连接方案(抗震)

(a)用于机械连接　(b)用于焊接连接　(c)用于搭接连接

表 1.2.1　柱中箍筋构造要求

<table>
<tr><th colspan="3">非抗震设计</th><th colspan="3">抗震设计</th></tr>
<tr><td>纵向钢筋</td><td>箍筋直径</td><td>箍筋间距</td><td rowspan="2">箍筋加密区长度</td><td rowspan="2" colspan="2">柱上、下端:取 h、D、500 mm 三者中的最大值;底层柱的柱根处取 $h_n/3$,当有刚性地面时,除柱端外尚应取刚性地面上、下各 500 mm;剪跨比≤2 的框架柱、框支柱和一、二级抗震等级的角柱应在柱全高加密箍筋,且箍筋间距不大于 100 mm</td></tr>
<tr><td>$p \leqslant 3\%$</td><td>≥1/4d
及 6 mm</td><td>≤400
≤柱截面短边尺寸
≤15d</td></tr>
<tr><td rowspan="4">$p > 3\%$</td><td rowspan="4">8 mm,且末端应做成 135°弯钩或焊成封闭环式</td><td rowspan="4">≤200 mm 及≤10d</td><td rowspan="4">加密区箍筋最小直径及最大间距</td><td>一级</td><td>ϕ10,@100 和 6d</td></tr>
<tr><td>二级</td><td>ϕ8,@100 和 8d;当框架柱箍筋≥ϕ10,肢距≤200 时,除柱根外可取@150</td></tr>
<tr><td>三级</td><td>ϕ8(h≤400: ϕ6),@150(柱根 100)和 8d</td></tr>
<tr><td>四级</td><td>ϕ6(柱根或剪跨比≤2: ϕ8),@150(柱根 100)和 8d</td></tr>
<tr><td>搭接区</td><td>≥1/4d</td><td>受拉时:≤5d 及≤100 mm
受压时:≤10d 及≤200 mm
当受压钢筋 d > 25 mm 时,应在搭接接头两个端面外 100 mm 范围内各段设置两个箍筋</td><td>非加密区的箍筋</td><td colspan="2">箍筋的体积配筋率不宜小于加密区配筋率的一半,且箍筋间距≤10d(一、二级)及≤15d(三、四级)</td></tr>
</table>

注:①表中 d 为纵向受力钢筋直径,当选用箍筋直径时,取纵向钢筋的最大直径 d;当选用箍筋间距时,取纵向箍筋的最小直径 d;H_n 为柱净高;h 为柱截面高度,D 为圆柱直径;p 为纵向受力钢筋配筋率。

②底层柱的柱根指地下室的顶面或无地下室情况的基础顶面。

③抗震设计时,需要提高变形能力的柱应在柱全高范围加密箍筋。

③错层处框架柱的抗震等级应提高一级采用,其箍筋应全柱段加密。

④当柱中全部纵向受力钢筋的配筋率大于 3% 时,箍筋直径不应小于 8 mm,间距不应小于纵向受力钢筋最小直径的 10 倍,且不应大于 200 mm;箍筋末端应做成 135°弯钩,且弯钩末端平直段长度不应小于箍筋直径的 10 倍;箍筋也可焊成封闭环式。

⑤在配有螺旋式或焊接环式间接钢筋的柱中,间接钢筋的直径应符合表 1. 2. 1 柱中箍筋直径的规定。

⑥箍筋类别参见图 1. 2. 3。

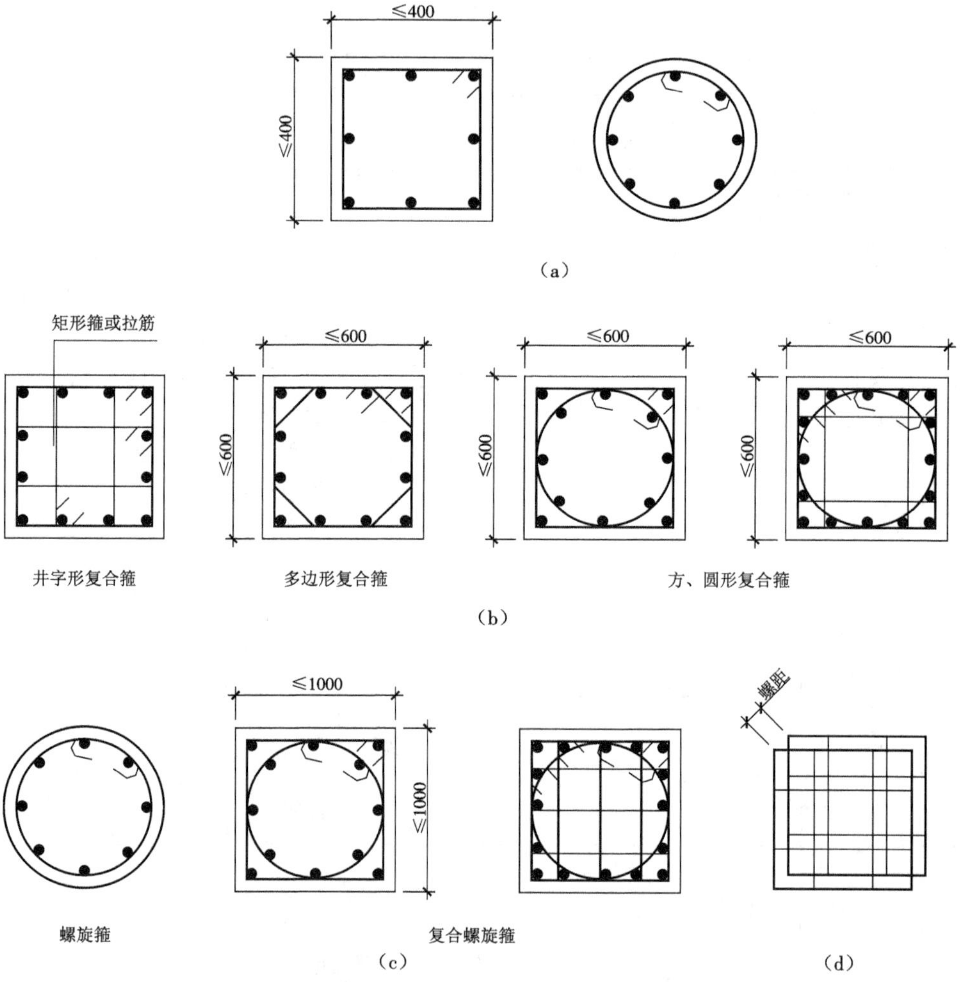

图 1. 2. 3　各类箍筋示意图

(a)普通箍　(b)复合箍　(c)螺旋箍　(d)连续复合螺旋箍(用于矩形截面)

⑦当截面短边尺寸大于 400 mm,且各边纵向钢筋多于 3 根时,或当柱截面短边尺寸不大于 400 mm,但各边纵向钢筋多于 4 根时,应设置复合箍筋。仅当截面短边 $b \leqslant 400$ mm,且纵向钢筋不多于 4 根时,可不设置复合箍筋(图 1. 2. 3(a))。

⑧按抗震设计的结构，柱箍筋加密区长度内的箍筋肢距：一级抗震等级不应大于200 mm；二、三级抗震等级不宜大于250 mm和20倍箍筋直径中的较大值；四级抗震等级不宜大于300 mm。此外，每隔一根纵向钢筋宜在两个方向有箍筋或拉筋约束；当采用拉筋时，拉筋宜紧靠纵向钢筋并勾住封闭箍筋。

⑨箍筋加密区长度及其箍筋最小直径和最大直径应符合表1.2.1的规定，箍筋间距取表中较小值。

⑩柱的纵筋不应与箍筋、拉筋及预埋件等焊接。

⑪对一、二级抗震等级，箍筋间距不应大于$10d$，对三、四级抗震等级，箍筋间距不应大于$15d$（d为纵向钢筋直径）。

⑫箍筋应满足《混凝土结构设计规范》（GB 50010—2010）中关于框架柱受剪承载力的要求。

2.2　柱的技术交底的方法

2.2.1　技术交底的方法

技术交底应以书面形式为主，召开班前会口头交底为辅。重要部位或较复杂部位，应另附翻样图纸，必要时结合实际操作进行交代。最后，填写技术交底记录表（单），由交底人及被交底人签字，并存档一份。

2.2.2　技术交底注意事项

①技术交底应以施工组织设计为主导内容。因为工地的各项技术活动，是以执行和实现施工组织设计的各项要求为目的。

②技术交底要有针对性。要根据各方面的特点，有要点，有预见性，有预防措施。要根据各方法的特点，有针对性地提出操作要点与措施。这里所谓的特点包括：工程状况、地质条件、气候情况（冬、雨季或旱季）、周围环境（如场地窄小、运输困难、周围对降噪防尘的要求等）、操作场地（如高空、深基、立体交叉作业、工序反搭接等）以及施工队伍素质特点（在哪方面技术薄弱）等。

③要明确指出哪些是关键部位或关键项目。关键部位包括：结构或装修重要部位、质量上易出问题的部位、施工难度较大的部位、对总进度（或创造工作面）起决定作用的部位，以及新材料、新工艺、新技术项目等。

④凡是设计图纸上有变动的项目，一定要将设计变更洽商内容，及时向有关工长、班组进行交底。

2.2.3　柱的技术交底

1. 砼浇筑的交底

（1）材料要求

①水泥：32.5号以上矿渣硅酸盐水泥或普通硅酸盐水泥。进场时必须有质量证明书及复

试试验报告。

②砂：宜用粗砂或中砂。混凝土低于 C30 时含泥量不大于 5%，高于 C30 时不大于 3%。

③石子：粒径 5 ~ 32 mm，混凝土低于 C30 时含泥量不大于 2%，高于 C30 时不大于 1%。

④掺和料：粉煤灰，其掺量应通过试验确定，并应符合有关标准。

⑤混凝土外加剂：减水剂、早强剂等应符合有关标准的规定，其掺量经试验符合要求后，方可使用。

(2)主要机具

主要机具有混凝土搅拌机、磅秤（或自动计量设备）、双轮手推车、小翻斗车、尖锹、平锹、混凝土吊斗、插入式振捣器、木抹子、长抹子、铁插尺、胶皮水管、铁板、串桶、塔式起重机等。

注意：如果使用商品混凝土，技术交底时将不涉及以上两条，但将涉及混凝土泵站、管道连接、振捣器等机具的交底工作。

(3)作业条件

①浇筑混凝土层段的模板、钢筋、预埋铁件及管线等全部安装完毕，经检查符合设计要求，并办完隐、预检手续。

②浇筑混凝土用的架子及马道已支搭完毕并经检查合格。

③水泥、砂、石及外加剂等经检查符合有关标准要求，试验室已下达混凝土配合比通知单。

④磅秤（或自动上料系统）经检查核定计量准确，振捣器（棒）经检验试运转合格。

⑤工长根据施工方案对操作班组已进行全面施工技术交底。混凝土浇筑申请书已被批准。

(4)操作工艺

工艺流程：作业准备→混凝土搅拌→混凝土运输→柱混凝土浇筑与振捣→养护。

①作业准备。浇筑前应将模板内的垃圾、泥土等杂物及钢筋上的油污清除干净，并检查钢筋的水泥砂浆垫块是否垫好。如使用木模板时应浇水使模板湿润。柱子模板的扫除口应在清除杂物及积水后再封闭。剪力墙根部松散混凝土已被剔掉清除。

②混凝土运输。混凝土自搅拌机中卸出后，应及时送到浇筑地点。如混凝土运到浇筑地点有离析现象，必须在浇筑前进行二次拌和。混凝土从搅拌机中卸出后到浇筑完毕的延续时间，不宜超过规范的相关规定。泵送混凝土时必须保证混凝土泵连续工作，如果发生故障，停歇时间超过 45 min 或混凝土出现离析现象，应立即用压力水或其他方法冲洗管内残留的混凝土。

③混凝土自吊斗下落的自由倾落高度不得超过 2 m，浇筑高度如超过 3 m 时必须采用串桶或溜管等措施。

④浇筑混凝土时应分段分层连续进行，浇筑高度应根据结构特点、钢筋疏密决定，一般为振捣器作用部分长度的 1.25 倍，最大不超过 500 mm。

⑤使用插入式振捣器应快插慢拔，插点要均匀排列，逐点移动，顺序进行，不得遗漏，做到均匀振实。移动间距不大于振捣作用半径的 1.5 倍（一般为 300 ~ 400 mm）。振捣上一层时应

插入下层 50 mm，以清除两层间的接缝。表面振动器（或称平板振动器）的移动间距，应保证振动器的平板覆盖已振实部分边缘。

⑥浇筑混凝土应连续进行。如必须间歇，其间歇时间应尽量缩短，并应在前层混凝土凝结之前，将次层混凝土浇筑完毕。间歇的最长时间应按所用水泥品种及混凝土凝结条件确定。一般超过 2 h，应按施工缝处理。

⑦浇筑混凝土时应经常观察模板、钢筋、预埋孔洞、预埋件和插筋等有无移动、变形或堵塞情况，发现问题应立即停止浇筑，并应在已浇筑的混凝土凝结前修整完好。

⑧柱浇筑前底部应先填以 50～100 mm 厚与混凝土同配合比的石子砂浆，柱混凝土应分层振捣，使用插入式振捣器时每层厚度不大于 500 mm，振捣棒不得触动钢筋和预埋件。除上面振捣外，下面要有人随时敲打模板。

⑨柱高在 3 m 之内，可在柱顶直接下灰浇筑，超过 3 m 时应采取措施（如串桶）或在模板侧面开门子洞安装斜溜槽分段浇筑。每段高度不得超过 2 m，每段混凝土浇筑后将门子洞模板封闭严实，并用箍筋箍牢。

⑩柱子混凝土应一次浇筑完毕，如需留施工缝应留在主梁下面。无梁楼板应留在柱帽下面。在与梁板整体浇筑时，应在柱浇筑完毕后停歇 1～1.5 h，使其获得初步沉实，再继续浇筑。梁柱节点钢筋较密时，浇筑混凝土时宜用同强度等级的小粒径石子混凝土浇筑，并用小直径振捣棒振捣。

⑪施工缝位置：宜沿次梁方向浇筑楼板，施工缝应留置在次梁跨中 1/3 范围内，施工缝的表面应与梁轴线或板面垂直，不得留斜茬。施工缝宜用木板或钢丝网挡牢。

⑫施工缝处须待已浇筑混凝土的抗压强度不小于 1.2 MPa 时，才允许继续浇筑，在继续浇筑混凝土前，施工缝混凝土表面应凿毛，剔除浮动石子，并用水冲洗干净后，先刷一层水泥浆，然后继续浇筑混凝土，并应振实，使新旧混凝土紧密结合。

⑬混凝土浇筑完毕后，应在 12 h 以内加以覆盖和浇水，浇水次数应能保持混凝土有足够的润湿状态，养护期一般不少于 7 昼夜。

⑭冬期施工按冬期施工的技术要求实施。

(5)质量标准

按建筑工程质量验收统一标准和相关专业验收标准实施。

(6)成品保护

砼浇筑完毕后，应按相关规范要求并采取适当措施做好成品的保护工作。

(7)应注意的质量问题

在施工过程中要做好砼质量的预防和控制。

2. 柱钢筋工程的交底

(1)原材料进场及堆放

进场的钢筋原材料，必须有出厂合格证。收料人认真检查产地、批号、规格是否与合格证相符，经确认无误，方可收货。钢筋应按批检查验收，每批验收由同一炉号、同一加工方法、同一尺寸、同一交货状态的钢筋组成。每批钢筋取两根，应在外观及尺寸合格的钢筋上切取，并将试样送试验部门复检。

(2)钢筋加工

①钢筋加工的形状、尺寸必须符合设计要求,钢筋端部采用砂轮机切割,保证端部平整;钢筋表面应洁净、无损伤,油渍、漆污和铁锈应在使用前除干净,带有粒状和浮锈的钢筋不得使用;钢筋加工成半成品后,要按类别、直径、使用部位挂牌,并分类堆放整齐。

②在施工过程中出现钢筋代换时,必须经设计部门认可后,由项目监理工程师签发核定单,方能代换。

(3)钢筋绑扎

①准备工作:核对半成品钢筋的规格、尺寸和数量等是否与料单相符,准备好绑扎的铁丝、工具、保护层等。

②内墙柱钢筋均在绑扎承台钢筋时一次伸至底板面以上一个搭接长度,二次接头错开一个搭接长度,接头在任一截面内的数量不得超过该截面面积的50%。墙柱钢筋保护层垫块绑扎在竖向钢筋上。

(4)钢筋连接

按设计及抗震规范要求,当钢筋直径小于18 mm时采用搭接或焊接接头,当钢筋直径大于等于20 mm时钢筋接头必须采用剥肋直螺纹连接接头。施工操作人员须持证上岗。

(5)多肢箍的做法

柱、梁多肢箍的做法如图1.2.4所示。

(6)柱头钢筋位置的固定措施

柱头钢筋位置的固定措施如图1.2.5所示。

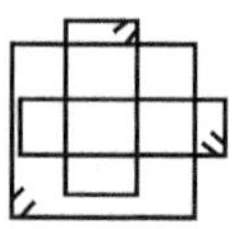

柱多肢箍做法

梁多肢箍做法

图1.2.4 柱、梁多肢箍做法示意图

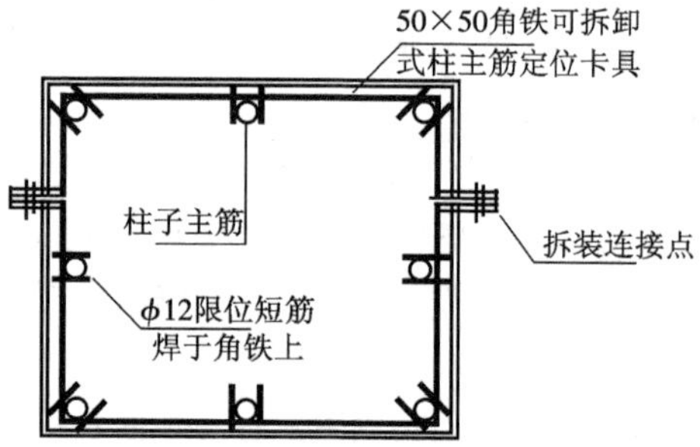

框架柱头钢筋工具式定位卡具

图1.2.5 柱头钢筋位置的固定措施示意图

(7)质量标准

按建筑工程质量验收统一标准和相关专业验收标准实施。

(8)成品保护

钢筋扎好后,应按相关规范要求并采取适当措施做好成品的保护工作。

2.3　拓展知识(图纸会审和设计交底案例)

图纸会审和设计交底记录如表1.2.2所示。

表1.2.2　图纸会审和设计交底记录

工程名称	＊＊机关办公楼、档案馆及公共会议中心工程	工程地点	重庆市＊＊＊＊新区
建设单位	＊＊＊＊＊管理委员会	设计单位	＊＊工程有限公司重庆分公司
施工单位	重庆＊＊建筑工程总公司	监理单位	重庆市＊＊监理有限公司
交底会审图号	9#楼设计施工图	交底会审日期	200＊.＊＊.＊＊

交底会审内容：

见附页资料

注：具体内容记录和处理意见见附件

参加会审人员：

见签到表

建设单位	设计单位	施工单位
项目负责人签字 (公章)	项目负责人签字 (公章)	项目负责人签字 (公章)
监理单位		
项目负责人签字 (公章)		

会审主持单位：	会议主持人： 年　月　日
设计交底单位：	设计交底人：　　　　年　月　日

(附页1)

＊＊机关办公楼、档案馆及公共会议中心工程

9#楼图纸会审和设计交底纪要

一、建筑部分

1)本房屋总长是132 m,设计考虑增设后浇带,后浇带设置部位及构造做法由设计方另外

出图。

2）在建施 J-09-01 图建筑装修做法中第（一）条第 1 款改为：负一层车库及车道做法应根据现场实际情况，对回填土厚度较大且松软的地基部位，增加 200 mm 片石，其余做法为：素土夯实；50 mm 厚碎石压实；200 mm 厚 C30-P6 砼面层，原浆收光压实，坡道拉毛。

3）总说明五（四）3 卫生间地面标高说明与一、二层平面图说明不相符合，以结构设计为准。

4）在建施 J-09-02 图中，⑨—Ⓒ轴处（楼梯间处）－5.150 和⑨—Ⓓ轴部位的－5.640 标高系指盲沟标高，盲沟的坡度和标高应以现场实际为准；盲沟的具体做法见西南 05J-302-49-1；同时盲沟管材质为螺旋形钢丝盲沟管，管径为 150 mm。

5）地下车库顶板室外部分的屋面增加防水层、保温层和刚性防水层（参照屋面做法）。其做法由下至上为：①结构层；②陶粒混凝土找坡层，最薄处 40 mm，其上为 20 厚 1∶2.5 水泥砂浆找平层；③1.5 厚聚氨酯防水（一布四涂）；④50 厚聚苯板保温层；⑤40 厚 ϕ6.5@200（双向）刚性防水层。

6）剪力墙临土一侧增加防水。参考做法为（由内向外）：①钢筋混凝土结构自防水；②25 厚 1∶2.5 水泥砂浆找平层；③4 厚 SBS 防水卷材；④M5.0 混合砂浆砌 120 厚页岩砖保护墙；⑤500 厚片石滤水层；⑥回填土夯实。

7）在建施 J-09-03 图中，中、小会议室 ±0.000＝326.00 系笔误，实际应为 ±0.000＝314.95，其他图纸也按此调整。

8）J-09-03 图中，大会议室出口（⑨—⑦轴处）与室外结构板实际高差为 1.8 m，该问题在后期环境施工时再解决。

9）大会议室到洗手间的梯步无法形成，设计单位另出图解决。

10）本工程设计采用有竖向条窗，且窗高度超过本层层高，如 C3070、C3856 等，但因外围结构梁、柱及填充墙外边平齐，无法形成竖向窗，设计单位提出如下解决方案：凡竖向条窗高度超过本层层高的，将结构梁向内平移 200 mm，同时在墙体部位增设挑板来支撑墙体，挑板由设计另外出图。

11）在建施 J-09-05 图中，在 7.9 m 标高处的（⑨—Ⓐ）轴外交（⑨—⑥）～（2/9—⑪）轴线间部位设有钢架玻璃雨篷，主体结构施工时暂不考虑预埋，待二装施工时再解决。

12）洗手间增做防水，防水做法同卫生间；其现浇板结构标高低于同层其他现浇板 100 mm。

13）首层墙体与土层接触处增设水泥砂浆防潮层，厚 25 mm，其大样为 04J112-P39-②和④大样。

二、结构部分

1）在结施 G-09-03 图中，（1/9—Ⓐ）轴交于（⑨—④）～（⑨—⑥）轴段、（⑨—⑦）交（⑨—Ⓓ）～（⑨—Ⓒ）轴段、（⑨—⑬）交（⑨—Ⓓ）～（⑨—Ⓒ）轴段为钢筋混凝土挡土墙，而建施 J-09-02 图中相应部位为填充墙，以结构图进行施工。

2）在结施 G-09-03 图中，（1/9—Ⓐ）轴交（⑨—⑭）～（⑨—⑰）轴段为填充墙，而建施 J-09-02 图中相应部位为钢筋混凝土挡土墙，以结构图进行施工。

3)JKL2 宽度由原设计 600 mm 改为 250 mm。

4)JKL 若上部存在墙体,则与上部的墙体轴心重合;若无墙体时,JKL 梁的轴线同相邻的柱中心重合。

5)所有 JKL1 做法均按 G-09-03 图中 JKL1 施工。

6)G-09-04 图中,地下室楼梯短柱无基础,现增设柱下基础,柱下基础按 4#楼 G-04-04 图立面装饰线条立柱基础大样图施工。

7)在 G-09-05 图中,⑨—⑧交⑴⑼—Ⓐ部位的 KZ18、⑨—⑨交⑴⑼—Ⓐ部位的 KZ19、⑨—⑩交⑴⑼—Ⓐ部位的 KZ18 标注错误,现改为:截面 600 mm×600 mm,配筋同 KZ5 柱。

8)在 G-09-05 图中,⑨—⑧交⑨—Ⓐ部位的 KZ6 改为 KZ18,⑨—⑨交⑨—Ⓐ部位的 KZ6 改为 KZ19,⑨—⑩交⑨—Ⓐ部位的 KZ6 改为 KZ18;⑨—⑨交⑴⑼—Ⓐ部位的 KZ18 改为 KZ6,⑨—⑧交⑴⑼—Ⓐ部位的 KZ19 改为 KZ6,⑨—⑩交⑴⑼—Ⓐ部位的 KZ18 改为 KZ6。

9)在 G-09-06 图中,⑴⑼—Ⓑ交⑨—④轴 Z24 柱的位置标注错误,该柱以 G-09-05 图中的 KZ33 为准。

10)⑴⑼—Ⓐ~⑨—Ⓐ轴间现浇板顶标高原设计为 −0.15 m,为了解决建筑找坡高度不够的问题,现设计更改为 −0.3 m,同时⑨—Ⓐ轴 KL52(16)梁高改为 800 mm。

11)大会议室地面局部采用结构找坡,斜坡下 X 方向的梁与 Y 方向的梁处理方法相同。

12)在 G-09-22 图中,一层楼梯三休息平台短柱下无支撑梁,现设计在柱下增设梁,梁的配筋和截面同梯梁。

13)人工挖孔桩在预埋柱插筋高度范围内的砼强度等级均改为 C30。

14)卫生间、洗手间的砌体填充墙在 1.8 m 标高以下部位改为页岩砖,墙体厚度及砂浆强度等级同原设计。

15)为了方便安装,各管道井改为层层封闭。但必须按照水电、消防等专业施工图做好预留预埋施工。

16)屋顶女儿墙为实心砖砌体,200 mm 厚,其他不变。

会审人员签到表如表 1.2.3 所示。

表 1.2.3　会审人员签到表

施工单位: (公章) 技术负责人: 年　月　日	监理单位审查意见: (公章) 总监理工程师: 年　月　日	建设单位审查意见: (公章) 技术负责人: 年　月　日	设计单位核定意见: (公章) 专业负责人: 技术负责人: 年　月　日

习　　题

1. 图纸会审的目的是什么?应该有哪些人员参与?

2. 主要针对哪些方面的内容进行图纸会审？图纸中容易出现错误的地方有哪些？

任务3　柱的人机料计划编制

在钢筋混凝土主体结构施工过程中，作为施工现场技术人员，需要考虑并安排每一天或下一阶段对劳动力、施工机械、施工材料所需要的数量（简称人机料的数量）。如果不能正确确定并合理安排人机料的数量，将会严重影响施工进度。

3.1　单位工程施工进度计划的认知

3.1.1　单位工程施工进度计划的位置

施工单位在投标时会编制商务标和技术标，而技术标中就编有单位工程施工组织设计。施工单位中标后将再编制单位工程实施性施工组织设计，而施工组织设计中就编有单位工程施工进度计划。

3.1.2　单位工程施工进度计划的作用

单位工程施工进度计划是控制工程施工进度和工程竣工期限等各项施工活动的计划。它的主要任务是根据组织施工的原则，以最少的劳动力和技术物资资源，保证在规定的工期内完成质量合格的产品。它是直接指导建筑安装工程施工的文件。通过施工进度计划，可以确定单位工程各个施工过程的施工顺序、施工持续时间以及相互之间的配合，确定施工所必需的劳动力和物资资源的需要量。

3.1.3　单位工程施工进度计划的组成

单位工程施工进度计划常用图表来表示。它可以采用水平图表、垂直图表或网络图形式表示。在水平图表上单位工程施工进度计划是由左右两部分组成的，常用格式如表1.3.1所示。

表1.3.1　单位工程施工进度计划表

<table>
<tr><th rowspan="3">项次</th><th rowspan="3">分部分项工程名称</th><th colspan="2">工程量</th><th rowspan="3">定额</th><th rowspan="3">劳动量</th><th rowspan="3">每天工作班</th><th rowspan="3">每班工人数</th><th rowspan="3">工作日</th><th colspan="9">进度</th></tr>
<tr><th rowspan="2">单位</th><th rowspan="2">数量</th><th colspan="3">月</th><th colspan="3">月</th><th colspan="3">月</th></tr>
<tr><th>10</th><th>20</th><th>30</th><th>10</th><th>20</th><th>30</th><th>10</th><th>20</th><th>30</th></tr>
<tr><td></td><td>…</td><td></td><td></td><td></td><td></td><td></td><td></td><td></td><td></td><td></td><td></td><td></td><td></td><td></td><td></td><td></td><td></td></tr>
</table>

续表

项次	分部分项工程名称	工程量		定额	劳动量	每天工作班	每班工人数	工作日	进度								
		单位	数量						月			月			月		
									10	20	30	10	20	30	10	20	30
	砌砖墙	m^3	2 200	1.70	3 740	1	47	80									
	现浇梁板柱	m^3	850	4.56	3 876	1	60	64									
	…																

从表1.3.1可以看出，表的左边部分列出了分部分项工程名称、工程量、定额，并由此计算出劳动量、机械台班数量，从而确定每天的工作班数、每班的工作人数和工作天数等计算数据；表格的右边部分是时间指示图表，它是由左面表格中的有关数据经计算而得到的。指示图表用横线条形象地表示出各分部分项工程的起止时间（即施工进度），各施工阶段的工期和总工期，并综合反映了各分部分项工程相互之间的关系。

3.1.4　单位工程施工进度计划的编制依据

单位工程施工进度计划的编制依据如下：

①施工总进度计划；

②建筑总平面图、施工图及有关说明；

③施工合同规定的开、竣工日期；

④施工方案和施工图预算；

⑤劳动定额和机械台班定额。

3.1.5　单位工程施工进度计划的编制步骤

单位工程施工进度计划的编制步骤如下。

①熟悉图纸和有关目录。单位工程开工前，单位工程技术负责人组织相关人员熟悉施工图和有关资料，核对图纸与说明有无矛盾；主要尺寸、位置和标高有无错误；对建筑安装施工有哪些技术要求；设计有无特殊要求，其品种、规格、数量能否解决；土建与安装图有无矛盾等。同时，还需了解施工现场的水文、地质、气象情况，交通运输、供水、供电条件和地方资源等施工条件，为编制单位工程进度计划做好准备工作。

②确定分部分项工程项目，划分施工过程。

③计算工程量。

④计算劳动力用量和机械台班需用量。

⑤确定施工天数、每天工作班数和每班工作人数。

⑥编制时间指示图表。

注意：工程量计算是单位工程进度计划编制的基础，计算时应注意以下三点：一是要考虑施工方法；二是要根据施工组织的要求，分层分段计算工程量，以便组织流水施工；三是计量单位必须与定额使用的计量单位一致，便于直接套用定额。

3.1.6 阅读理解：定额和三大基本定额

1. 定额

建筑工程项目中各分部分项工程的施工，需要耗费一定资源（人力、物力和资金），而这些资源的消耗量将随着生产因素及生产材料而变化，所谓定额就是在合理的劳动组织和合理地使用材料和机械的条件下，完成单位合格产品所消耗限额的标准。定额不是一成不变的，它与操作人员的技术水平、机械化程度，新材料、新工艺、新技术的发展和应用有关，也与企业的组织管理水平和全体人员的劳动积极性有关。定额中的计量单位和工程量计算单位必须与有关的计算规则一致。

2. 基本定额

定额的类型很多，在人机料的计划编制中，常用三大基本定额：劳动定额、材料消耗定额和机械台班使用定额。

劳动定额：也称人工定额，是施工定额的主要组成部分，表示完成单位合格产品所需人工的时数，也是表示建筑工人劳动生产率的一个先进合理指标。它可分为时间定额和产量定额两种，是计算完成合格产品所需人工的依据。人工以“工日”为单位，取两位小数。

材料消耗定额：在生产产品过程中，在合理使用材料的条件下，生产单位合格产品所必须消耗的一定规格的建筑材料、半成品或配件的数量，它包括材料的净用量和必要的工艺性损耗数量，可用来计算完成合格产品所需要的材料数量。木材以立方米为单位，取三位小数；钢材及钢筋以吨为单位，取三位小数；水泥以千克为单位，取整数；砂浆、混凝土以立方米为单位，取两位小数；其余材料一般取两位小数。

机械台班使用定额：是完成单位合格产品所需的机械台班消耗标准。它分为机械时间定额和机械产量定额两种，可用来计算完成合格建筑工程产品所需用的机械台班数量。机械费以台班表示，取两位小数。

3.2 劳动力用量的计算

钢筋混凝土主体结构施工时，钢筋工、架子工、混凝土工、木工等工种相对投入较多，而主体结构施工完成后，钢筋工、木工工作量很小，水电安装工需求量加大。所以，应根据各阶段施工需要，施工机具分次投入且始终处于动态控制中。

3.2.1 计算方法

如果工程量不大可以根据施工经验直接确定劳动力的数量。如果工程量很大或缺乏相应的施工经验时，其劳动力的安排，原则上根据劳动定额来确定。即先计算工程量，再根据工程量查企业内部的施工定额，如果没有企业内部的施工定额就查地方的预算定额，计算出工程所需的人工数量。

劳动量计算公式为：

$$P = Q/S = Q \times Z$$

式中　P——某施工过程的劳动量(工日)；

Q——该施工过程的工程量；

S——计划采用的产量定额；

Z——计划采用的时间定额。

施工进度计划中，施工过程所包含的工作内容为若干分项工程综合时，可将该过程的定额相应扩大综合，求出平均产量定额，使其适应施工进度计划所列的施工过程。平均产量的定额可按下式计算，即

$$S = \frac{\sum_{i=1}^{n} Q_i}{\frac{Q_1}{S_1} + \frac{Q_2}{S_2} + \frac{Q_3}{S_3} + \cdots + \frac{Q_n}{S_n}}$$

式中　$Q_1, Q_2, Q_3, \cdots, Q_n$——同一施工过程中各分项工程的工程量；

$S_1, S_2, S_3, \cdots, S_n$——同一施工过程中各分项工程量的产量定额；

S——该施工过程平均产量定额(或平均机械产量定额)，也称为综合产量定额。

实际应用时，应注意综合前各分项工程的工作内容和工程量单位，当合并综合前的各分项工程的工作内容和工作量单位完全一致时，综合产量定额计算公式中的 Q 应等于各分项工程量之和；当各分项工作内容和工程量单位不一致时，应取与综合产量定额单位一致且工作内容也基本一致的各分项工程的工程量之和。

例如，某一预制钢筋混凝土构件工程，其施工参数见表1.3.2。

表1.3.2　某钢筋混凝土预制构件施工参数

施工过程	工程量		时间定额	
	数量	单位	数量	单位
安装模板	15.5	10 m^3	2.12	工日/10 m^3
钢筋绑扎	18	t	14.5	工日/t
浇筑混凝土	149	m^3	1.82	工日/m^3

$$S = \frac{149}{15.5 \times 2.12 + 18 \times 14.5 + 149 \times 1.82} = 0.355\ 3\ m^3/工日$$

该综合产量定额意义为：每工日完成0.355 3 m^3 预制构件的生产，其中包括安装模板、钢筋绑扎和浇筑混凝土的综合项目。

3.2.2　影响劳动力用量的因素

1. 工作班制的影响

一班制、二班制或三班制，其劳动力的需求量是不一样的。

2. 工作面的影响

所谓工作面，是指施工对象上可以安排工人和布置机械的地段，用来反映施工过程在空间布置的可能性。

考虑劳动力的用量时，要有足够的工作面。因为工作面太小，工人操作不方便，既影响工效又易出安全事故，分析工作面时，还应考虑四周环境的约束。有关工种的工作面可参考表1.3.3。

表1.3.3　主要工种工作面参考数据表

工作项目	每个技工的工作面	说明
砖基础	7.6 m/人	以3/2砖计 2砖乘以0.8 3砖乘以0.55
砌砖墙	8.5 m/人	以1砖计 3/2砖乘以0.71 2砖乘以0.57
毛石基础	3 m/人	以60 cm计
毛石墙	3.3 m/人	以40 cm计
混凝土柱、墙基础	8 m^3/人	机拌、机捣
混凝土设备基础	7 m^3/人	机拌、机捣
现浇钢筋混凝土柱	2.45 m^3/人	机拌、机捣
现浇钢筋混凝土梁	3.20 m^3/人	机拌、机捣
现浇钢筋混凝土墙	5 m^3/人	机拌、机捣
现浇钢筋混凝土楼板	5.3 m^3/人	机拌、机捣
预制钢筋混凝土柱	3.6 m^3/人	机拌、机捣
预制钢筋混凝土梁	3.6 m^3/人	机拌、机捣
预制钢筋混凝土屋架	2.7 m^3/人	机拌、机捣
预制钢筋混凝土平板、空心板	1.91 m^3/人	机拌、机捣
预制钢筋混凝土大型屋面板	2.62 m^3/人	机拌、机捣
混凝土地坪及面层	40 m^2/人	机拌、机捣
外墙抹灰	16 m^2/人	
内墙抹灰	18.5 m^2/人	
卷材屋面	18.5 m^2/人	
防水水泥砂浆屋面	16 m^2/人	
门窗安装	11 m^2/人	

3. 劳动定额的影响

一般情况下，定额上的人工给得较多，但价格偏低。因此，需根据经验对计算出的人工数量进行相应的调整，以达到合理地提前完成或按时完成。劳动定额并不一定准确，因为随着施工的机械化和施工工艺的进步，效率高了。如采用机拌、机捣、现浇钢筋混凝土柱时，2.45 m^3/人，250 m^3混凝土，需100人。而某标准层需泵送砼250 m^3，混凝土工仅需20人，一台泵车正常供应需要8个小时就可以了，超过就要加夜班了。

4. 工作持续时间的影响

对于手工完成的施工过程，可以先根据工作面可能容纳的工人人数，并根据现有的劳动组织来确定每天出勤的工人人数，从而可以求出工作的持续时间。当工作的持续时间太长或太短时，则可增加或减少出勤人数，从而调整工作持续时间。当然也可以先确定工作持续时间，然后求得每天出勤人数，最后检查每天出勤人数是否超过工作面可能容纳的工人人数。

3.2.3　计算示例

例 3.1　某建筑物高12层，采用框架结构，层高为3.6 m，每层共有15根600 mm × 600 mm的钢筋混凝土方柱，单位工程劳动力需要量如表1.3.4所示，试计算柱施工中各工种所需的劳动力。

表1.3.4　单位工程劳动力需要量计划

项次	工种名称	总需要量(工日)	需用工人人数及时间					
			月份					
			1	2	3	4	5	…
	…							
	绑扎柱钢筋							
	支设柱模板	49.5						
	支设柱支撑							
	浇筑柱砼	95						
	…							

解：查阅相关定额得，现浇钢筋混凝土柱(机拌、机捣)为2.45 m^3/人；安装模板为2.12工日/10 m^3；钢筋绑扎14.5工日/t。柱的工程量为

$$12 \times 15 \times 0.6 \times 0.6 \times 3.6 = 233.28 \text{ m}^3$$

注意：绑扎柱钢筋所需工日，应先由柱的配筋图计算出钢筋根数，然后换算为质量，再根据定额计算出所需工日。表1.3.4是基于一个工人完成相关工作进行的计划与安排，实际上在施工现场有多个工人完成同一项目，故表1.3.4中的总工日数应考虑同时参与该项目的人数。

在施工现场，施工人员或施工技术负责人常根据工程量和工作面的条件，采用经验确定法来安排单位工程劳动力。一般先根据施工经验确定进度完成日期，再根据人数和工序的大小倒排进度计划，当然进度计划可以是日计划、周计划、月计划、季度计划、总计划等。

根据经验判断当地人工的效率，然后看工程量清单，看主要分项、钢筋、混凝土、模板的工程量，大致计算需要多少工日，再看自己能够组织的人员情况，考虑天气和材料等因素，可以得到比较准确的工期计划。

要先根据相应的分项子目工程量，根据定额计算需要多少工日，然后去安排工人人数，最后确定天数。要同老板去协商相应项目安排多少人进场施工。

3.3 机械台班用量的计算

确定施工方法、划分施工过程、计算工程量以后，就可以计算各个施工过程的机械台班需要量。施工过程机械台班需要量的计算，应根据现行的施工定额，并结合当地的具体情况和实际施工水平来确定，目的是根据工程实际进度，及时调配机械台班量。钢筋混凝土机械台班用量如表 1.3.5 所示。

表 1.3.5 钢筋混凝土机械台班产量参考指标表

序号	机械名称	型号	主要性能	理论生产率		常用台班产量	
				单位	数量	单位	数量
1	混凝土搅拌机	J_1—250	装料容量 0.25 m^3	m^3/h	3~5		
		J_1—400	装料容量 0.4 m^3	m^3/h	6~12	m^3/台班	15~25
		J_4—375	装料容量 0.375 m^3	m^3/h	12.5	m^3/台班	25~50
		J_4—1500	装料容量 1.5 m^3	m^3/h	30		
2	混凝土搅拌机组	HL_1—20	0.75 m^3 双锥式搅拌机组	m^3/h	20		
		HL_1—90	1.6 m^3 双锥式搅拌机组 3 台	m^3/h	72~90		
3	混凝土喷射机		最大骨粒径/mm			最大水平运距/m	最大垂直运距/m
		HP_1—4	25	m^3/h	4	200	40
		HP_1—5	25	m^3/h	4~5	240	
4	混凝土运输泵	ZH05	50	m^3/h	6~8	250	40
		HB8 型	40	m^3/h	8	200	30

3.3.1 计算方法

施工过程的机械台班量，应根据各施工过程的工程量和现行的施工定额计算。

$$P = Q/S \text{ 或 } P = Q \times Z$$

式中 P——机械台班量；

Q——工程量；

S——产量定额；

Z——时间定额。

3.3.2　影响机械台班量的因素

若工作班制采用二班、三班制工作，可以大大加快施工进度，并且能够保证施工机械得到更充分的利用，但是也会引起技术监督、工人福利以及施工地点照明等方面费用的增加。因此凡是由于施工方法、施工技术和工期要求等方面的原因，非要采用二班或三班制工作外，一般来说多采用一班制工作。例如，使用滑动模板浇筑烟囱或烟囱筒壁，从工艺要求出发，施工必须连续不断地进行，在这种情况下，当然只能采用三班制工作。

从施工进度表中查取各分部分项工程施工的持续天数、确定各个施工过程机械台班需要量以及每天的工作班数后，就可以计算每天的施工机械需要量。

对于机械化施工过程，可先假定主导机械的台数，根据机械的生产能力（即台班产量）求出工作的持续天数。工作的持续天数与所要求天数相比较，如果太长，则可以增加机械的台数；如果太短，则可以减少机械的台数，以达到调整工作的持续时间，使之满足工期要求。但必须注意，机械（主要指起重机）的台数不仅仅取决于机械的台班生产能力，而且往往受到房屋平面轮廓形状的影响，还应当根据机械的服务范围，按上述方法求出的机械台数加以复核。

在确定了主要机械的台数以后，还要确定辅助机械的台数，以使主导机械和辅助机械的生产能力互相适应。当各种机械的台数确定之后，分别乘以每台机械所必须配备的工人人数，就得到机械化施工过程的劳动需要量。

根据《建设工程劳动定额》中的有关规定，再利用以上计算公式，可以计算出钢筋工、模板工、混凝土工的机械台班量。根据采用的施工方案和安排的施工进度来确定施工机械的类型、数量、进场时间。施工机械需要量计划表如表1.3.6所示。

表1.3.6　施工机械需要量计划表

项次	机械名称	型号	需要量		货源	使用起止时间	备注
			单位	数量			

注意：在安排机械进场时间时，对某些机械（如塔式起重机、桅杆式起重机）需考虑铺设轨道及架设起重机的时间。

3.4 主要材料需要量计划

1. 材料需要量计划的作用

材料需要量计划的作用是与加工生产单位签订加工供应协议,掌握备料情况、组织备料,确定仓库、堆场面积,组织运输。

2. 材料需要量计划的编制方法

材料需要量计划的编制方法是将进度计划表中各施工过程的工程量结合预算定额中各个施工过程所需材料名称、规格、数量进行计算汇总再考虑各种材料的贮备定额,即为所需材料数量。

3. 材料需要量计划的编制

根据建筑工程进度计划表和施工图纸,计算出本周、本季或本月所需材料数量,再按要求供应时间的先后填入表1.3.7中。

表1.3.7 单位工程主要材料需要量计划表

项次	材料名称	规格	需要量		供应时间	备注
			单位	数量		

4. 构件需要量计划

构件包括预制钢筋混凝土构件、钢结构构件和门窗等,构件需要量计划如表1.3.8所示。

表1.3.8 构件需要量计划表

项次	品名	规格	图号	需要量		使用部位	加工单位	供应日期	备注
				单位	数量				

3.5 拓展知识

进行人机料计划编制时,需要查阅相关定额,现在常用的《建设工程劳动定额》行业标准名称统计如表1.3.9所示,同学们应学会查阅相关定额。

表 1.3.9 《建设工程劳动定额》行业标准名称及编号一览表

序号	行业标准编号	标准名称
1	LD/T72.1—2008	建设工程劳动定额　建筑工程——材料运输与加工工程
2	LD/T72.2—2008	建设工程劳动定额　建筑工程——人工土石方工程
3	LD/T72.3—2008	建设工程劳动定额　建筑工程——架子工程
4	LD/T72.4—2008	建设工程劳动定额　建筑工程——砌筑工程
5	LD/T72.5—2008	建设工程劳动定额　建筑工程——木结构工程
6	LD/T72.6—2008	建设工程劳动定额　建筑工程——模板工程
7	LD/T72.7—2008	建设工程劳动定额　建筑工程——钢筋工程
8	LD/T72.8—2008	建设工程劳动定额　建筑工程——混凝土工程
9	LD/T72.9—2008	建设工程劳动定额　建筑工程——防水工程
10	LD/T72.10—2008	建设工程劳动定额　建筑工程——金属结构工程
11	LD/T72.11—2008	建设工程劳动定额　建筑工程——防腐、隔热、保温工程
12	LD/T99.1—2008	建设工程劳动定额　市政工程——拆除与临时工程
13	LD/T99.4—2008	建设工程劳动定额　市政工程——桩基础工程
14	LD/T99.5—2008	建设工程劳动定额　市政工程——道路工程
15	LD/T99.6—2008	建设工程劳动定额　市政工程——桥涵工程
16	LD/T99.7—2008	建设工程劳动定额　市政工程——堤防工程
17	LD/T99.8—2008	建设工程劳动定额　市政工程——管网工程
18	LD/T99.12—2008	建设工程劳动定额　市政工程——隧道工程
19	LD/T99.13—2008	建设工程劳动定额　市政工程——维修养护工程
20	LD/T73.1—2008	建设工程劳动定额　装饰工程——抹灰与镶贴工程
21	LD/T73.2—2008	建设工程劳动定额　装饰工程——门窗及木装饰工程
22	LD/T73.3—2008	建设工程劳动定额　装饰工程——油漆、涂料、裱糊工程
23	LD/T73.4—2008	建设工程劳动定额　装饰工程——玻璃、幕墙及采光屋面工程
24	LD/T74.1—2008	建设工程劳动定额　安装工程——管道安装工程
25	LD/T74.2—2008	建设工程劳动定额　安装工程——电气安装工程
26	LD/T74.3—2008	建设工程劳动定额　安装工程——刷油、防腐蚀与绝热工程
27	LD/T74.4—2008	建设工程劳动定额　安装工程——通风空调工程
28	LD/T75.1—2008	建设工程劳动定额　园林绿化工程——绿化工程
29	LD/T75.2—2008	建设工程劳动定额　园林绿化工程——园路、园桥及假山工程
30	LD/T75.3—2008	建设工程劳动定额　园林绿化工程——园林景观工程

习　题

1. 利用空闲时间，组织同学前往施工现场，调研人机料安排或计划的经验数据，并与定额数据比较，形成调研报告。

2. 根据天津大学出版社出版的《建筑工程图识读与绘制》（下册）所附的结构图，计算柱的工程量，并按定额要求算出人机料的数量。

3. 计算 11G101—1 中 p11 柱平法施工图的工程量和人机料用量。

任务 4　柱的抄平放线

随着社会经济快速发展，从适应现代化城市环境需求来考虑，建筑设计既要满足使用功能要求，又要注重建筑外观造型，于是许多外观造型复杂、超大、超高的建筑物应运而生，这些建筑工程在施工过程中，测量工作显得尤为重要。施工单位的测量方案、测量数据、测量人员专业水平都直接影响工程质量。因此，应切实做好测量工作以保证施工质量。

4.1　高程的概念

施工测量中经常用到绝对高程、设计高程、建筑标高、相对高程、高差等名词术语，它们的意义如下。

4.1.1　绝对高程

自然地面是起伏不平的，要衡量地面上某一点的高度，就要确定一个基准。我国规定以青岛验潮站所确定的黄海平均海平面作为大地水准面，其高程值确定为零，是全国高程系统的统一起算面。

地面上某一点到大地水准面的铅直高度，称为该点的绝对高程，也叫海拔。如新疆艾丁湖的绝对高程是 −154 m，是指它比大地水准面低 154 m；又如珠穆朗玛峰的高度是海拔 8 844.43 m，就是指它比大地水准面高出 8 844.43 m。

地面上两点间的高程之差，叫做高差。如果地面上两点的高程为已知，就可算出两点间高差。图 1.4.1 中 B 点对 A 点的高差为

$$h_A = H_B - H_A$$

例 4.1　在图 1.4.1 中，已知 A 点高程 $H_A = 32.600$ m，B 点高程 $H_B = 52.600$ m，求两点间高差 $h_{AB} = ?$

解：B 点对 A 点的高差为

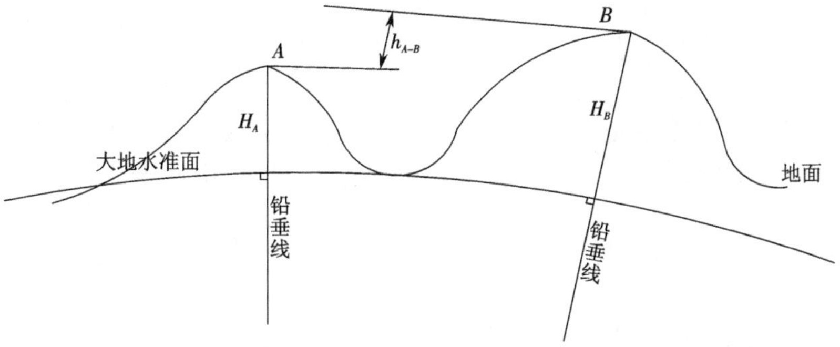

图 1.4.1　大地水准面与高程

$$h_{AB}=H_B-H_A=52.600-32.600=20.000\ \text{m}$$

4.1.2　建筑标高

在工程设计中,每一个独立的单位工程(一栋楼、一座水塔)都有它自身的高度起算面,叫±0.000 m(一般取建筑物首层室内地坪高度)。建筑物结构本身各部位的高度都是以±0.000 m 为起算面算起的相对高度,叫建筑标高。如某楼层建筑标高为3.000 m,是指它比±0.000 m 高3.000 m,基础深 -6.000 m,是指它比±0.000 m 低6.000 m。若已知建筑物两部位的标高,就可计算出高差。已知建筑物窗过梁底部标高为2.700 m、窗台标高为0.900 m,那么窗高为

$$2.700-0.900=1.800\ \text{m}$$

4.1.3　建筑标高与绝对高程的关系

工程设计者在施工图设计说明中要明确给出该单位工程的±0.000 m 相当于绝对高程xxx m,这个确定±0.000 m 的绝对高程值叫设计高程,也叫设计标高。在一个建筑群中各单位工程设计高程可能相同,也可能不相同,在山区建设中甚至可能相差很大。

绝对高程是确定建筑物±0.000 m 的依据,但不介入结构本身的高度计算。±0.000 m 一旦建立,建筑物在施工过程中都以±0.000 m 为起算面来测定各部位的标高。例如某工程中±0.000 m 相当于绝对高程68.800 m。窗台比±0.000 m 高1.000 m,只能说窗台标高为1.000 m,而不能写成窗台标高为69.800 m。基础比±0.000 m 低2.000 m,只能说基础深 -2.000 m,而不能说基础深66.800 m。因此,绝对高程与建筑标高是有联系的两个概念。

4.1.4　相对高程

在局部地区施工测量中,也可不用绝对高程,而是选定某一点作为假定水准面,作为高程起算面。与假定水准面的高差,称为相对高差,用相对高差推算出的高程称为相对高程。如在续建、扩建工程中常以原有建筑物地面为依据来确定新建工程的±0.000 m。需要注意的是,在选定相对高程时一定要考虑新建工程的排水、管网、道路与外部的衔接关系,避免造成坡度矛盾。同时还需考虑挖填土方量的合理平衡。

4.2 水准仪

水准仪的主要功能就是它能为水准测量提供一条水平视线。水准测量就是利用水准仪所提供的水准视线直接测出地面上两点之间的高差，然后利用其中一点的已知高程来推算另一点的高程。

4.2.1 水准点

具有已知高程值的高程控制点叫水准点。在图纸上通常以字母 BM 表示（BM 是英文中高程的表示符号）。在测区内勘察设计部门提供一个以上的已知高程控制点即水准点，作为控制建筑物高程或引测高程的基准点。

4.2.2 高差法

为测出 AB 两点间高差 h_{AB}，如图 1.4.2 所示把仪器安置在 A、B 两点之间，在 A、B 点分别立水准尺，先用望远镜照准已知高程点上 A 尺，读取尺面读数 a，再照准待测点上 B 尺，读取读数 b，则 B 点对 A 点的高差为

$$h_{AB}=a-b$$

待测 B 点的高程

$$H_B=H_A+h_{AB}=H_A+(a-b)$$

式中 a——已知高程点（起点）上的水准读数，叫后视读数；

b——待测高程点（终点）上的水准读数，叫前视读数。

注意：高差有正负，正表示前视点高于后视点；负表示前视点低于后视点。

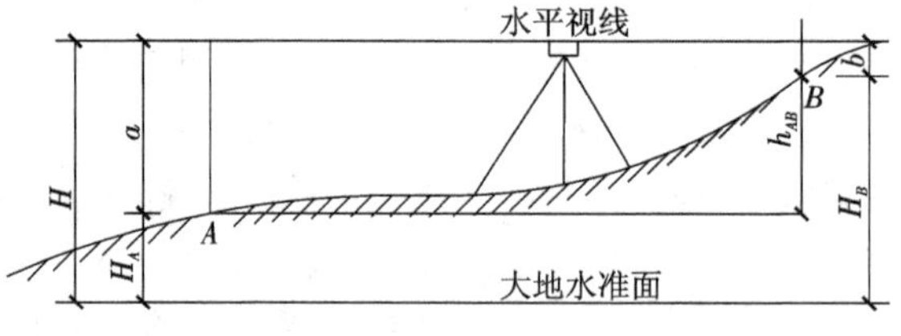

图 1.4.2 水准测量原理

4.2.3 仪高法

用仪器的视线高减去前视读数来计算待测点的高程，称为仪高法。安置一次仪器而要同时测很多点时，采用这种方法比较方便。从图 1.4.3 中可以看出，若 A 点高程为已知，则视线高

$$H = H_A + a$$

待测点的高程

$$H_{Bi} = H - b_i$$

高差法与仪高法的区别在于计算顺序上的不同，但测量原理是一样的。室外测量仪器安置的位置和高度可以任意选择，但水准仪的视线必须水平。

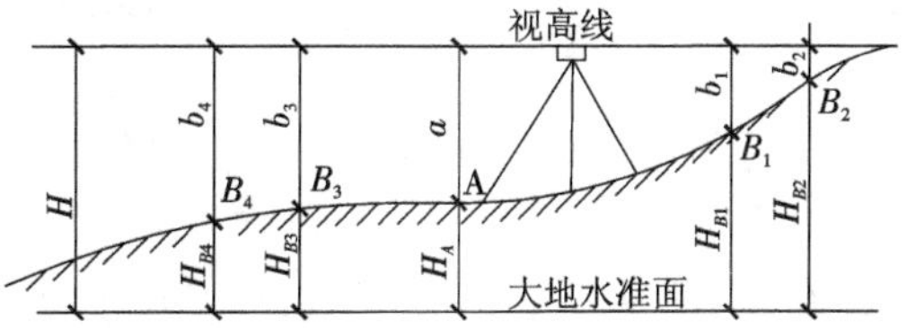

图 1.4.3 仪高法测高程

4.3 水准仪的使用方法及注意事项

水准仪广泛用于建筑行业，是测量水平高低的仪器，具有精度高、使用方便、快速、可靠等优点，应用于引测、大面积场地测量、楼面水平线标志、沉降观测等。

4.3.1 水准仪的组合

水准仪由望远镜、调整手轮、圆水准器、微调手轮、水平制动手轮、管水准器、水平微调手轮和脚架组成，如图 1.4.4 所示。

图 1.4.4 水准仪及脚架

4.3.2 操作方法及步骤

水准仪的操作方法及步骤如下。

①安置仪器。将三脚架张开，使其高度在胸口附近，架头大致水平，并将脚尖踩入土中，然后用连接螺旋将仪器连在三脚架上。

②粗略整平。先对向转动两只脚螺旋，使圆水准器气泡向中间移动，再转动另一脚螺旋，

使气泡移至居中位置。

③瞄准。转动目镜调焦螺旋，使十字丝清晰；转动仪器，用准星和照门瞄准水准尺，拧紧制动螺旋（手感螺旋有阻力），转动微动螺旋，使水准尺成像在十字丝交点处。当成像不太清晰时，转动对光螺旋，消除视差，使目标清晰。

④精平、读数。观察水准管气泡窗，转动微调螺旋使水准管气泡两端的半影像吻合，视线即处于精平状态，在同一瞬间立即用中丝在水准尺上读取米、分米、厘米，估读毫米，即读出四位有效数字。

4.3.3 操作要点

在未知两点间，摆开三脚架，从仪器箱取出水准仪安放在三脚架上，利用三个机座螺旋调平，使圆气泡居中，再调平管水准器。水平制动手轮是调平的，在水平镜内通过三角棱镜反射，水准，就是水平。将望远镜对准未知点 1 上的塔尺，再次调平管水准器，读出塔尺的读数（后视），把望远镜旋转到未知点 2 的塔尺，调整管水准器，读出塔尺的读数（前视），记到记录本上（后视 - 前视）。

4.3.4 校正方法

将仪器摆在两个固定点中间，标出两点的水平线，称为 a、b 线；移动仪器到固定点一端，标出两点的水平线，称为 a'、b'。如果 $a-b\neq a'-b'$ 时，将望远镜横丝对准偏差一半的数值。用校针调整水准仪的上下螺钉，使管水平泡吻合为止。重复以上做法，直到相等为止。

4.4 全站仪或经纬仪

全站仪或经纬仪是测量的主要仪器，可用于测量水平角、竖直角、水平距离和高差。

4.4.1 水平角测量原理

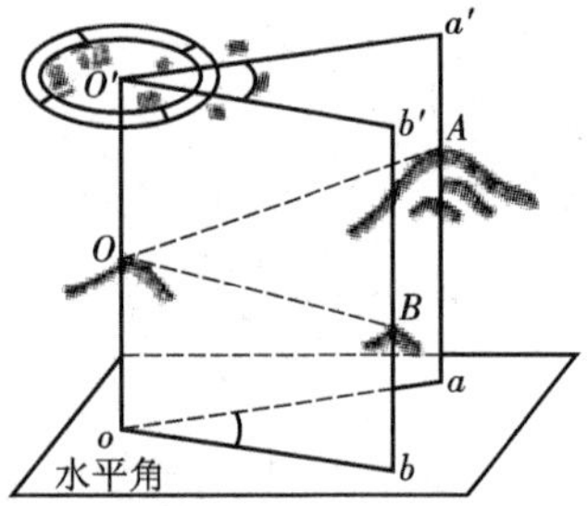

图 1.4.5　水平角测量原理

地面上两相交直线之间的夹角在水平面上的投影，称为水平角。如图 1.4.5 所示，在地面上有 A、O、B 三点，其高程不同，倾斜线 OA 和 OB 所夹的 $\angle AOB$ 是倾斜面上的角。如果通过倾斜线 OA，OB 分别作竖直面，与水平面相交，其交线 oa 与 ob 所构成的 $\angle aob$，就是水平角。

若在角顶 O 点（测站）的铅垂线上，水平地放置一带有顺时针刻划的圆盘，使圆盘中心在此铅垂线上，通过 OA 和 OB 的两竖直面在圆盘上截得的读数为 α 和 γ，则水平角 $\beta=\gamma-\alpha$。

由此可知，测量水平角的全站仪或经纬仪必须具有一个能置于水平位置带刻划的圆盘，圆盘的中心必须处于角顶点的铅垂线上。望远镜不仅能在水平方向随读数指标盘转动，在刻度圆盘上指示读数，而且可以在竖直面转动，瞄准不同方向不同高度的目标。

4.4.2　全站仪或经纬仪的构造及基本操作

我国对经纬仪按精度从高到低分为 DJ07、DJ1、DJ2、DJ6 和 DJ15 五个等级。在工程测量中，一般多使用 DJ6 和 DJ2 型。

全站仪根据生产厂家的不同，有许多型号，如南方、拓普康、尼康、索佳等，型号不同其构造和基本操作也有所不同。

全站仪或经纬仪的构造及基本操作详见天津大学出版社出版的《建筑工程测量》。

4.5　柱的测量施工

4.5.1　柱的测量施工工艺流程

柱的测量施工工艺流程：放柱中线→弹线→柱边线→弹线→复核。

4.5.2　柱的测量施工步骤

利用轴线控制网和控制点，准确放出柱位。柱位测量放线的具体步骤如下。

①根据设计图纸上柱位的位置与控制点的相应关系，计算出放样所需的各项数据，并将计算结果提交施工员进行复核。

②施工员根据设计图纸上柱位的位置与控制点的相应关系，自行计算放样数据，并将结果与测量员提供的数据进行核对，复核无误后方可进行放样。

③将全站仪或经纬仪架设在控制点上，利用前、后视点调整零度线，再利用极坐标法和已计算出的柱位数据进行准确放样。

④施工员在测量员放样结束后，利用全站仪或经纬仪复核已放柱位，复核无误后方可进行施工。

⑤放样结束后，以柱轴线交点为中心，用白灰按桩径大小画一个圆圈，以方便插柱和对中。

实训项目：到实训基地进行柱位的测量实训。

测量实训中常用的测量数据见表 1.4.1。

表 1.4.1　常用测量数据

项目		允许偏差/mm	检测方法
轴线位置	墙、柱、梁	8	钢尺检测
	剪力墙	5	

续表

项目			允许偏差/mm	检测方法
垂直度	层高	≤5 m	8	经纬仪、吊线或钢尺检查
		>5 m	10	经纬仪、吊线或钢尺检查
	全高(H)		H/1 000 且≤30	经纬仪、钢尺检查
标高	层高		±10	水准仪、拉线或钢尺检查
	全高		±30	

习　题

1. 单项选择题

(1)测量中的竖直角是指在同一竖直面内,某一方向线与(　　)之间的夹角。

A. 坐标纵轴　　B. 仪器横轴　　C. 正北方向　　D. 水平线

(2)由地形图上量得某草坪面积为 687 mm^2,若此地形图的比例尺为 1∶500,则该草坪实地面积为(　　)。

A. 171.75 m^2　　B. 343.5 m^2　　C. 17.35 m^2　　D. 34.35 m^2

(3)水准测量中设 D 为后视点,E 为前视点,D 点的高程是 51.237 m,若后视读数为 1.217 m,前视读数为 1.365 m,则 E 点的高程是(　　)。

A. 50.020 m　　B. 51.098 m　　C. 51.385 m　　D. 49.872 m

(4)水平角测量时,角值 $\beta=\gamma-\alpha$。现已知读数 α 为 19°26′24″,读数 γ 为 211°17′12″,则角值 β 是(　　)。

A. 123°18′24″　　B. 122°08′12″　　C. 122°48′12″　　D. 191°50′48″

(5)F 点高程为 49.63 m,$D_{FP}=110$ m,$i_{FP}=-0.5\%$,则 P 点的高程 H_P 为(　　)。

A. 44.13 m　　B. 55.13 m　　C. 49.08 m　　D. 50.18 m

(6)在建筑工程测量中一般使用的水准仪型号为(　　)。

A. DS05　　B. DS1　　C. DS3　　D. DS10

(7)全站仪主要是由(　　)两部分组成。

A. 测角设备和测距仪　　B. 电子经纬仪和光电测距仪

C. 仪器和脚架　　D. 经纬仪和激光测距仪

(8)测设点位的极坐标是根据(　　)来测设的。

A. 一个已知角度和一段已知距离　　B. 两段距离

C. 两个角度　　D. 两个坐标差

(9)水准仪的操作步骤是(　　)。

A. 对中、整平、瞄准、读数　　B. 粗平、精平、瞄准、读数

C. 整平、瞄准、读数、记录　　D. 粗平、对中、瞄准、读数

2. 多项选择题

(1)在地形图上可以求得(　　)数据。

A. 图上两点间的实际距离　　B. 图上某点的地面高程

C. 图上某建筑物的高度　　D. 图上任何建筑物的高程

E. 图上某直线的坐标方位角

(2)建筑物施工放样的基本工作是(　　)。

A. 测设正北方向　　B. 测设已知高程　　C. 测设已知竖直角　　D. 测设已知水平角

E. 测设已知水平距离

(3)采用角度交会法测设点的平面位置可使用(　　)完成测设工作。

A. 水准仪　　B. 全站仪　　C. 经纬仪　　D. 电子经纬仪

E. 测距仪

(4)测设已知水平角的一般方法是根据(　　)进行测设。

A. 已知一段距离　　B. 有一个已知方向

C. 测设已知水平角的数据　　D. 已知一个地面点的高程

E. 已知角的顶点位置

(5)在建筑工程测量中一般使用的光学经纬仪型号为(　　)。

A. DJ07　　B. DJ2　　C. DJ1　　D. DJ6

E. DJ12

3. 简答题

(1)如何控制柱的边线和中心线?

(2)砼柱已经成形,现要把轴线引测到柱上,应如何引测?用什么工具和符号在砼柱上表示出来?

任务5　柱的脚手架搭设

5.1　柱的脚手架搭设概述

5.1.1　脚手架及其作用

脚手架是为建筑施工而搭设的上料、堆料、施工作业、安全防护、垂直和水平运输用的临时结构架。在主体结构施工、构件(设备)安装施工、建筑装饰装修以及高层建筑施工中,均需根据各自的施工特点搭设与之相适应的脚手架,便于施工人员进行施工操作、堆放必要的材料及少量的水平运输。它随建筑物的不断变高而逐层搭设,工程完工后又逐层拆除。

5.1.2 脚手架的分类

脚手架形式多样，通常有以下几种分类方法：按其作用不同分为施工用脚手架、装修用脚手架和支撑用脚手架；按其搭设位置不同分为外脚手架和里脚手架；按其材料不同分为金属脚手架、木脚手架和竹脚手架；按其构造形式不同分为多立杆式、悬挑式、挂式、吊式、桥式、升降式和工具式脚手架等。

目前工地上广泛使用的外脚手架主要有多立杆扣件式钢管脚手架和框组式脚手架。在大、中型厂房及高层建筑装修施工中，多用悬挂式脚手架。

5.1.3 对脚手架的要求

建筑施工脚手架应满足施工的安全要求、使用要求和装拆要求。具体要求如下。

①足够的坚固性和稳定性。保证施工期间在规定荷载及气候条件作用下，不变形、不失稳。

②足够的宽度和步架高度。脚手架的搭设宽度一般为 1.5 ~ 2 m，步架高度为 1.2 ~ 1.4 m，以保证施工操作、堆放材料和运输的要求。

③构造规范和传力明确。要注意支撑布置与连接，以确保脚手架的稳定性，做到构造规范、工作可靠和传力明确，必要时应验算架面荷载。

④搭设在稳固地基(或支撑物)上。有稳固的地基，可避免脚手架在荷载的作用下产生不均匀或过大的沉降所引起的倾覆。

⑤有足够多的连墙件。脚手架须与建筑物主体牢固连接，以利用建筑物主体整体刚度来保持脚手架的稳定性。

⑥搭设和拆除简便。脚手架应构造简单，便于搭设、拆除和搬运，能多次周转使用。

5.2 扣件式钢管脚手架的搭设技术

5.2.1 扣件式钢管脚手架的部件及构造要求

扣件式钢管脚手架是目前建筑工地使用最为广泛的一种脚手架。其主要优点为搭设拆除方便、灵活、适应性强，坚固耐用、周转次数多，可用做模板支架、上料平台或栈桥等。

1. 扣件式钢管脚手架的主要部件及技术要求

扣件式钢管脚手架由钢管杆件、扣件、底座和脚手板等组成，如图 1.5.1 所示。

①底座。设于立杆底部的垫座，用以增大立杆底部面积和传递脚手架荷载，如图 1.5.2 所示。不能调节支垫高度的底座称为固定底座，能够调节支垫高度的底座称为可调底座。

②扣件。固定架子管的连接件称为扣件，常用可锻铸铁制作，其材质应符合现行国家标准《钢管脚手架扣件》(GB 15831)的规定。用于杆件与杆件间的连接，其基本形式有 3 种，如图 1.5.3 所示。直角扣件(图 1.5.3(a))用于垂直交叉杆件间的连接。旋转扣件(图 1.5.3(b))用于平行或斜交杆件间的连接。对接扣件(图 1.5.3(c))用于杆件的对接连接。脚手架采用

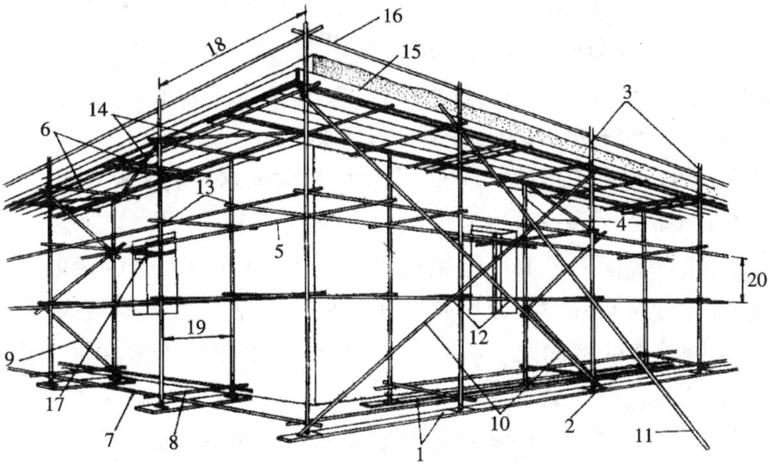

图 1.5.1　扣件式钢管脚手架组成

1—垫板;2—底座;3—外立杆;4—内立杆;5—大横杆;6—小横杆;7—纵向扫地杆;8—横向扫地杆;9—横向斜撑;10—剪刀撑;11—抛撑;12—旋转扣件;13—直角扣件;14—水平斜撑;15—挡脚板;16—防护栏杆;17—连墙件;18—柱距;19—排距;20—步距

的扣件,在螺栓拧紧扭矩达 65 N·m 时,不得发生破坏。

③立杆。脚手架中垂直于水平面的竖向杆件称为立杆。双排脚手架中离开墙体一侧的立杆(或单排立杆)称为外立杆;靠近墙体一侧的立杆称为内立杆。立杆一般为 ϕ48 mm×3.5 mm的焊接钢管,长度为 4~6.5 m。每根立杆底部应设置底座或垫板。脚手架必须设置纵、横向扫地杆。纵向扫地杆应采用直角扣件固定在距底座上皮不大于 200 mm 处的立杆上。横向扫地杆亦应采用直角扣件固定在紧靠纵向扫地杆下方的立杆上。当立杆基础不在同一高度时,必须将高处的纵向扫地杆向低处延长 2 跨与立杆固定,高低差不应大于 1 m。靠边坡上方的立杆轴线到边坡的距离不应小于 500 mm。立杆接长除顶层顶步外,其余各层必须采用对接扣件连接,以防止产生偏心矩。相邻 2 根立杆的对接扣件应错开 1 步,其错开的垂直距离不应小于 500 mm。对接接头应尽量靠近立杆、纵向水平杆和横向水平杆的交点,偏离该节点的距离宜小于步距的 1/3,并靠近连墙件。

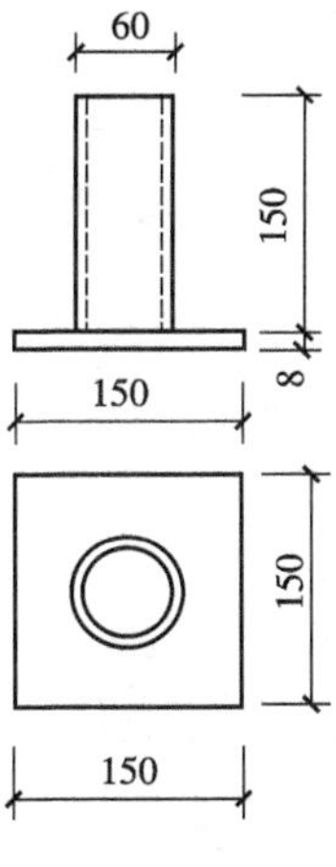

图 1.5.2　脚手架底座

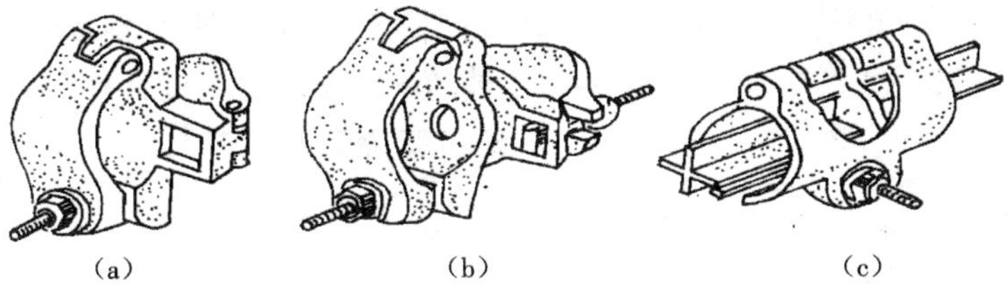

图 1.5.3　扣件形式

(a)直角扣件　(b)旋转扣件　(c)对接扣件

④纵向水平杆。沿脚手架纵向设置的水平杆称为纵向水平杆。纵向水平杆宜设置在立杆的内侧,其长度应不小于 3 跨;纵向水平杆接长宜采用对接扣件,2 根相邻纵向水平杆的接头不宜设在同步或同跨内;不同步或不同跨的 2 个相邻接头在水平方向错开的距离不应小于 500 mm;各接头中心至最近主接点的距离不宜大于纵距的 1/3。

⑤横向水平杆。沿脚手架横向设置的水平杆称为横向水平杆,其长度为 2.1 ~ 2.3 m。在主节点处必须设置 1 根横向水平杆,用直角扣件扣接且严禁拆除。作业层上非主节点处的横向水平杆,宜根据支撑脚手板的需要等间距设置,最大间距不应大于纵距的 1/2。当采用冲压脚手板、木脚手板、竹串片脚手板时,双排脚手架的横向水平杆两端均应采用直角扣件固定在纵向水平杆上;单排脚手架的横向水平杆的一端,应用直角扣件固定在纵向水平杆上,另一端应插入墙内,插入长度不应小于 180 mm。

⑥连墙件。为防止脚手架内倾外仰,必须按规范要求设置连墙件。连墙件的材质应符合现行国家标准《碳素结构钢》(GB/T 700—2006)中 Q235-A 级钢的规定。连墙件的强度、稳定性和连接强度应符合国家标准《冷弯薄壁型钢结构技术规范》(GB 50018—2002)、《钢结构设计规范》(GBJ 50017—2003)、《砼结构设计规范》(GB 50010—2010)等的规定。

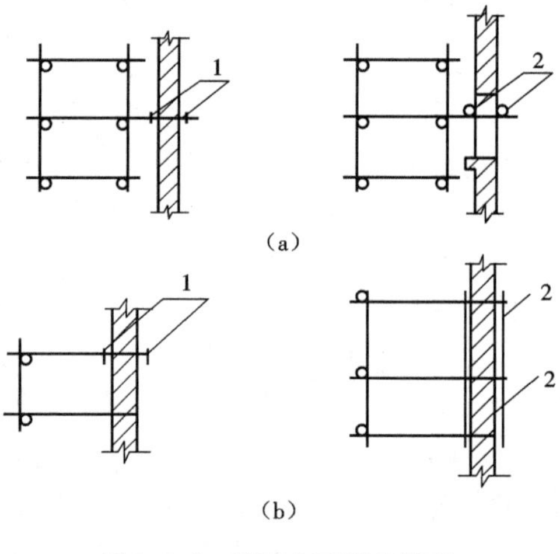

图 1.5.4　脚手架刚性连墙件

(a)双排脚手架剖面　(b)单排脚手架平面

1—固定扣件;2—短钢管

对于高度 24 m 以下的建筑物可用单排及双排脚手架,高度 24 m 以上的建筑物须用双排脚手架,单排或双排脚手架需采用刚性连墙件与建筑物可靠连接,如图 1.5.4 所示。连墙件必须采用可承受拉力和压力的构造。连墙件的布置间距参见表 1.5.1。

表 1.5.1　连墙件布置最大间距

脚手架类型	脚手架高度/m	竖向间距	水平间距	每根连墙件覆盖面积/m^2
双排	≤50	$3h$	$3l_a$	≤40
	>50	$2h$	$3l_a$	≤27
单排	≤24	$3h$	$3l_a$	≤40

注：h 为步距；l_a为纵距。

⑦剪刀撑。为保证脚手架的整体刚度和稳度，双排脚手架应设剪刀撑与横向斜撑，单排脚手架应设剪刀撑。高度在 24 m 以下的单、双排脚手架，必须在外侧立面的两端各设置一道剪刀撑，并应由底至顶连续设置。高度在 24 m 以上的双排脚手架应在外侧立面整个长度和高度上连续设置剪刀撑。每道剪刀撑宽度不应小于 4 跨，且不应小于 6 m，斜杆与地面的倾角宜为 45°～60°。架体中部应每隔 12～15 m 搭设一副剪刀撑。剪刀撑斜杆的接长宜采用搭接。剪刀撑应用旋转扣件固定在与之相交的横向水平杆的伸出端或立杆上，旋转扣件中心至主节点的距离不宜大于 150 mm。

⑧脚手板。脚手板能搭设成施工作业层。作业层脚手板应铺满、铺稳，离开墙面 120～150 mm。脚手板应设置在 3 根横向水平杆上。当脚手板的长度小于 2 m 时，可采用 2 根横向水平杆支撑，但应将脚手板两端与其可靠固定，严防倾翻。脚手板平铺对接时，接头处必须设 2 根横向水平杆，脚手板外伸长度应取 130～150 mm，2 块脚手板外伸长度的和不应大于 300 mm；脚手板搭接铺设时，接头必须支在横向水平杆上，搭接长度应大于 200 mm，其伸出横向水平杆的长度应不小于 100 mm，如图 1.5.5 所示。

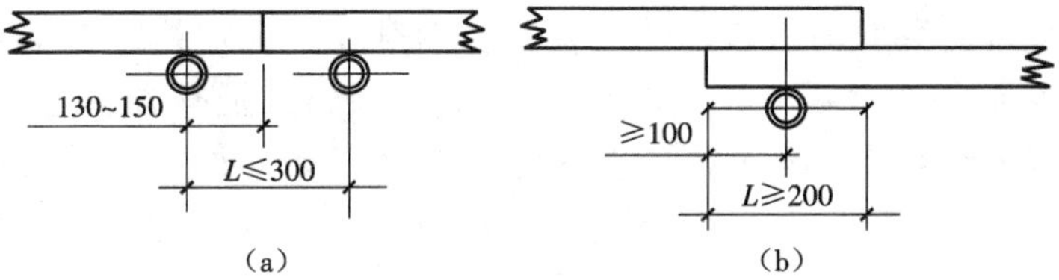

图 1.5.5　脚手板搭设示意图

(a)平铺对接　(b)搭接铺设

⑨防护栏杆。在脚手架上部应搭设高度不小于 1 m 的防护栏杆，其下部还应设置挡脚板，以保证高空施工作业人员的安全。

5.2.2　扣件式钢管脚手架的搭设程序及要点

1. 扣件式钢管脚手架的搭设程序

扣件式钢管脚手架的搭设程序如下：摆放纵向扫地杆→逐根树立立杆并随即与扫地杆扣紧→搭设横向扫地杆并与立杆或纵向水平杆扣紧→搭设第 1 步纵向水平杆并与立杆扣紧→搭设第 1 步横向水平杆→搭设第 2 步纵向水平杆→搭设第 2 步横向水平杆→搭设临时抛撑→搭

设第 3 步、第 4 步的纵向水平杆和横向水平杆→固定连墙件→接长立杆→搭设剪刀撑→铺脚手板→搭设防护栏杆。

2. 扣件式钢管脚手架的搭设要点

搭设脚手架的地基须平整坚实，并有可靠的排水措施，防止积水浸泡地基引起不均匀沉陷，对高层建筑应进行基础强度验算；脚手架应按其施工组织设计进行搭设，并注意搭设顺序；脚手架立杆下端应设底座或垫板（垫木），并应准确地放在定位线上；在搭设第 1 节立杆时，为保持其稳定性，应每 6 跨设 1 根抛撑；脚手架搭设至连墙件构造层时，应马上装设连墙件，以保证所搭脚手架的安全；双排脚手架的横向水平杆内侧一端，应离开砌体至少 100 mm，作为砌体装饰抹灰的操作空间；脚手架杆件相交时，外伸的长度不得小于 100 mm，以防杆件变形造成的滑脱；搭设脚手架所用的各种扣件必须扣牢拧紧，不得有松动现象发生，一般扭矩为 40 ~ 60 N · m；从顶层作业层的脚手板往下计，宜每隔 12 m 满铺 1 层脚手板，以增大其整体稳定性。

5.2.3　扣件式钢管脚手架的检查、验收及安全管理要点

1. 扣件式钢管脚手架的检查与验收

脚手架及其地基基础应在下列阶段进行检查验收：基础完工后及脚手架搭设前，作业层上施加荷载前，每搭设完 10 ~ 13 m 高度后，达到设计高度后，遇有 6 级以上大风与大雨后，寒冷地区开冻后，停用超过 1 个月。

脚手架检查、验收时的依据：施工组织设计及变更文件、技术交底文件。

脚手架使用中，应定期检查下列项目：杆件的设置和连接，连墙件支撑、门洞桁架等的构造是否符合要求；地基是否积水，底座是否松动，立杆是否悬空；扣件螺栓是否松动；高度在 24 m 以上的脚手架，其立杆的沉降与垂直度的偏差是否超过规范规定；安全防护措施是否符合要求；是否超载。安装后的扣件螺栓拧紧应采用扭力扳手检查，抽样方法应按随机分布原则进行；抽样检查数目与质量判定标准应按规范的规定确定；不合格的必须重新拧紧，直至合格为止。

2. 扣件式钢管脚手架的安全管理要点

在使用扣件式钢管脚手架时，为保证使用安全，须注意以下要点：在脚手架使用期间，严禁拆除主节点处的纵、横水平杆，纵、横向扫地杆；不得在脚手架基础及其邻近进行挖掘作业，否则应采取安全措施，并报主管部门批准；临街搭设脚手架时，外侧应有防坠物伤人的防护措施；在脚手架上进行电、气焊作业时，必须有防火措施和专人看守；工地临时用电线路的架设及脚手架接地、避雷措施等，应按现行行业标准《施工现场临时用电安全技术规范》（GJG46—2005）的有关规定执行；搭拆脚手架时，地面应设围栏和警戒标志，并派专人看守，严禁非操作人员入内；扣件式钢管脚手架上的荷载不应超过 2.7 N/m^2（堆砖时，只允许单行侧摆 3 层）；脚手架搭设人员必须是经过按国家标准《特种作业人员安全技术考核管理规则》（GB 5036—85）考核合格的专业架子工；搭设脚手架人员必须戴安全帽、系安全带、穿防滑鞋；作业层上的施工荷载应符合设计要求，不得超载；不得将模板支架、缆风绳、泵送砼管和砂浆输送管等固定在脚手架

上；严禁悬挂起重设备；当有6级及6级以上大风和雾、雨、雪天气时应停止脚手架的搭设与拆除；雨、雪后上架作业应有防滑措施，并应扫除积雪；应经常检查钢管脚手架的使用情况，发现问题应及时处理。

5.2.4　扣件式钢管脚手架的拆除要点

在拆除扣件式钢管脚手架时，应掌握以下要点：脚手架的拆除顺序是自上而下，后搭设者先拆，先搭设者后拆；拆除作业必须由上而下逐层进行，严禁上下同时作业；连墙件必须随脚手架逐层拆除，严禁先将连墙件整层或数层拆除后再拆脚手架；分段拆除高差不应大于2步，若高差大于2步，应增设连墙件加固；当脚手架拆至下部最后1根长立杆（约6.5 m）时，应先在适当位置搭设临时抛撑加固后，再拆除连墙件；高空拆卸脚手架时，各构件应用绳系好下放，严禁高空抛扔；拆除的脚手架部件应分类分规格进行堆码，严禁乱堆乱放。

5.3　悬挑式脚手架的搭设技术

1. 悬挑式脚手架的主要部件及技术要求

该脚手架是将外脚手架沿建筑物高度分段（每段10～30 m）悬挑搭设，由支撑架（挑梁式挑架）和支撑梁上所支设的扣件式钢管脚手架或门型脚手架组成，支撑架一般采用三角架形式，如图1.5.6所示。

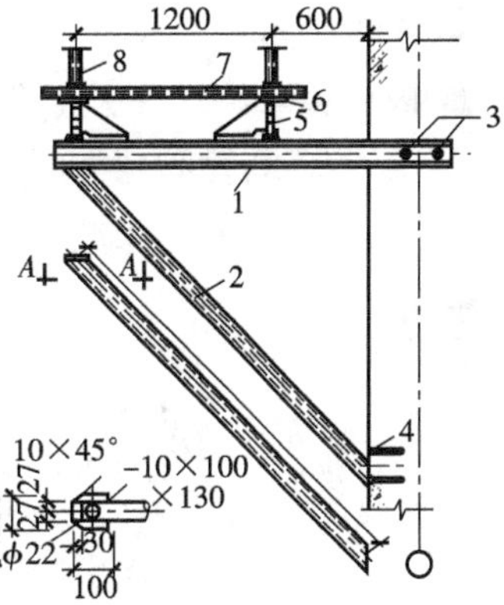

图1.5.6　悬挑三角架

该脚手架实际上是将落地的多立杆式脚手架转移到建筑物的某高度处，尤其适用于高层建筑的施工。对于有裙房的高层建筑，使用悬挑脚手架能使裙房与主楼同时进行施工，可不受外脚手架的影响。

施工中遇到下述情况时可采用悬挑脚手架：±0.000 m以下结构工程的回填土未能及时回填，而上部主体结构工程因工程需要必须立即进行；高层建筑主体结构四周有裙房，脚手架不能支在地面上；超高层建筑施工，脚手架搭设高度超过其容许高度，需要将其分成几个高度段来搭设。

2. 悬挑三角架的安装及使用方法

(1)悬挑三角架的安装方法

方法1：先将水平挑梁（型钢）和斜杆组成整体，浇筑结构构件时将水平挑梁埋入砼中，安装时只需焊接斜杆根部即可。

方法2：采用上下均埋设预埋件方法，安装时在建筑物结构上测量并标出安装位置，在斜杆根部先焊上1只小钢牛腿，作为三角架斜杆的临时搁置，斜杆与钢挑梁连接处用螺栓临时固定，而后将斜杆上、下端和挑梁端部焊接。

(2)悬挑式脚手架的使用方法

为便于架设横梁和搭脚手架,悬挑脚手架上应设置钢挑梁,排梁可整体吊装,用螺栓连接,亦可分件吊装。

钢排架安装后,在其上安装小横梁I8槽钢作为脚手架立柱的支座,架设在钢挑架上,其连接宜采用可移动或可校正的压板方式固底,不宜采用螺栓连接,其连接方式如图1.5.7所示。

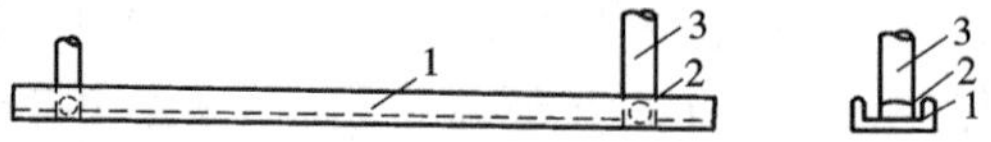

图1.5.7 槽钢小横梁的构造示意图

1—8号槽钢小横梁;2—38短钢管;3—脚手架立柱

5.4 里脚手架的搭设技术

1. 里脚手架的作用

里脚手架主要用于楼层上砌墙、内装饰和砌筑围墙等。

2. 里脚手架的构造要求

①折叠式里脚手架是用角钢焊接、用铰连接而成,如图1.5.8(a)所示。其架设间距为:砌墙时不超过2 m,粉刷墙面时不超过2.5 m。折叠式里脚手架使用时可搭设2步脚手,第1步约1 m高,第2步约1.65 m高。

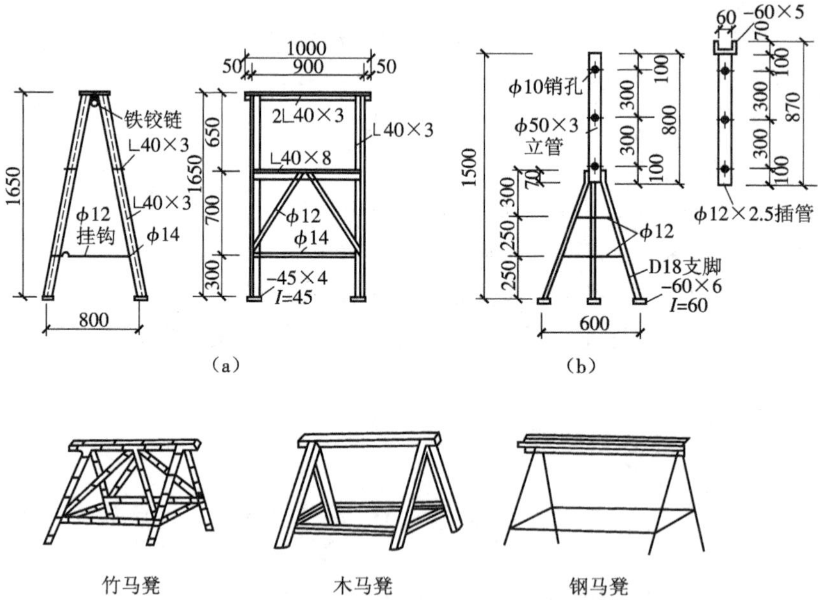

图1.5.8 里脚手架

(a)折叠式里脚手架 (b)支柱式里脚手架 (c)马凳式里脚手架

②支柱式里脚手架是将插管插入立管中,用销子孔间距来调节脚手架的高度。使用时要架设若干支柱,并在插管顶端的支托内搁置方木横杆,在横杆上再铺设脚手板即可进行施工操作,如图1.5.8(b)所示。其搭设间距:砌墙时宜为2 m,粉刷时不超过2.5 m。

③马凳式里脚手架如图1.5.8(c)所示。使用时在马凳与马凳之间铺上脚手板即可进行施工操作。马凳搭设间距不得超过1.5 m。

5.5　外脚手架的搭设技术

5.5.1　搭设技术措施

1. 外架搭设

①立杆垂直度偏差不得大于架高的1/200。

②立杆接头除在顶层可采用搭接外,其余各接头必须采取对接扣件,对接应符合以下要求:立杆上的对接扣件应交错布置,两相邻立杆接头不应设在同步、同跨内,两相邻立杆接头在高度方向错开的距离不应小于500 mm,各接头中心距主节点的距离不应大于步距的1/3,同一步内不允许有两个接头。

③立杆顶端应高出建筑物屋顶1.5 m。

④脚手架底部必须设置纵、横向扫地杆。纵向扫地杆应用直角扣件固定在距垫铁块表面不大于200 mm处的立杆上,横向扫地杆应用直角扣件固定在紧靠纵向扫地杆下方的立杆上。

⑤大横杆设于小横杆之下,在立杆内侧,采用直角扣件与立杆扣紧,大横杆长度不宜小于3跨,并不小于6 m。

⑥大横杆对接扣件连接、对接应符合以下要求:对接接头应交错布置,不应设在同步、同跨内,相邻接头水平距离不应小于500 mm,并应避免设在纵向水平跨的跨中。

⑦架子四周大横杆的纵向水平高差不超过500 mm,同一排大横杆的水平偏差不得大于1/300。

⑧小横杆两端应采用直角扣件固定在立杆上。

⑨每一主节点处(即立杆、大横杆交汇处)必须设置一小横杆,并采用直角扣件扣紧在大横杆上,该杆轴线偏离主节点的距离不应大于150 mm,靠墙一侧的外伸长度不应大于250 mm,外架立面外伸长度以100 mm为宜。操作层上非主节点处的横向水平杆宜根据支撑脚手板的需要等间距设置,最大间距不应大于立杆间距的1/2,施工层小横杆间距为1 m。

⑩脚手板一般应设置在三根以上小横杆上,当脚手板长度小于2 m时,可采用两根小横杆,并应将脚手板两端与其可靠固定,以防倾翻。脚手板平铺,应铺满铺稳,靠墙一侧离墙面距离不应大于150 mm,拐角要交圈,不得有探头板。

⑪搭设中每隔一层外架要及时与结构进行牢固拉结,以保证搭设过程中的安全,要随搭随校正杆件的垂直度和水平偏差,适度拧紧扣件。

⑫拉杆必须从第一层与窗口连接,拉杆与脚手架连接的一端可稍微下斜,不容许向上翘起。保证垂直高度≤4 m、水平距离≤6 m都有拉接。

⑬脚手架外立面的两端各设置一道剪刀撑，由底至顶连续设置；中间每道剪刀撑的净距不应大于 15 m。

⑭剪刀撑的接头除顶层可采用搭接外，其余各接头必须采用对接扣件连接。

⑮剪刀撑应用旋转扣件固定在与之相交的小横杆的伸出端或立杆上，旋转扣件中心线距主节点的距离不应大于 150 mm。

⑯用于大横杆对接的扣件开口，应朝架子内侧，螺栓向上，避免开口朝上，以防雨水进入，导致扣件锈蚀，直角扣件不得朝上。

⑰外架施工层应满铺脚手板，脚手架外侧设防护栏杆一道和挡脚板一道，栏杆上皮高 1.2 m，挡脚板高不应小于 180 mm。栏杆上皮挂安全网，网的下口与建筑物挂搭封严（即形成兜网）或立网底部压在作业面脚手板下，再在操作层脚手板下另设一道固定安全网。

⑱剪刀撑是在脚手架外侧互相交叉成十字形的双杆，并与地面成 45°～60°夹角。作用是把脚手架连成整体，增加脚手架的整体稳定。

2. 过门洞的处理

过门洞时，双排脚手架可挑空 1～2 根立杆，即在第一步大横杆处断开。悬空的立杆处用斜杆撑顶，逐根连接三步以上的大横杆，以使荷载分布在两侧立杆上，斜杆下端与地面的夹角要成 60°左右，凡斜杆与立杆、大横杆相交处均应扣接。

3. 过窗洞的处理

单排脚手架遇窗洞时，可增设立杆或吊设一根短大横杆，将荷载传递到两侧的小横杆，若窗洞宽超过 1.5 m 时，应于室内加设立杆（底部加铺垫木）和大横杆来承担小横杆传来的荷载。

4. 地基处理

地基做 80 mm 厚 C10 混凝土地坪，以保证地基不变形；立杆支撑在 20 cm × 20 cm × 0.8 cm的钢板上；场地平整不得积水。

5. 搭设工艺流程

架子搭设工艺流程如下：在牢固的地基上弹线、立杆定位→摆放扫地杆→架立杆并与扫地杆扣紧→装扫地小横杆，并与立杆和扫地杆扣紧→装第一步大横杆并与各立杆扣紧→安第一步小横杆→安第二步大横杆→安第二步小横杆→加设临时斜撑杆，上端与第二步大横杆扣紧→安第三、四步大横杆和小横杆→安装第二层→接立杆→加设剪刀撑→铺设脚手板，绑扎防护及挡脚板、挂安全网。

5.5.2 安全网

安全网的挂设要求是安全网应挂设严密，用塑料蔑绑扎牢固，不得漏眼绑扎，两网连接处应绑在同一杆件上。安全网要挂设在棚架内侧。脚手架与施工层之间要按验收标准设置封闭平网，防止杂物坠落。

5.5.3　安全挡板

通道口及靠近建筑物的露天作业场地要搭设安全挡板，通道口挡板需向两侧各伸出 1 m，向外伸出 3 m。

5.5.4　架子的验收、使用及管理

①把好验收关。搭设过程中的架子，每搭设一个施工层高度必须由项目技术负责人组织技术、安全与搭设班组、工长进行检查，符合要求后方可上人使用。架子未经检查、验收，除架子工外，严禁其他人员攀登。验收合格的架子任何人不得擅自拆改，需局部拆改时，要经设计负责人同意，由架子工操作。

②工程的施工负责人，必须按架子搭设方案的要求，拟定书面操作要求，向班组进行安全技术交底，班组必须严格按操作要求和安全技术交底施工。

③架子分段搭设完成后，组织相关人员，按项目进行验收，并填写验收单，合格后方可继续搭设和使用。

5.5.5　人员素质要求

①高处作业人员必须年满 18 岁，两眼视力均不低于 1.0，无色盲，无听觉障碍，无高血压、心脏病、癫痫、眩晕和突发性昏厥等疾病，无妨害登高架设作业的其他疾病和生理缺陷。

②责任心强，工作认真负责，熟悉本作业的安全技术操作规程。严禁酒后作业和作业中玩笑嬉闹。

③明确使用个人防护用品和采取安全防护措施。进入施工现场，必须戴好安全帽，在无可靠防护 2 m 以上处作业必须系好安全带，使用工具要放在工具套内。

④操作工必须经过培训教育，考试、体检合格后，持证上岗，任何人不得安排未经培训的无证人员上岗作业。

⑤作业人员应定期进行体检（每年体检一次）。

⑥作业所用材料要堆放平稳，高处作业地面环境要整洁，不能杂乱无章，乱摆乱放，所用工具要全部清点回收，防止遗留在作业现场掉落伤人。

5.5.6　劳保用品（三宝）要求

1. 安全帽

①安全帽必须是由保建部认证的厂家供货，无合格证的安全帽禁止使用。工程使用的安全帽一律由分公司统一提供，各分包外联单位不准私购安全帽。

②安全帽必须具有抗冲击、抗侧压力、绝缘、耐穿刺等性能，使用中必须正确佩戴，安全帽使用期为 2.5 年。

2. 安全带

①安全带必须是劳动保护研究所认可合格的产品。

②安全带使用2年后，根据使用情况，必须通过抽验合格方可使用。

③安全带应高挂低用（架子工除外），注意防止摆动碰撞，不准将绳打结使用，也不准将钩直接挂在安全绳上使用，应挂在连接环上用，要选择在牢固构件上悬挂。

④安全带上的各种部件不得任意拆掉，更新绳时要注意加绳套。

3. 安全网

①安全网的技术要求必须符合 CB 5725—85 规定，方准进场使用。工程使用的安全网必须由公司认定的厂家供货。大孔安全网用做平网和兜网，其规格为绿色密目安全网 1.5 m×6 m，用做内挂立网。内挂绿色密目安全网要使用由国家认证的生产厂家的供货，安全网进场要做防火试验。

②安全网在存放使用中，不得受有机化学物质污染或与其他可能引起磨损的物品相混，当发现污染时应进行冲洗，洗后自然干燥，使用中要防止电焊火花掉在网上。

③安全网拆除后要洗净捆好，放在通风、遮光、隔热的地方，禁止使用钩子搬运。

5.5.7 脚手架封闭措施

1. 竖向封闭

保证防护架高出屋面 1.5 m 以上，防护架搭设完一层，就应立即铺设防护网。首先，用细铁丝将竹压板竖向捆绑在防护架的外侧水平杆上，竹压板应置于绿色密目安全网的内侧，捆绑时应用双股铁丝进行牢固连接，相邻（上、下、左、右）两块竹压板应连接紧密并用铁丝绑牢，不得有空隙或漏绑现象。其次，应在外侧立杆的内侧（或大横杆）上挂设绿色密眼安全网，在挂设安全网时，必须用防雨、不易腐蚀的专用尼龙绳进行捆绑，要用力拉紧安全网并用绳子穿过网上预留的穿绳孔与水平杆紧密捆绑。保持安全网的平整度，严格控制好网与网相连的水平连缝和竖向连缝，不得漏孔和漏捆，以防影响其安全防护功能的发挥和外侧立面的美观。

2. 水平防护

安全防护架和竖向防护网搭设完毕后，为了保证使用安全，首先在第二层高度位置设置一道全封闭水平防护。此道水平防护满铺一层中枋，再铺设一道竹压板。其余的水平防护应沿竖向每隔3步架高铺设一道临时防护网。中间层水平防护网的构造做法为：首先在短横杆上铺设 60 mm×160 mm 长木枋，木枋应用10号铁丝将其与横杆牢固连接，木枋间距不大于400 mm；在木枋接头处应增设双短横杆，以撑住木枋端部避免瞎子跳；木枋铺设完成后，在其上铺放一道竹压板进行严密封堵，并用铁丝相连牢固，严禁出现孔洞。每日派专人对水平防护上的垃圾进行清理，以确保水平防护的完整性和安全性。

5.6 框组式脚手架的搭设技术

框组式脚手架亦称多功能门型脚手架。它是一种在工厂生产、在现场组装搭设的脚手架，不仅用做外脚手架，亦可用做内脚手架或满堂脚手架。

5.6.1　基本结构元素和主要部件

框组式脚手架由门式框架、剪刀撑、水平梁架（或脚手板）构成基本单元，如图1.5.9所示。将若干个基本单元互相连接起来，并增加梯子、栏杆即构成整片式脚手架，如图1.5.10所示。

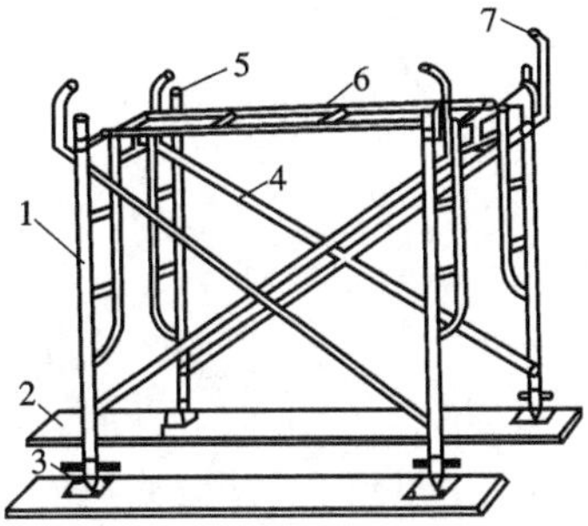

图1.5.9　框组式脚手架基本单元

1—框架；2—垫板；3—可调底座；
4—剪刀撑；5—连接棒；
6—水平梁架；7—锁臂

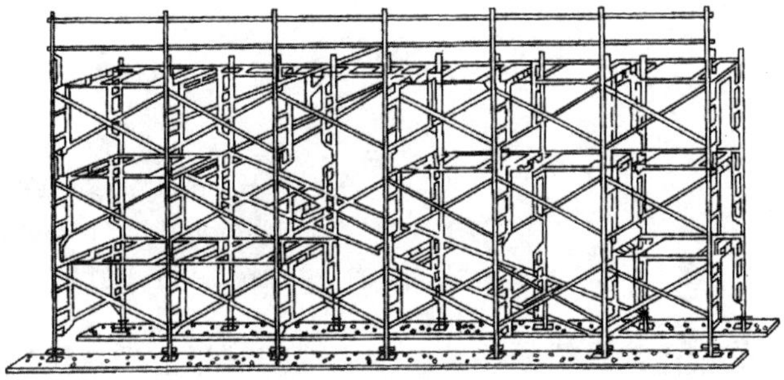

图1.5.10　整片框组式脚手架

1. 框组式脚手架主要部件及其连接

框组式脚手架由基本单元部件（标准门架、剪刀撑、水平梁架等）、底座、托座及其他部件（锁臂、栏杆柱、扣墙管等）组成，如图1.5.11所示。框组式脚手架部件之间的连接常采用以下方法。

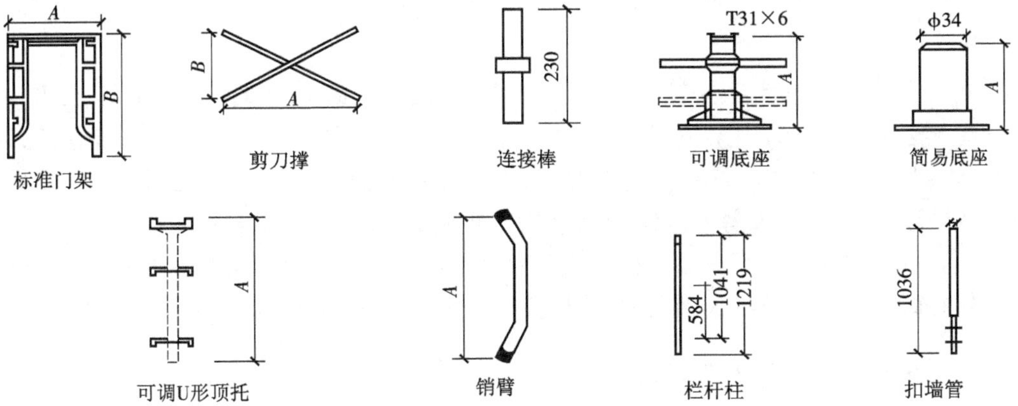

图1.5.11　框组式脚手架主要部件

①制动片式挂扣连接。在挂扣的固定片上，铆有主制动片和被制动片。安装前应使两者处于脱开位置，开口尺寸大于门框架横梁直径。就位后将被制动片逆时针方向转动而卡住门式框架横梁，此时主制动片即自行落下，将被制动片卡住，使脚手板（或水平梁架）自锚于门框

架横梁上,如图 1.5.12(a)所示。

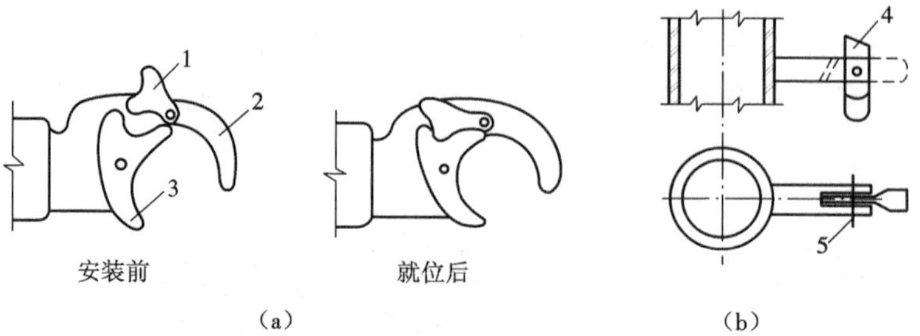

图 1.5.12　框组式脚手架的连接形式

(a)制动片式挂扣　(b)偏重片式锚扣

1—主制动片;2—主动片;3—被制动片;4—ϕ10 mm 圆钢偏片;5—铆钉

②偏重片式锚扣连接。在门框架竖管上焊一段端头开槽的 ϕ12 mm 圆钢,槽呈坡形(上口长 23 mm,下口长 20 mm),槽内设 1 个 2 mm 厚的偏重片(用 ϕ10 mm 圆钢制作,一端保持原直径),在其近端处开有一椭圆长孔。安装时将偏重片置于虚线位置,装入剪刀撑后,将偏重片稍向外拉,偏重片自然旋转到实线位置而形成自锚,如图 1.5.12(b)所示。

5.6.2　框组式脚手架的搭设程序及搭设技术要点

1. 搭设程序

框组式脚手架的搭设程序如下:铺放垫木(板)→拉线、放底座→从一端起立门架并随装剪刀撑→装设水平梁(脚手板)→装设梯子→装设连墙杆→如此逐层向上安装→装设加强整体刚度的长剪刀撑→装设顶部栏杆。

2. 搭设技术要点

搭设技术要点如下:夯实并抄平、铺设可调底座;高层门架垂直度偏差不得超过 2 mm,水平度偏差不得超过 5 mm;门架顶部和底部用纵向杆和扫地杆固定;门架之间须设置剪刀撑和水平梁架(脚手板);整片脚手架前 3 层每层设置 1 道水平加固杆,3 层以上则每 3 层设置 1 道加固杆;架子外侧应设置长剪刀撑(ϕ48 mm 脚手钢管,长 6 ~ 8 m),其高度和宽度为 3 个或 4 个步距和架距,与地面成 45° ~ 60°,相邻长剪刀撑相隔 3 ~ 5 个架距,并沿架体全高设置;用连墙管(器)将脚手架与建筑物连接稳固,连墙点间距为高 6 m、长 8 m,连墙形式见图 1.5.13。

5.6.3　框组式脚手架使用要点

框组式脚手架的搭设高度一般不超过 45 m,采取一定加固措施后可达 80 m 左右;作用在架体上的施工均布荷载一般为 1.86 kN/m^2,而作用在脚手板上的集中荷载不超过 2.0 kN/m^2。

5.6.4　框组式脚手架拆除要点

框组式脚手架的拆除应从上至下进行;应将拆散的部件捆绑后,用垂直吊运设备吊运至地

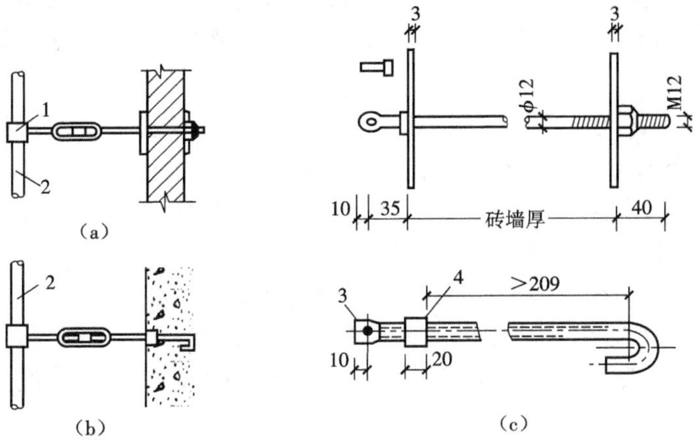

图 1.5.13　连墙点的做法

(a)夹固式做法　(b)锚固式做法　(c)预埋连墙件做法

1—扣件;2—门架立柱;3—接头螺栓;4—连接螺母

面,严禁高空抛扔;拆下的框组式脚手架部件应分类集中堆码,以便复用。

5.7　脚手架的使用安全技术

5.7.1　脚手架施工安全准备

①脚手架的搭设方案必须进行专项设计。脚手架的搭设应具有稳定的结构和足够的承载能力。对承受重荷载、承受不均匀重荷载或 30 m 以上的脚手架应进行承载能力和稳定性验算。方案经审批后方可进行施工。

②架子设计原则上不考虑堆放成批材料,零星材料可适当堆放。

③脚手架所用的材料和加工质量必须符合规定要求,禁止使用不合格品。

④搭设脚手架前应认真处理好地基,确保地基有足够的承载能力,以避免由脚手架发生局部或整体的沉降而引起倾覆事故。

5.7.2　架子搭设安全技术交底

1. 架子搭设安全技术交底

①凡是高血压、心脏病、癫痫病、晕高或视力不好等不适合做高处作业的人员,均不得从事架子作业。给架子工配备的徒工,在培训以前必须经过医务部门体检合格,操作时必须有技工带领、指导,由低到高,逐步增加,不得任意单独上架子操作。要经常进行安全技术教育。凡从事架子工种的人员,必须定期(每年)进行体检。

②脚手架支搭以前,必须制定施工方案和进行安全技术交底。对于高大异形的架子应报请上级部门批准,向所有参加作业人员进行书面交底。

③操作小组接受任务后，必须根据任务特点和交底要求进行认真讨论，确定搭设方法，明确分工。在开始操作前，组长和安全员应对施工环境及所需防护用具做一次检查，消除隐患后方可开始操作。

④架子工在高处(距地高度 2 m 以上)作业时，必须佩带安全带。所用的杆子应栓 2 m 长的杆子绳。安全带必须与已绑好的立、横杆挂牢，不得挂在铅丝扣或其他不牢固的地方，不得“走过档”(即在一根顺水杆上不扶任何支点行走)，也不得跳跃架子。在架子上操作应精力集中，禁止打闹和玩笑，休息时应到架子下边。严禁酒后作业。

⑤遇有恶劣气候(如风力五级以上，高温、雨天等)影响安全施工时应停止高处作业。

⑥大横杆应绑在立杆内侧，绑第一步大横杆时，必须检查立杆是否立正，绑至四步时必须绑临时小横杆和临时十字盖。绑大横杆时，必须 2 ~ 3 人配合操作，由中间一人结杆、放平，按顺序绑扎。

⑦递杆、拉杆时，上下左右操作人员应密切配合，协调一致。拉杆人员应注意不碰撞上方人员和已绑好的杆子，下方递杆人员应在上方人员接住杆子后方可松手，并躲离其垂直操作距离 3 m 以外。使用人力吊料，大绳必须坚固，严禁在垂直下方 3 m 以内拉大绳吊料。使用机械吊运，应设天地轮，天地轮必须加固，应遵守机械吊装安全操作规程，吊运杉板、钢管等物应绑扎牢固，接料平台外侧不准站人，接料人员应等起重机械停车后再接料、解绑绳。

⑧未搭完的一切脚手架，非架子工一律不准上架。架子搭完后由施工人员会同架子组长以及使用工种、技术、安全等有关人员共同进行验收，认为合格，办理交接验收手续后方可使用。使用中的架子必须保持完整，禁止随意拆、改脚手架或挪用脚手板；必须拆改时，应经施工负责人批准，由架子工负责操作。

⑨所有的架子，经过大风、大雨后，要进行检查，如发现倾斜下沉及松扣、崩扣，要及时修理。

2. 架子拆除安全技术交底

①外架拆除前，工长要向拆架施工人员进行书面安全交底工作。交底由接收人签字。

②拆除前，班组要学习安全技术操作规程，班组必须对拆架人员进行安全交底，交底要有记录，交底内容要有针对性，拆架子的注意事项必须讲清楚。

③拆架前在地上用绳子或铁丝先拉好围栏，没有监护人、安全员工长在场，外架不准拆除。

④架子拆除程序应由上而下，按层按步拆除。先清理架上杂物，如脚手板上的混凝土、砂浆块、U 形卡、活动杆子及材料。按拆架原则先拆后搭的杆子，剪刀撑、拉杆不准一次性全部拆除，杆拆到哪一层，剪刀撑、拉杆再拆到那一层。

⑤拆除工艺流程：拆护栏→拆脚手板→拆小横杆→拆大横杆→拆剪刀撑→拆立杆→拉杆传递至地面→清除扣件→按规格堆码。

⑥拆杆和放杆时必须由 2 ~ 3 人协同操作，拆大横杆时，应由站在中间的人将杆顺下传递，下方人员接到杆拿稳拿牢后，上方人员才准松手，严禁往下乱扔脚手料具。

⑦拆架人员必须系安全带，拆除过程中，应指派一个责任心强、技术水平高的工人担任指挥，负责拆除工作的全部安全作业。

⑧拆架时有管线阻碍不得任意割移，同时要注意扣件崩扣，避免踩在滑动的杆件上操作。

⑨拆架时螺丝扣必须从钢管上拆除，不准螺丝扣在被拆下的钢管上。

⑩拆架人员应配备工具套，手上拿钢管时，不准同时拿扳手，工具用后必须放在工具套内。

⑪拆架休息时不准坐在架子上或不安全的地方，严禁在拆架时嬉戏打闹。

⑫拆架人员要穿戴好个人劳保用品，不准穿胶底易滑鞋上架作业，衣服要轻便。

⑬拆除中途不得换人，如更换人员必须重新进行安全技术交底。

⑭拆下来的脚手杆要随拆、随清、随运，分类、分堆、分规格码放整齐，要有防水措施，以防雨后生锈。扣件要分型号装箱保管。

⑮拆下来的钢管要定期重新刷一道防锈漆，刷一道调和漆。弯管要调直，扣件要上油润滑。

⑯严禁架子工在夜间进行架子搭拆工作。未尽事宜工长在安全技术交底中做详细的交底，施工中存在问题的地方应及时与技术部门联系，以便及时纠正。

5.8　柱的脚手架搭设与拆除

5.8.1　脚手架的搭设

柱的脚手架分为外脚手架和内脚手架，扣件式外脚手架的搭设顺序是：做好搭设的准备工作→按房屋的平面形状放线→铺设垫板→放置纵向扫地杆→逐根拉立杆，随即与纵向扫地杆扣牢→安装横向扫地杆，并与立杆或纵向扫地杆扣牢→安装第一步大横杆（与各立杆扣牢）→安装第一步小横杆→安装第二步大横杆→安装第二步小横杆→加设临时抛撑（上端与第二步大横杆扣牢，在装设两道连墙杆后可拆除）→安装第三、四步大横杆和小横杆→设置连墙杆→接立杆→加设剪刀撑→铺脚手板→绑护身栏杆和挡脚板→立挂安全网、密目网→……

内脚手架主要是满堂脚手架。

5.8.2　脚手架的拆除

拆除顺序和搭设顺序相反。先搭的后拆，后搭的先拆。先从钢管脚手架顶端拆起。拆除顺序为：密目网、安全网→护身栏杆→挡脚板→脚手板→小横杆→大横杆→立杆→连墙杆→纵向支撑→……

固定件应随脚手架逐层拆除，当拆至最后一节立杆时，应加设临时支撑，方可拆除固定件。拆脚手架宜一层一清，分段拆除时高差不大于2步。拆剪刀撑应先拆中间扣件，后拆两端扣件。拆脚手架不宜中途换人，如需换人，须将拆除情况交代清楚。拆除的脚手架部件应及时运至地面，严禁从空中抛掷。

习　　题

1. 简述脚手架的作用及基本要求。简述脚手架类型和适用范围。搭设和使用脚手架应注意哪些问题？

2. 柱脚手架为什么要设置斜撑？搭设柱脚手架时应注意哪些安全措施？

任务6　柱的钢筋施工

在钢筋混凝土结构中，钢筋起着关键性作用。钢筋及其加工质量，对建筑物质量将产生重要的甚至是决定性的影响。钢筋工程属于隐蔽工程，在混凝土浇筑完毕后，对其质量则难以检查。因此从钢筋进场、加工以及绑扎安装过程必须进行严格的控制，并建立健全必要的检查及验收制度，稍有疏忽就可能给工程造成不可弥补的损失。

6.1　钢筋的分类及现场验收

6.1.1　钢筋的分类

钢筋混凝土结构中常用的钢筋按化学成分可分为碳素钢钢筋和普通低合金钢钢筋，其具体性质可参见《建筑工程材料的检测与选择》教材。

钢筋按强度分为四级。Ⅰ级钢筋（300～420 MPa，即屈服点为300 MPa，抗拉强度为420 MPa）、Ⅱ级钢筋（335～455 MPa）、Ⅲ级钢筋（400～540 MPa）、Ⅳ级钢筋（500～630 MPa）。级别越高，其强度及硬度越高，塑性越低。建筑用钢筋通常为Ⅰ、Ⅱ、Ⅲ级钢筋。

按轧制外形可分为光圆钢筋和变形钢筋。光圆钢筋断面为圆形，表面无刻痕，使用时需加弯钩；变形钢筋表面一般轧制成螺旋纹或人字纹，可增大与混凝土的黏结力。建筑上光圆钢筋一般用于箍筋、拉结筋、小跨度板钢筋、塔吊基础钢筋等，变形钢筋一般用于柱、梁、大跨度板、剪力墙、楼梯等受力主筋。

按生产工艺可分为热轧钢筋、冷轧扭钢筋、冷拉钢筋、冷拔钢筋、热处理钢筋、碳素钢丝、刻痕钢丝和钢绞线等。

按供应方式，通常将ϕ6～10 mm的Ⅰ级钢筋卷成盘圆形状供应，称盘圆或盘条钢筋；将ϕ12 mm以上的钢筋轧成6～12 m一根，直条供应，称直条钢筋。

按直径大小又可分为钢丝（ϕ3～5 mm）、细钢筋（ϕ6～10 mm）、中粗钢筋（ϕ12～20 mm）和粗钢筋（$\phi>20$ mm）。

此外，按钢筋在结构中的作用和形状还可分为受拉钢筋、受压钢筋、弯起钢筋、预应力钢筋、分布钢筋、箍筋、架力筋、吊筋等。

6.1.2　钢筋的验收和存放

1. 钢筋进场验收

钢筋进场时，应检查产品合格证和出厂检验报告，若有关标准中只有对产品出厂检验的规定，则在进场检验时，批量应按下列情况确定。

①对同一厂家、同一牌号、同一规格的钢筋，当一次进场的数量大于该产品的出厂检验批量时，应划分为若干个出厂检验批量，按出厂检验的抽样方案执行。

②对同一厂家、同一牌号、同一规格的钢筋，当一次进场的数量小于或等于该产品的出厂检验批量时，应作为一个检验批量，然后按出厂检验的抽样方案执行。

③对不同进场时间的同批钢筋，当确有可靠依据时，可按一次进场的钢筋处理。对于每批钢筋的检验数量应符合如下规定：抽取5个试件，先进行重量偏差检验，再取其中2个试件进行力学性能检验。力学性能检验包括：拉伸试验、冷弯性能、化学成分分析。

④钢筋进场验收主控项目：钢筋进场时，应按国家现行相关标准的规定抽取试件作力学性能和重量偏差检验，检验结果必须符合有关标准的规定。检验数量：按进场的批次和产品的抽样检验方案确定。检验方法：检查产品合格证、出厂检验报告和进场复验报告。

⑤对有抗震设防要求的结构，其纵向受力钢筋的性能应满足设计要求；当设计无具体要求时，对按一、二、三级抗震等级设计的框架和斜撑构件（含梯段）中的纵向受力钢筋应采用HRB335E、HRB400E、HRB500E、HRBF335E、HRBF400E或HRBF500E钢筋，其强度和最大力下总伸长率的实测值应符合下列规定：钢筋的抗拉强度实测值与屈服强度实测值的比值不应小于1.25；钢筋的屈服强度实测值与屈服强度标准值的比值不应大于1.30；钢筋的最大力下总伸长率不应小于9%。检查数量：按进场的批次和产品的抽样检验方案确定。检查方法：检查进场复验报告。

⑥钢筋的外观检查：热轧钢筋表面不得有裂缝、结疤和折叠，表面凸块不得超过横肋的最大高度，外形尺寸应符合规定；钢绞线表面不得有折断、横裂和相互交叉的钢丝，表面无润滑剂、油渍和锈坑。

⑦机械性能试验：从每批外观尺寸检查合格的钢筋中任选2根，每根取2个试件分别进行拉力试验（包括屈服点、抗拉强度和伸长率的测定）和冷弯或反弯次数试验。如有1项试验结果不符合规定，则应从同一批钢筋另取双倍数量的试件重做各项试验，如果仍有1个不合格，则该批钢筋为不合格，应不予验收或降级使用。

此外，钢筋加工使用中如发现焊接性能或机械性能不良，应进行化学成分分析，检验有害成分如硫（S）、磷（P）、砷（As）的含量是否超过规定范围。

2. 钢筋进场后的存放注意事项

①验收。钢筋进场要认真验收，不但要注意数量的验收，而且要对钢筋的规格、等级、牌号进行验收。

②防锈。钢筋一般应堆放在钢筋库或库棚中，如露天堆放，应存放在地势较高的平坦场地上，钢筋下要用木块垫起，离地面不小于20 cm，并做好排水措施。

③防污染。钢筋保管及使用时，要防止酸、盐、油脂等对钢筋的污染与腐蚀。

④防混杂。不同规格和不同类别的钢筋要分别存放，并挂牌注明，尤其是外观形状相近的钢筋，以免影响使用。若发现钢筋混淆不清，必须重新检验后，方可使用。

⑤严管理。钢筋设专人管理，建立严格的验收、保管与领取的管理制度。

6.2 钢筋加工

6.2.1 钢筋冷拉

钢筋的冷拉是指在常温状态下，以超过钢筋屈服强度的拉应力强行拉伸钢筋，使钢筋产生塑性变形，以达到提高强度、节约钢材的目的，同时对钢筋也进行了调直与除锈。冷拉钢筋适用于Ⅰ级～Ⅳ级钢筋。冷拉Ⅰ级钢筋适用于钢筋砼结构中的受拉钢筋；冷拉Ⅱ级～Ⅳ级钢筋适用于预应力砼结构的预应力筋。

冷拉钢筋在应用时应注意以下几点：冷拉钢筋一般不作受压钢筋，即使用做受压钢筋，其冷拉后强度的提高也不予利用；作预应力钢筋时，应先焊接、后冷拉，以免在焊接过程中降低冷拉所获得的提高了的强度；在作吊环或受冲击荷载的设备基础中，不宜用冷拉钢筋。

1. 钢筋冷拉参数

钢筋冷拉参数有冷拉率和冷拉应力。钢筋的冷拉率是钢筋冷拉时由于弹性和塑性变形的总伸长值（称为冷拉的伸长值）与钢筋原长之比，以百分数表示。在一定的限度内，冷拉应力或冷拉率越大，钢筋强度提高越多，但塑性降低也越多。钢筋冷拉后仍应有一定的塑性，同时屈服点与抗拉强度之间也应保持一定的比例（称屈强比），使钢筋有一定的强度储备。因此，规范对冷拉应力和冷拉率有一定的限制，见表1.6.1。

表1.6.1 钢筋冷拉应力及最大冷拉率

钢筋级别	钢筋直径/mm	冷拉应力/MPa	最大冷拉率/%
Ⅰ级	≤12	280	11
Ⅱ级	≤25	450	10
	28～40	430	
Ⅲ级	8～40	500	8
Ⅳ级	10～28	700	6

2. 冷拉控制方法

(1)控制冷拉率法

由冷拉率控制时，只需将钢筋拉长到一定的长度即可。冷拉率必须由试验确定，试件数量不少于4个。在将要冷拉的一批钢筋中切取试件，进行拉力试验，测定当其应力达到表1.6.2中规定的应力值时的冷拉率，取其各试件冷拉率的平均值作为该批钢筋实际采用的冷拉率，并应符合表1.6.1的规定。冷拉多根连接的钢筋，冷拉率可按总长计，但冷拉后每根钢筋的冷拉率应符合表1.6.1的规定。

冷拉率确定后，便可根据钢筋的长度求出冷拉时的伸长值。冷拉伸长值可按下式计算：

$$\Delta L = \delta L \tag{1.6.1}$$

式中　δ——冷拉率(由试验确定);

L——钢筋冷拉前的长度。

如冷拉一批长 24 m 的Ⅱ级钢筋,根据试验确定其冷拉率为 4%,则这批钢筋的冷拉伸长值为:24 ×4% =0.96 m。冷拉时可按照这一伸长值进行冷拉,当钢筋冷拉到这一伸长值后,须暂停 2 ~3 min,待钢筋变形充分发展后方可放松钢筋,结束冷拉。

表 1.6.2　测定冷拉率时钢筋的冷拉应力

钢筋级别	钢筋直径/mm	冷拉应力/MPa
Ⅰ级	≤12	310
Ⅱ级	≤25	480
	28 ~40	460
Ⅲ级	8 ~40	530
Ⅳ级	10 ~28	730

控制冷拉率法施工操作简单,但当钢筋材质不均匀时,冷拉后钢筋的力学性能不一致,甚至同一根钢筋中各段钢筋的冷拉率也不一样。如果作为预应力筋就可能在张拉或使用过程中发生断裂、接头偏离规定位置或锚具无法使用等情况。因此,采用控制冷拉率法冷拉的钢筋只能用于不太重要的部位,对要求较高的结构或构件,特别是预应力结构中的预应力筋,一般不能采用。

(2)控制应力法

采用控制应力的方法冷拉钢筋时,冷拉应力按表 1.6.1 中相应级别钢筋的控制应力选用。冷拉时应检查钢筋的冷拉率,不得超过表 1.6.1 中的最大冷拉率。钢筋冷拉时,如果钢筋已达到规定的控制应力,而冷拉率未超过表 1.6.1 的最大冷拉率,则认为合格;若钢筋已达到规定的最大冷拉率而应力小于控制应力(即钢筋应力达到冷拉控制应力时,钢筋冷拉率已超过规定的最大冷拉率),则认为不合格,应进行力学性能试验,按其实际级别使用。控制应力法能够保证冷拉钢筋的质量,用做预应力筋的冷拉钢筋应选用控制应力法。

钢筋的冷拉速度不宜过快,一般以 0.5 ~0.6 m/min 为宜,以使钢筋变形充分。当达到规定的冷拉控制应力或冷拉率时,应稍作停留,然后再行放松。

钢筋冷拉前,应按确定的冷拉率进行下料。下料时应考虑冷拉后钢筋的回弹值,其计算公式见预应力钢筋下料长度的计算公式。

3. 冷拉设备

钢筋冷拉设备主要由拉力装置、承力结构、钢筋夹具及测量装置等组成,如图 1.6.1 所示。拉力装置一般由卷扬机、张拉小车及滑轮组等组成。承力结构可采用地锚或钢筋砼压杆。钢筋冷拉的夹具有楔块式夹具、月牙形夹具、偏心块夹具及槽式夹具等(图 1.6.2)。冷拉长度测量可用标尺,冷拉力的测量可选用弹簧测力计、电子秤和液压千斤顶。测力计一般装设在张拉端定滑轮组处,若设在固定端时,应设置防护装置,以防钢筋断裂时损坏测力计。对使用的测力计应定期维护校核。

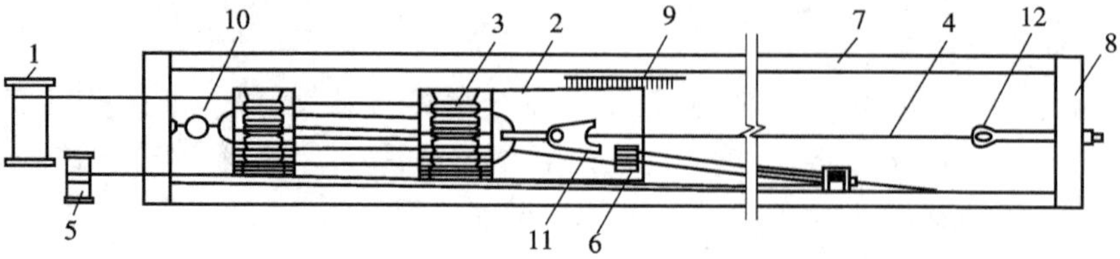

图 1.6.1 冷拉设备

1—卷扬机;2—张拉小车;3—冷拉用滑轮组;4—钢筋;5—小车回程用卷扬机;
6—小车回程用滑轮组;7—钢筋砼压杆;8—横梁;9—标尺;
10—电子秤传感器;11—张拉端夹具;12—固定端夹具

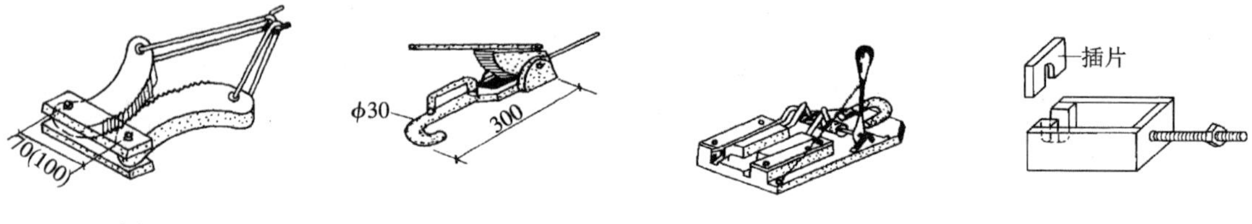

图 1.6.2 钢筋夹具

(a)月牙形夹具 (b)偏心式夹具 (c)楔块式夹具 (d)槽式夹具

6.2.2 钢筋冷拔

钢筋的冷拔是在常温下,以强力拉拔的方法使 $\phi6\sim8$ mm 的Ⅰ级光圆钢筋通过特制的钨合金拔丝模,钢筋轴向被拉伸,径向被压缩,产生较大的塑性变形,其抗拉强度可提高 50% ~ 90%,塑性降低,硬度提高。这种经过冷拔加工的钢筋称为冷拔低碳钢丝。冷拔低碳钢丝分为甲、乙两个级。甲级冷拔低碳钢丝主要用做中、小型预应力构件的预应力筋,乙级冷拔低碳钢丝可用做焊接网、焊接骨架、箍筋和构造钢筋。

6.2.3 钢筋冷轧扭

冷轧扭钢筋是由低碳钢热轧圆盘条经专用钢筋冷轧扭机调直、冷轧并冷扭一次成型,具有规定截面形状和节距的连续螺旋状钢筋,按其截面形状大小不同分为Ⅰ型(矩形截面)和Ⅱ型(菱形截面)两种型号。代号为 LZN。冷扭钢筋和砼的握裹力与其螺距大小有直接关系,螺距越小,握裹力越大,但其加工难度也越大。因此应选择适当的螺距。

6.2.4 钢筋切断

钢筋下料时须按预先计算的下料长度切断。钢筋切断可采用钢筋切断机或手动切断器。钢筋切断机可切断直径小于 40 mm 的钢筋,手动切断器只用于切断直径小于 12 mm 的钢筋,直径大于 40 mm 的钢筋常用氧-乙炔焰或电弧割切。钢筋的下料长度应力求准确,其允许偏差为 ±10 mm。

6.2.5　钢筋弯曲

钢筋下料后,应按弯曲设备特点及钢筋直径和弯曲角度进行画线,以便弯曲成设计要求的形状和尺寸。如弯曲钢筋两边对称时,画线工作宜从钢筋中线向两端进行;弯曲形状比较复杂的钢筋,可先放出实样,再进行弯曲成型。钢筋弯曲成型一般采用钢筋弯曲机或钢筋弯箍机。在缺乏机具的条件下,亦可采用手摇扳手弯制钢筋,用卡盘与扳头弯制粗钢筋。钢筋弯曲成型后,其允许偏差为:全长 ±10 mm,弯起钢筋弯起点的位置 ±20 mm,弯起钢筋的弯起高度 ±5 mm,箍筋边长 ±5 mm。

6.2.6　钢筋调直

1. 主控项目

钢筋调直后应进行力学性能和重量偏差的检验,其强度应符合有关标准的规定。盘卷钢筋和直条钢筋调直后的断后伸长率、重量负偏差应符合表 1.6.3 的规定。

表 1.6.3　盘卷钢筋和直条钢筋调直后的断后伸长率、重量负偏差要求

钢筋牌号	断后伸长率 A/%	重量负偏差/%		
		直径 6 ~ 12 mm	直径 14 ~ 20 mm	直径 22 ~ 50 mm
HPB300	≥21	≤10		
HRB335、HRBF335	≥16	≤8	≤6	≤5
HRB400、HRBF400	≥15			
RRB400	≥13			
HRB500、HRBF500	≥14			

注:采用无延伸功能的机械设备调直的钢筋,可不进行上条规定。

检查数量:同一厂家、同一牌号、同一规格调直钢筋,重量不大于 30 t 为一批;每批见证取 3 个试件。

检验方法:3 个试件先进行重量偏差检验,再取其中 2 个试件经时效处理后进行力学性能检验。检验重量偏差时,试件切口应平滑且与长度方向垂直,且长度不应小于 500 mm,长度和重量的量测精度分别不应低于 1 mm 和 1 g。

2. 一般项目

钢筋调直宜采用无延伸功能的机械设备进行调直,也可用冷拉方法进行调直。粗钢筋还可采用锤直或扳直的方法;钢筋直径在 6 ~ 12 mm 时,可在钢筋调直机上进行调直。

当采用冷拉方法调直时,HPB300 光圆钢筋的冷拉率不宜大于 4%,HRB335、HRB400、HRB500、HRBF335、HRBF400、HRBF500 及 RRB400 带肋钢筋的冷拉率不宜大于 1%。检查数量:每工作班按同一类型钢筋、同一加工设备检查不应少于 3 件。

检验方法:观察、钢尺检查。

6.2.7 钢筋闪光对焊加工

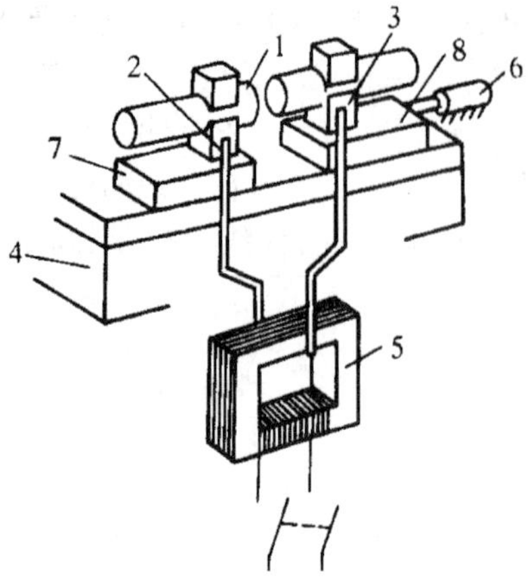

图 1.6.3 钢筋闪光对焊原理

1—钢筋;2—固定电极;3—可动电极;
4—机座;5—变压器;6—平动顶压机构;
7—固定支座;8—滑动支座

闪光对焊主要用于对切断后的钢筋余料进行二次加工,提高钢筋的使用率,减少损耗。钢筋闪光对焊是利用对焊机使两段钢筋接触,通以低电压的强电流,把电能转化为热能,当钢筋被加热到一定温度时,进行轴向挤压(即顶锻),使两根钢筋焊接在一起,形成对焊接头(图 1.6.3)。闪光对焊工艺简单、成本低、质量好、工效高,广泛用于各种钢筋的接长及预应力钢筋与螺丝端杆的焊接。

根据钢筋的品种、直径和所用的对焊机的功率大小,闪光对焊工艺分为连续闪光焊、预热闪光焊和闪光-预热-闪光焊。对焊接性差的钢筋,对焊后有时还进行焊后通电热处理。

1. 连续闪光焊

连续闪光焊的工艺过程包括连续闪光和顶锻过程。即先将钢筋夹在对焊机的两极中,闭合电源,使钢筋两端面轻微接触。由于钢筋端面凹凸不平,开始只有 1 点或数点接触,电流通过时电流密度和电阻很大,接触点很快融化,产生金属蒸气飞溅,形成闪光现象。形成闪光后,徐徐移动钢筋,形成连续闪光,同时接头也被加热。待接头端面烧平、闪去杂质和氧化膜、接头融化时,以一定的轴向压力迅速进行顶锻。先带电顶锻,再无电顶锻到一定长度,使两根钢筋对焊成为一体。

现在规定钢筋闪光对焊只能对焊 ϕ 不大于 20 mm 的钢筋。

2. 预热闪光焊

预热闪光焊是在连续闪光焊前增加 1 次预热过程,以扩大焊接热影响区。其工艺过程包括预热、闪光和顶锻过程。即施焊时先闭合电源,使两钢筋端面交替地接触和分开,这样在钢筋端面的间隙中就发出断续的闪光,形成预热过程。当钢筋达到预热温度后,随即进行连续闪光和顶锻,使钢筋焊牢。预热闪光焊适用于焊接直径 25 mm 以上且端面较平整的钢筋。

3. 闪光-预热-闪光焊

闪光-预热-闪光焊是在预热闪光焊前增加 1 次闪光过程,以使不平整的钢筋端面烧化平整,使预热均匀;再使接头部位进行预热,接着再进行闪光,最后进行顶锻,完成整个焊接过程。它适用于焊接直径 25 mm 以上且端面不平整的钢筋。

4. 焊后通电热处理

对于焊接性较差的Ⅳ级钢筋,对焊后还应进行通电热处理,以改善对焊接头的塑性。焊后通电热处理的方法如下:钢筋对焊完毕稍冷却后松开夹具,将两钳口距离放大,重新夹紧钢筋。当对焊接头颜色变为暗黑色以后,进行脉冲式通电热处理,待钢筋加热至表面呈橘红色并有微小的气化斑出现时,通电结束。钢筋对焊完毕应对全部接头进行外观检查,并抽样进行力学性能检验。

6.2.8　钢筋加工的适用范围及取样制度

1. 钢筋焊接方法的适用范围

各种钢筋加工方法的适用范围,如表 1.6.4 所示。

表 1.6.4　钢筋加工方法的适用范围

焊接方法	电阻点焊	闪光对焊	电弧焊	电渣压力焊	气压焊	预埋件钢筋埋弧压力焊
适用范围	焊接骨架、焊接网	垂直、水平、倾斜	垂直、水平、倾斜	竖向、斜向(倾斜度4:1内)	垂直、水平、倾斜	钢板平放

2. 钢筋焊接后的质量检验与验收

钢筋焊接方式与检验批接头数及必检力学试验项目的规定,如表 1.6.5 所示。

表 1.6.5　钢筋焊接的质量检验

焊接方式	闪光对焊	电弧焊	电渣压力焊	气压焊
检验批接头数	300	300	300	300
力学试验项目	拉伸、弯曲	拉伸	拉伸	拉伸、梁板加弯曲

注:拉伸试验时抗拉强度不得低于该级钢筋的规定抗拉强度;试样应呈塑性断裂并断于焊缝之外。冷弯试验时应将受压面的金属毛刺和镦粗变形部分除去,与母材的外表齐平,弯心直径按《钢筋焊接及验收规程》(JGJ18—2003)规定选取。弯曲至 90°时,接头外侧不得出现宽度大于 0.15 mm 的横向裂纹。

3. 钢筋焊接后的外观检查

钢筋焊接后的外观检查要求如表 1.6.6 所示。

表 1.6.6　钢筋焊接后的外观检查要求

焊接方式	闪光对焊	电渣压力焊	气压焊
轴线	$\ngtr 0.1d \ngtr 2$ mm	$\ngtr 0.1d \ngtr 2$ mm	$0.15d \ngtr 4$ mm
弯折角	$\ngtr 3°$	$\ngtr 3°$	$\ngtr 3°$
其他	无横向裂纹、电极处无明显烧伤	焊色突出高度$\nless 4$ mm	镦粗直径$\nless 1.4$ d

4. 电弧焊焊缝长度

电弧焊焊缝长度的检验规定如表 1.6.7 所示

表 1.6.7　电弧焊焊缝长度

钢材牌号	单面焊接	双面焊接
HPB300	$8d$	$4d$
HRB335、HRB400、HRB500	$10d$	$5d$

注:d 为钢筋直径。

6.2.9　钢筋加工要求

钢筋加工要求如下。

①严格按经审核的料表进行下料制作。下料时,对成批构件,必须进行误差校对。即应先下一根钢筋进行制作成型,校核尺寸误差合格后再进行大量下料制作,钢筋成型误差不大于 10 mm,钢筋加工的允许偏差如表 1.6.8 所示。

②各类半成品钢筋应分类堆码,成点、成线、整齐有序,对每个构件的半成品钢筋均应挂牌,挂牌内容必须明确构件名称、部位,主筋规格、数量,箍筋规格、间距等内容。

③钢筋加工场内短料、废料每班应清理、集中堆放,每班必须保证加工场整洁、有序。

④钢筋短料尽量随层使用,不得积累。加工场内的余料必须合理利用。

表 1.6.8　钢筋加工的允许偏差

项目	允许偏差/mm
受力钢筋顺长度方向全长的净尺寸	±10
弯起钢筋的弯折位置	±20
箍筋内净尺寸	±5

实训项目:到实训基地进行钢筋加工实训。

6.3　柱钢筋施工

6.3.1　柱钢筋施工工艺流程

柱钢筋施工工艺流程如下:放线→钢筋位置、间距校正→套箍筋→竖筋连接→接头检查→画箍筋线→柱箍绑扎→挂垫块(安装预埋)→校正→自检→验收。

6.3.2　柱钢筋的连接

1. 电渣压力焊

电渣压力焊是利用电流通过渣池产生的电阻热将钢筋端部熔化,然后施加压力使钢筋焊接在一起。与电弧焊相比，它工效高、成本低且容易掌握，多用于现浇钢筋混凝土结构构件中竖向钢筋的焊接接长。电渣压力焊设备包括焊接变压器、焊接夹具和焊剂盒等，如图1.6.4所示。

施焊前，先将钢筋端部120 mm范围内的铁锈、杂质刷净，把钢筋安装于夹具钳口内夹紧，在两根钢筋接头处放一铁丝小球（钢筋端面较平整且焊机功率又较小时）或导电剂（钢筋直径较大时），在焊盒内装满焊剂。施焊时，接通电源使小球或导电剂、钢筋端部及焊剂相继熔化形成渣池；维持数秒后，用操纵压杆使上部钢筋缓缓下降，熔化量达到规定数值（可用标尺控制）后，切断电路，用力迅速顶锻，挤出金属熔渣和熔化金属，形成焊接接头。冷却一定时间后，打开焊剂盒，卸下夹具，清除焊渣。

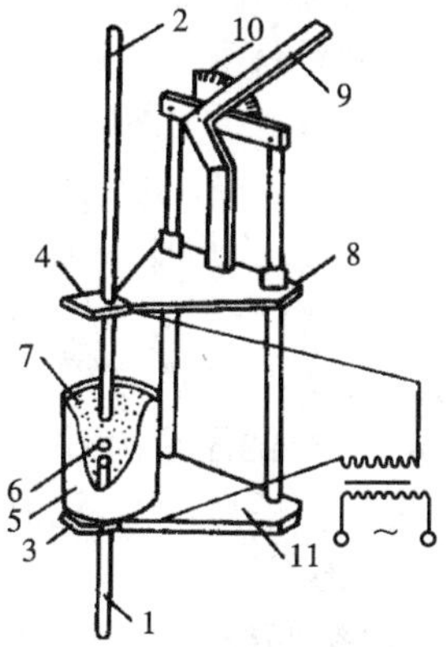

图1.6.4　电渣压力焊示意图

1、2—钢筋；3—固定电极；4—活动电极；5—焊剂盒；6—导电剂；7—焊剂；8—滑动架；9—操纵压杆；10—标尺；11—固定架

钢筋电渣压力焊接头的质量检查包括外观检查和力学性能试验。接头外观检查应逐个进行，要求焊包均匀，突出部分至少高出钢筋表面4 mm，不得有裂纹和明显的烧伤缺陷；接头处钢筋轴线的偏移不超过0.1倍的钢筋直径，同时不得大于2 mm；接头弯折不得超过4°。凡不符合外观要求的钢筋接头，应将其切除重焊。

2. 机械连接

钢筋的机械连接是通过机械手段将两根钢筋进行对接。机械连接无明火作业，设备简单，技术易掌握，连接质量可靠，节约能源，不受气候条件影响，可全天候施工，适用范围广，尤其适用于现场焊接有困难的场合。机械连接种类较多，大多是利用钢筋表面轧制的或特制的螺纹（或横肋）和连接套筒之间的机械咬合作用来传递钢筋中的拉力或压力。常用的方法有套筒挤压连接和螺纹套筒连接。

（1）钢筋套筒挤压连接

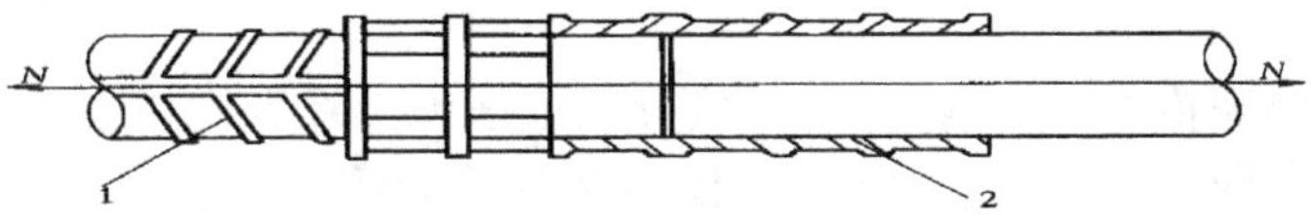

图1.6.5　钢筋套筒冷挤压连接

1—变形钢筋；2—套筒

钢筋套筒挤压连接是将两根待接钢筋插入连接套筒，采用专用液压压接钳，从侧向挤压连接套筒，使套筒产生塑性变形，从而使套筒的内周壁变形而嵌入钢筋的螺纹，由此产生抗剪力来传递钢筋连接处的轴向力，如图1.6.5所示。这种连接方法适用于连接直径20～40 mm的Ⅱ级、Ⅲ级变形钢筋。

连接套筒的材料和几何尺寸应符合相关技术要求，并有出厂合格证。在正式挤压之前，对套筒的规格和尺寸要进行复查，合格后方可使用。

套筒冷挤压连接工艺流程为：钢筋、套筒验收→钢筋断料、画套筒套入长度定长标记→套筒套入钢筋、安装压接钳→开动液压泵、逐扣压套筒至接头成型→卸下压接钳→接头外形检查。

冷挤压接头的压接一般分2次进行，第1次先将套筒一半套入一根被连接钢筋，压接半个接头，然后在施工现场再压接另半个接头。第1次压接时宜在靠套筒空腔部位少压1扣，以免将另半个套筒空腔压扁。在进行第2次压接时将少压的1扣补压。未压接的半个套筒空腔部位应用塑料袋护套，以免污染。第2次压接前拆除塑料袋护套，将连接钢筋插入未压接的半个套筒，确认钢筋完全插入后方可开机压接。压接应从套筒中央逐扣向端部进行，压接结束后卸下压接钳，接头挤压完成。

钢筋套筒冷挤压连接接头的质量检查包括外观检查和抗拉强度试验。外观检查要求挤压后的钢套筒不得有裂缝；接头处弯折角度不得大于4°；钢筋端头离套筒中心线不应超过10 mm；挤压的压痕道数应符合规定；挤压后套筒长度为原套筒长度的1.10～1.15倍，或压痕处套筒的外径波动范围为原套筒外径的0.8～0.9倍。冷挤压接头的抗拉强度试验结果应符合有关规定。

(2)钢筋螺纹套筒连接

螺纹套筒连接分锥螺纹套筒连接和直螺纹套筒连接两种。

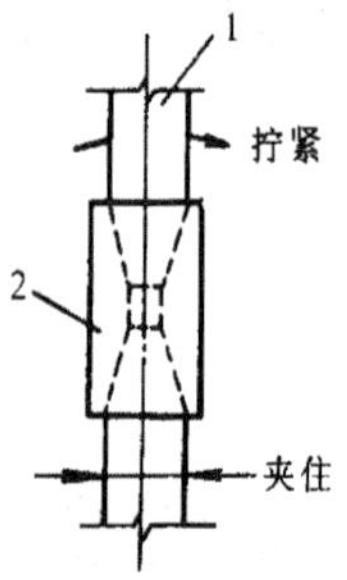

图1.6.6　钢筋锥螺纹套筒连接

1—连接钢筋；
2—锥螺纹套筒

1)锥螺纹套筒连接。锥螺纹套筒连接是把待接钢筋的连接端预先加工成锥形螺纹，通过锥螺纹连接套筒把两根带螺纹的钢筋，按规定的力矩旋入套筒形成机械式钢筋接头(图1.6.6)。这种连接方式可用于连接直径16～40 mm的Ⅰ级～Ⅳ级钢筋，也可用于异径钢筋的连接。但不得用于预应力钢筋或经常承受反复动荷载及承受高应力疲劳荷载的结构。

锥螺纹连接套筒的抗拉强度必须大于钢筋的抗拉强度，锥形螺纹可用锥形螺纹旋切机加工；钢筋用套丝机套丝，可在施工现场或钢筋加工厂进行预制。套丝完成后应进行抽样检查，不合格者应切去重新套丝；对达到质量要求的丝头，拧上塑料保护帽并按规定的力矩值，拧上连接套。在进行钢筋连接时，先取下钢筋连接端的塑料保护套，检查丝扣牙形是否完整无损、清洁，钢筋规格与连接规格是否一致；确认无误后把拧上连接套的一头钢筋拧到被连接钢筋上，并用力矩扳手按规定的力矩值，拧紧钢筋接头，当听到扳手发出"咔嗒"声时，表明钢筋接头已拧紧，做好标记，以防钢筋接头漏拧。

锥螺纹接头的质量检查，包括外观检查、拉伸试验和接头拧紧值三项。外观检查应按规定抽样进行，要求钢筋与连接套必须在同一条直线上，不出现偏移和弯折现象；接头丝扣完整无丝扣外露。拉伸试验应按规定抽样进行，试验结果满足有关规定。用质检的力矩扳手检验抽取试件的接头拧紧值，达到规定拧紧力矩者为连接合格。

2)直螺纹套筒连接。直螺纹套筒连接是把两根待连接钢筋端部加工成直螺纹，旋入带有直螺纹的套筒中拧紧到位，从而将两根钢筋连接起来(图1.6.7)。与锥螺纹连接相比，接头强度更高，安装更方便。适用于直径不小于16 mm的同直径和不同直径的钢筋连接。

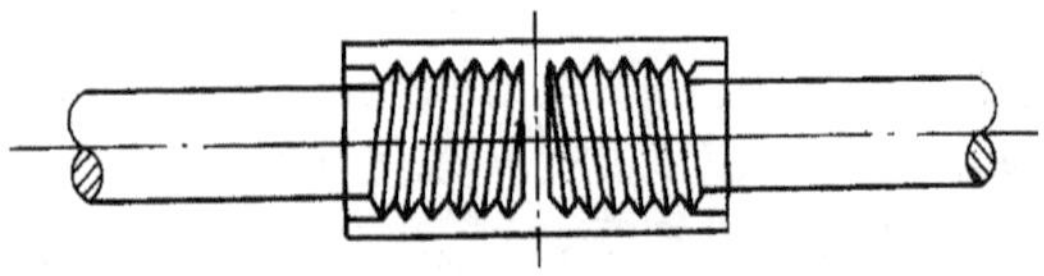

图1.6.7　直螺纹套筒连接

直螺纹连接制作工艺为：钢筋端镦粗→在镦粗段上切削直螺纹→利用连接套筒对接钢筋。钢筋直螺纹加工必须在专用的锻头机床和套螺纹机床上加工。安装时，首先把连接套筒的一端安装在待连接钢筋端头上，用专用扳手拧紧到位，然后用导向夹钳对中，用夹钳夹紧连接套筒，把接长钢筋通过导向夹钳对中，拧入连接套筒内，拧紧到位即完成连接。卸下工具后进行检验，不合格的立即纠正，合格者在连接套筒上涂上已检验的标记。

3. 绑扎连接

(1)钢筋的绑扎

钢筋的绑扎接头应符合以下要求。

①搭接处应在中心和两端用20~22号铁丝扎牢。

②搭接长度的末端距钢筋弯折处应≥10d。

③钢筋的绑扎接头不宜位于构件最大弯矩处，搭接长度及接头位置应符合设计和规范要求。

④同一构件中相邻纵向受力钢筋的绑扎搭接接头应相互错开，从任一绑扎接头中心至搭接长度 l_1 的1.3倍区段范围内（见图1.6.8），有绑扎接头的受力钢筋截面面积占受力钢筋总截面面积的百分比，应符合受拉区≤25%，受压区≤50%。

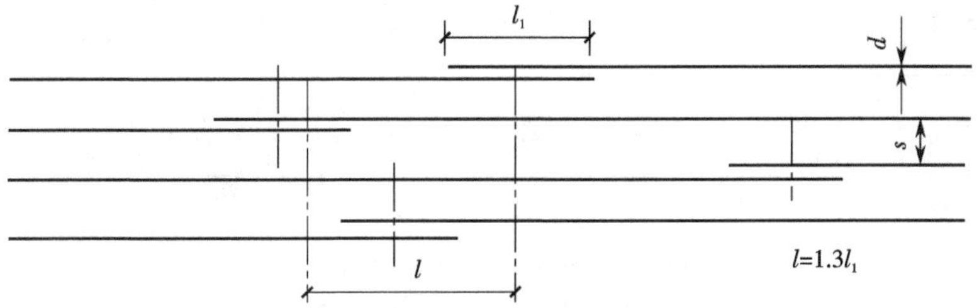

图1.6.8　搭接区段示意图

⑤绑扎接头中钢筋的横向净距(s)不应小于钢筋直径(d)且不应小于25 mm。

(2)钢筋网片和骨架的绑扎

钢筋网片和骨架的绑扎应符合以下要求。

①钢筋交叉点应采用铁丝扎牢，板和墙钢筋网片除靠近外围两行钢筋交叉点全部扎牢外，中间部分交叉点可间隔交错扎牢。

②双向受力钢筋必须全部扎牢。

③梁和柱的箍筋除设计有特殊要求外，应与受力主筋垂直设置，箍筋弯钩处应沿受力主筋方向错开设置。

在梁、柱类构件的纵向受力钢筋搭接长度范围内，应按设计要求配置箍筋。当设计无具体要求时，应符合下列规定。

①箍筋直径不应小于搭接钢筋较大直径的0.25倍。

②受拉搭接区段的箍筋间距不应大于搭接钢筋较小直径的5倍，且不应大于100 mm。

③受压搭接区段的箍筋间距不应大于搭接钢筋较小直径的10倍，且不应大于200 mm。

④当柱中纵向受力钢筋直径大于25 mm时，应在搭接接头两个端面外100 mm范围内各设置两个箍筋，其间距宜为50 mm。

6.3.3 柱钢筋施工的质量要求

①柱筋的保护层采用与混凝土同强度的水泥砂浆垫块或塑料卡具绑扎于柱筋上形成。

②砼内的预埋铁件必须与主筋焊牢，如该处无主筋应另加附加筋焊接定位。砼内预埋的线管必须与柱、梁、板内钢筋进行焊接或用22#铁丝绑扎进行固定。

③钢筋的骨架在绑扎过程中，应认真检查钢筋的间距，摆放的位置是否满足设计及施工规范的要求；待钢筋成品检查无误后，认真地填写好模板、钢筋、预埋件检查和隐蔽记录资料，请监理方、建设方和质监方的代表进行砼浇筑前的检查，经监理、质检、建设方代表签字认可后，方可进行砼的浇筑工作。

④为防止柱筋在浇筑后因振捣和其他人为因素影响而产生轴线位移，减少或增大柱筋保护层厚度，建议砼浇筑前将各轴线丈量好后用墨线标于板的侧模顶面，并用红油漆做好三角形的标记，用电弧焊将辅助固定柱筋的钢筋焊接固定于支撑钢管上，在砼浇筑终凝前拉线检查校正。

⑤柱子插筋绑扎时要在基础内部放置不少于3个箍筋，基础上部也应放置若干个箍筋，以保证骨架的整体性。

实训项目：到建筑工程仿真实训基地进行柱钢筋施工的参观实训或现场教学。

习　　题

1. 单项选择题

(1)钢筋备料、加工的依据是(　　)。

A. 构件配筋图　　B. 钢筋施工图　　C. 钢筋配料单　　D. 钢筋下料单

(2)HPB级钢筋属于(　　)钢。

A. 低碳　　B. 中碳　　C. 低合金　　D. 高合金

2. 多项选择题

(1)钢筋的下列元素中，(　　)是有害元素。

A. 碳　　B. 锰　　C. 硅　　D. 硫

E. 磷

(2)衡量钢筋塑性的指标是(　　)。

A. 屈服强度　　B. 冷弯性能　　C. 延伸率　　D. 极限抗拉强度

E. 焊接性

3. 简答题

(1)钢筋连接方式有哪几种？钢筋机械连接有哪几种？

(2)试述钢筋冷拉控制方法。

(3)试述钢筋套筒挤压连接的原理和施工要点。

(4)如何进行钢筋代换？

(5)冷拉一根20 m长的φ20钢筋(以冷拉应力控制)。其冷拉力应为多少？最大的伸长值是多少？

任务 7　柱的模板施工

柱模板是使钢筋混凝土柱成型的模具，它包括模板、支架和紧固件三部分。柱模板是保证混凝土在浇筑过程中保持正确的形状和尺寸，在硬化过程中进行防护和养护的工具。在实际建筑工程中方柱运用较多，因此本节主要以方柱为例讨论柱模板的施工。

7.1　柱模板的类型及特点

在工程中柱模板的类型较多，按其形式不同，可分为整体式模板、定型模板、滑升模板、胎模等。按其所用的材料不同可分为木模板、钢模板、胶合板模板等。目前施工现场用得较多的是竹胶合板和木模板。钢模板应用较少，甚至许多地方已经限制或淘汰了，所以本书对钢模板不作介绍。

由于柱子的断面尺寸不大，但高度相对较高。因此，柱子模板的支设须保证其垂直度及抵抗新浇筑混凝土的侧压力。

7.2　柱胶合板模板的配板过程

柱模板由四块大板、柱箍和对拉螺栓组成，柱模板采用木或竹胶合板制作，厚度按实际施工需要和模板设计要求选用。柱模板的背部支撑由两层组成，第一层为直接支撑模板的竖楞，用以支撑混凝土对模板产生的侧压力；第二层为支撑竖楞的柱箍，用以支撑竖楞所承受的压力；柱箍之间用对拉螺栓相互拉接，形成一个完整的柱模板支撑体系。安装时，紧固件与支撑件按设计计算的结果选用。阳角接缝处加自粘性泡沫密条，防止漏浆。如图 1.7.1 所示。

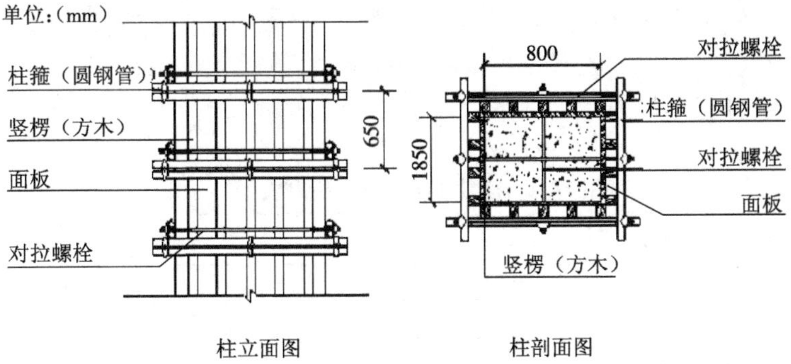

图 1.7.1　定型柱模图

在施工现场进行模板加工时,模板应满足表 1.7.1 的要求。

表 1.7.1　模板加工技术要求

检查项目	允许偏差/mm	检查方法	检查项目	允许偏差/mm	检查方法
板面平整	1	2 m 靠尺塞尺检查	模板边平直	3	拉线用直尺检查
模板高度	+3,-5	用钢尺检查	模板翘曲	$L/1000$	放在平台上,对角拉线用直尺检查
模板宽度	+0,-1	用钢尺检查	孔眼位置	±2	用钢尺检查
对角线长	±5	对角拉线直尺检查			

7.3　柱模板施工方法及规范要求

7.3.1　柱模板施工工艺流程

柱模板施工工艺流程如下:测量放线→定柱边线→绑立杆顺水→安装角柱模板→经纬仪校正固定→安装校正中间柱→检查轴线尺寸及加固情况。

7.3.2　框架柱模板的安装步骤

①准备工作。模板的清理、整平、涂刷防锈漆,连接件清理,基础整平。

②柱模板的定位。根据给定的水准点,用经纬仪定出框架柱的中心点。

③框架柱放样。根据主体结构施工图框架柱截面尺寸的大小,以框架柱中心点为准,按 1:1 的比例弹出框架柱的位置线。

④架设框架柱模板。柱模板安装前,放置与柱尺寸相同的木框,作为加设模板的定位框,在定位框内从下往上逐块架设模板,亦可事先组合好,用塔吊直接进行吊装。

⑤校正框架柱。用线锤校正柱模板,若柱模板中心线与线锤的线不重合,则应在倾斜方向支上斜撑,直到柱模板中心线与线锤的线重合为止。

⑥检查框架柱模板。框架柱模板及其支架施工完毕后应进行检查及验收,形成相关验收资料。

柱模板施工质量应满足表 1.7.2 的要求。

表 1.7.2　现浇结构模板安装的允许偏差

项次	项目	允许偏差/mm
1	轴线位置	5
2	底模上表面标高	±5

续表

项次	项目		允许偏差/mm
3	截面内部尺寸	基础	±10
		柱、墙、梁	+4，-5
4	层高垂直度	全高≤5 m	6
		全高>5 m	8
5	相邻两板表面高低差		2
6	表面平整度(2 m长度上)		5

7.3.3　柱模板施工时的注意事项

柱模板施工时的注意事项如下。

①模板及其支撑结构的材料、质量应符合规范规定和设计要求。

②采用木模板或竹(木)胶合板作柱模板时,按图纸尺寸制作柱侧模板,按放线位置钉好压脚板再安装柱模板,两垂直方向加斜拉顶撑,校正垂直度及柱顶对角线。

③采用组合钢模板时,按设计标高抹好水泥砂浆找平层,按放线位置在离地50~80 mm处的主筋上焊接定位支杆,在柱内侧四面顶住模板,或采用柱盘定位方法,以防模板位移。内外定位正确无误后再支柱模板,模板之间用U形卡连接卡紧,转角位置用连接角模连接两侧模板。

④柱箍应根据柱模尺寸、侧压力的大小等因素进行设计选择。

⑤柱模一般采用拉杆(或斜撑)或钢管井字支架固定。拉杆每边设2根,固定于事先预埋在楼板内的钢筋环上,拉杆或斜撑与地面夹角宜为45°,预埋的钢筋环与柱距离宜为3/4柱高,如图1.7.2所示。柱模板的钢筋井字架支撑如图1.7.3所示。

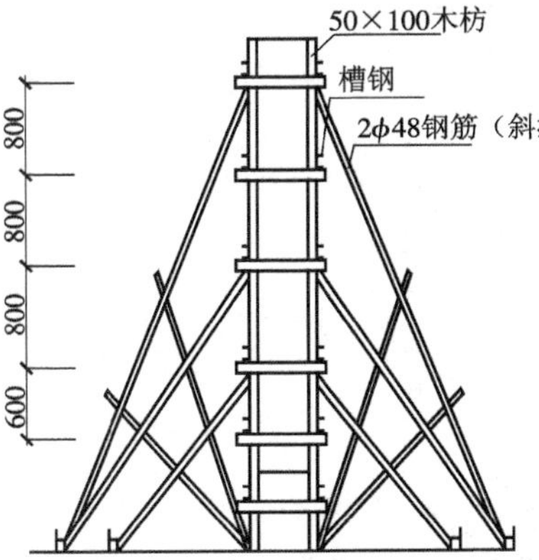

图1.7.2　柱模板拉杆支设

图1.7.3　柱模板钢管井字支撑

⑥成排柱支模时,先立两端柱模,校直与复核位置无误后,顶部拉通线,再立中间柱模。

⑦模板安装时,为便于模板的周转和拆卸,梁的模板不应伸到柱模板的开口里面。

⑧模板安装好后应卡紧撑牢,不得发生不允许的下沉与变形。

⑨固定在模板上的预埋件和预留孔洞均不得遗漏,其允许误差满足表 1.7.3 的要求。

表 1.7.3　预埋件和预留孔洞的允许偏差

项　　目		允许偏差/mm
预埋钢板中心线位置		3
预埋管、预留孔中心线位置		3
插　　筋	中心线位置	5
	外露长度	+10
预埋螺栓	中心线位置	2
	外露长度	+10
预留洞	中心线位置	10
	尺　　寸	+10

注:检查中心线位置时,应沿纵、横两个方向量测,并取其中的较大值。

7.3.4　柱模板的拆除

模板及其支架拆除的顺序及安全措施应按施工技术方案执行。模板拆除的原则一般是:先拆非承重模板,后拆承重模板;先支的后拆,后支的先拆;自上而下拆除。模板拆除时,不应对楼层形成冲击荷载。拆除的模板和支架宜分散堆放并及时清运。柱子模板拆除时,先拆掉柱模拉杆(或支撑),再卸掉柱箍,把连接每片柱模的连接件拆掉,然后用撬杠轻轻撬动模板,使模板和混凝土脱落。拆下的模板应及时清理黏结物,修理并涂刷隔离剂,分类堆放整齐。拆下的连接件及配件及时收集,集中管理。柱在混凝土强度达到 1.2 MPa 以上,混凝土不掉角时开始拆除模板。混凝土的强度以同条件养护试块的抗压强度为准。

习　　题

1. 单项选择题

(1)模板工程设计的原则不包括(　　)。

A. 实用性　　B. 安全性　　C. 耐久性　　D. 经济性

2. 多项选择题

(1)模板的拆除顺序一般为(　　)。

A. 先支先拆、后支后拆　　B. 后支先拆、先支后拆

C. 先拆非承重部分,后拆承重部分　　D. 先拆承重部分、后拆非承重部分

E. 先下后上、先内后外

3. 简答题

(1)试述模板的作用和种类。

(2)对模板及其支架的基本要求有哪些?

(3)请简述框架结构中柱模板的施工工艺流程。

(4)请简述框架柱的安装步骤及拆除要求。

任务8　柱的砼施工

砼工程是钢筋砼工程中的重要组成部分。砼工程质量的优劣直接影响钢筋砼结构的承载能力、耐久性和整体性。砼工程包括砼的配料、搅拌、运输、浇捣、养护整个过程,各工序紧密联系又相互影响,都会最终影响砼工程的质量。要保证砼工程的质量,关键是保证砼工程各施工工艺过程的质量。

20世纪60年代初我国开始研制高强砼,80年代后期,高强砼在现浇工程中采用,主要在北京、上海、辽宁、广东等一些高层和大跨(桥梁)工程中应用,强度等级相当于C60。C80及C80以上等级的高强砼,目前正处于推广阶段。

8.1　砼的配料

砼的配料是指将各种原材料按照一定的配合比配制成工程需要的砼。它包括原材料的选择、砼配合比的确定、材料称量等方面的内容。

8.1.1　砼的原材料

砼的原材料包括水泥、细骨料、粗骨料、水、外加剂、混合材料等,材料的性能要求详见天津大学出版社出版的《建筑工程材料的检测与选择》一书。

注意:目前各地多使用商品砼,因此各种材料的选择与检测等内容主要由砼搅拌站进行控制,施工现场主要通过抽检商品砼的坍落度来控制砼质量。

8.1.2　砼施工配合比的确定

砼配合比一是由商品砼搅拌站控制,二是可查阅《建筑工程材料的检测与选择》等相关书籍。如果部分地方允许使用自拌砼,施工现场将进行施工配合比换算。

砼设计配合比是根据完全干燥的砂、石骨料制定的,但实际使用的砂、石骨料一般含有一些水分,且含水量会随着气候条件发生变化,配料时必须把这部分含水量考虑进去,才能保证砼配合比的准确。故在施工时应及时测定砂、石的含水率,并将砼的实验室配合比换算成考虑了砂石含水率条件下的施工配合比。

若砼的实验室配合比为水泥:砂:石 $=1:x:y$,水胶比为 W/C,现场测得砂的含水率为 W_x,

石的含水率为 W_y，则换算后的施工配合比为水泥∶砂∶石 $=1:x(1+W_x):y(1+W_y)$。

按实验室配合比 1 m^3 砼水泥用量为 C(kg)，计算时确保砼水胶比 W/C 不变（W 为用水量），则换算后的材料用量为：

水泥　$C'=C$；

砂　$G_{砂}=C\cdot x(1+W_x)$；

石　$G_{石}=C\cdot y(1+W_y)$；

水　$W'=W-C\cdot xW_x-C\cdot yW_y$。

例 1.8.1　已知某构件砼的实验室配合比为 $1:x:y=1:2.55:5.12$，水胶比 $W/C=0.6$，每 1 m^3 砼的水泥用量 $C=285$ kg，现场测得砂含水率为 3%，石含水率为 1%。

求：施工配合比及每 1 m^3 各种材料用量。

解：施工配合比为 $1:x(1+W_x):y(1+W_y)=1:2.55(1+3\%):5.12(1+1\%)=1:2.63:5.17$。

每 1 m^3 砼材料用量为：

水泥　285 kg；

砂　$285\times2.63=749.55$ kg；

石　$285\times5.17=1\ 473.45$ kg；

水　$285\times0.6-285\times2.55\times3\%-285\times5.12\times1\%=134.61$ kg。

8.1.3　材料称量

施工配料是保证砼质量的重要环节之一，施工配料时影响砼质量的因素主要有以下两个：一是计量误差；二是未按砂、石骨料实际含水量的变化进行施工配合比的换算。

原材料的计量精度得到保证，才能使所拌制砼的强度、耐久性和工作性能满足设计和施工所提出的要求。试验表明：当水计量波动 ±1.0% 时，砼强度将相应波动约 ±3%；水泥计量波动 ±1.0% 时，砼强度波动约 ±1.7%。如计量时，水和水泥误差各为 +2.0% 和 −2.0% 时，由于水胶比的变化，砼的强度将降低 8.9%。因此，为了保证砼的质量，原材料的计量应以质量计。施工现场或砼预拌厂所使用的称料衡器应定期校验，经常保持准确。各种原材料计量的允许偏差不得超过表 1.8.1 的规定。

表 1.8.1　砼原材料称量的允许偏差

材料名称	允许偏差/%
水泥、混合材料	±2
粗、细骨料	±3
水、外加剂	±2

注：各种衡器应定期校验，保持准确；骨料含水率应经常测定，雨天施工应增加测定次数。

8.2　砼的拌制

砼的拌制就是水泥、水、粗细骨料和外加剂等原材料混合在一起进行均匀拌和的过程。搅拌后的砼要求匀质，且达到设计要求的和易性和强度。

8.2.1　搅拌机

搅拌机根据其搅拌原理可分为自落式搅拌机和强制式搅拌机两大类，目前自落式搅拌机已禁止使用，普遍使用的是强制式搅拌机。砼搅拌机类型见表1.8.2。

表1.8.2　砼搅拌机类型

自落式			强制式			
鼓筒式	双锥式		立轴式			卧轴式（单轴、双轴）
	反转出料	倾翻出料	涡桨式	行星式		
				定盘式	盘转式	
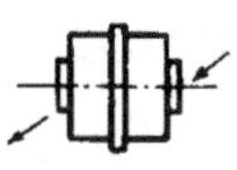	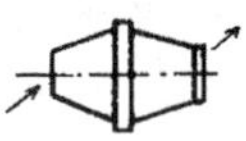	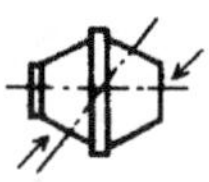	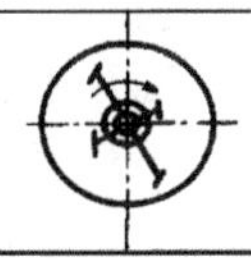		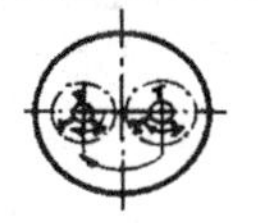	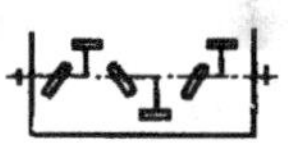

强制式砼搅拌机的搅拌筒固定不转，依靠装在筒体内部转轴上的叶片强制搅拌砼拌和料，宜于搅拌干硬性砼和轻骨料砼，目前普遍使用卧轴式（有单轴、双轴之分）。选择搅拌机时既要满足技术上的要求，又要考虑经济效果及节约能源，还要根据工程量大小、砼坍落度、骨料尺寸等确定。

搅拌机的主要工艺参数为工作容量。工作容量可以用进料容量或出料容量表示。进料容量又称为干料容量，是指该型号搅拌机可装入的各种材料体积的总和。搅拌机每次搅拌出砼的体积，称为出料容量。出料容量与进料容量之比称为出料系数。即：出料系数＝出料容量/进料容量，出料系数一般取0.65。

例如J_1—400A型砼搅拌机，进料容量为400 L，出料容量为260 L，即每次可装入干料体积400 L，每次可搅拌出砼260 L。

8.2.2　搅拌制度

为了拌制出优质的砼，除合理地选择搅拌机外，还必须正确地确定搅拌制度，包括一次投料量、搅拌时间和投料顺序等。

1. 一次投料量

不同类型的搅拌机都有一定的进料容量和出料容量。一次投料量宜控制在搅拌机的额定容量以下，但不可装料过少，否则会降低搅拌机的生产率。施工配料就是根据施工配合比以及施工现场搅拌机的型号，确定现场搅拌时原材料的一次投料量。

2. 搅拌时间

从原材料全部投入搅拌筒时起到开始卸出时止所经历的时间称为搅拌时间。为获得混合均匀、强度和工作性能都满足要求的砼,所需的最短搅拌时间称最小搅拌时间。一般情况下,砼的匀质性随着搅拌时间的延长而增加,因而砼的强度也随着提高。但搅拌时间超过某一限度后,砼的匀质性并无显著地改进,砼的强度也增加很少;甚至由于水分的蒸发和较软弱骨料颗粒经长时间的研磨破碎变细,还会引起砼工作性能的降低,影响砼的质量。为此《砼结构工程施工质量验收规范》(GB50204—2011)规定了砼搅拌的最短时间(表 1.8.3)。该最短时间是按一般常用搅拌机回转速度确定的,不允许用超过砼搅拌机说明书规定的回转速度进行搅拌以缩短搅拌延续时间。

表 1.8.3　砼搅拌的最短时间　　s

砼坍落度/mm	搅拌机机型	搅拌机出料量		
		<250 L	250 ~ 500 L	>500 L
≤30	强制式	60	90	120
>30	强制式	60	60	90

注:砼搅拌的最短时间系指全部材料装入搅拌筒中起,到开始卸料止的时间;当掺有外加剂时搅拌时间应适当延长。

3. 投料顺序

确定原材料投入搅拌筒内的顺序应从提高搅拌质量、减少机械的磨损和砼的粘罐现象、减少水泥飞扬、降低电耗以及提高生产率等方面综合考虑。按照原材料加入搅拌筒内的投料顺序的不同,常用的有一次投料法和二次投料法等。

一次投料法是将砂、石、水泥装入料斗,一次投入搅拌机内,同时加水进行搅拌。二次投料法分为预拌水泥砂浆法和预拌水泥净浆法。预拌水泥砂浆法是先将水泥、砂和水加入搅拌筒内进行搅拌,成为均匀的水泥砂浆后,再加入石子搅拌成均匀的砼。预拌水泥净浆法是先将水泥和水充分搅拌成均匀的水泥净浆后,再加入砂和石搅拌成砼。试验表明,二次投料法的砼与一次投料法相比,砼强度可提高约 15%。在强度相同的情况下,可节约水泥 15% ~20%。

水泥裹砂法是日本研究的砼搅拌工艺,亦称造壳砼。该法的搅拌程序是先加一定量的水,将砂表面的含水量调节到某一规定的数值后,再将石子加入与湿砂拌匀,然后将全部水泥投入,与润湿后的砂、石拌和,使水泥在砂、石表面形成一层低水胶比的水泥浆壳(此过程称为“成壳”),最后将剩余的水和外加剂加入,搅拌成砼。试验表明,该法制备的砼与 1 次投料法相比较,强度可以提高 20% ~30%,砼不易产生离析现象,泌水少,工作性好。

裹砂石法砼搅拌工艺是我国研究人员在水泥裹砂法的基础上研究出来的。它分两次加水,两次搅拌。用这种工艺搅拌时,先将全部的石子、砂和 70% 的拌和水倒入搅拌机,拌和 15 s 使骨料润湿,再倒入全部水泥进行造壳搅拌 30 s 左右,然后加入 30% 的拌和水再进行糊化搅拌 60 s 左右即完成。与普通搅拌工艺相比,用裹砂石法搅拌工艺可使砼强度提高 10% ~20%,或节约水泥 5% ~10%。

8.3　泵送砼

砼泵是在压力推动下沿管道输送砼的一种设备，它能连续不断地完成砼的水平运输和垂直运输，配以布料杆或布料机，还可以方便地进行砼的浇筑。

砼运输分为地面运输、垂直运输和楼地面运输三种情况。商品砼地面运输距离较远，采用砼搅拌运输车(亦称罐车)。砼垂直运输，采用砼泵进行输送，局部泵送条件受限制的地方，可用塔式起重机垂直输送，砼多放在吊斗中，这样可直接浇筑。砼楼面运输，一般用砼布料杆布料。

8.3.1　塔式起重机运输

塔式起重机既能完成砼的垂直运输，又能完成一定的水平运输，在其工作幅度内，能直接将砼从装料地点吊升到浇筑点送入模板内，中间不需转运。用塔式起重机运输砼时，应配以砼浇筑料斗(图1.8.1)联合使用。确定料斗容量大小时应考虑到塔机起吊质量、砼搅拌运输车的容量、砼的浇筑速度等因素。要求斗门的开关必须灵活方便，斗门敞开的大小可自由调节，以便控制砼的出料数量。

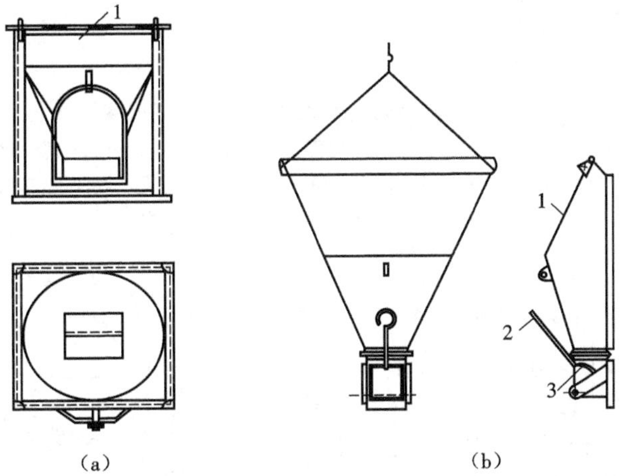

图1.8.1　砼浇筑料斗

(a)立式料斗　(b)卧式料斗

1—入料口;2—手柄;3—卸料口的扇形门

8.3.2　砼泵运输

目前砼泵的最大水平输送距离已达1 000 m，最大垂直输送高度可达300 m。砼用砼泵运输，通常称泵送砼。

1. 泵送砼的主要设备

(1)砼泵

砼泵按其机动性，可分为固定式砼泵、装有行走轮胎可牵引转移的砼泵(拖式砼泵)和装在载重汽车底盘上的汽车式砼泵。按构造原理,有活塞泵、气压泵和挤压泵等几个类型,而以活塞式应用较多。活塞式又可分为机械式和液压式两种,通常多用液压式。按推动活塞的介质不同,液压式又可分为油压式和水压式两种,而以油压式居多。

目前,液压活塞泵(见图 1.8.2)主要由 2 个液压油缸、2 个砼缸、分配阀、料斗、Y 形连通管及液压系统组成。通过液压控制系统的操纵作用,使两个分配阀交替启闭。液压油缸与砼缸相连通,通过液压油缸活塞杆的往复作用以及分配阀的密切协同动作,使两个砼缸轮流交替完成吸入和压送砼冲程。在吸入冲程时,砼缸筒由料斗吸入砼拌和物;在压送冲程时,把砼送入 Y 形连通管内,并通过输送配管压送至浇筑地点,因而使砼泵能连续稳定地运行。

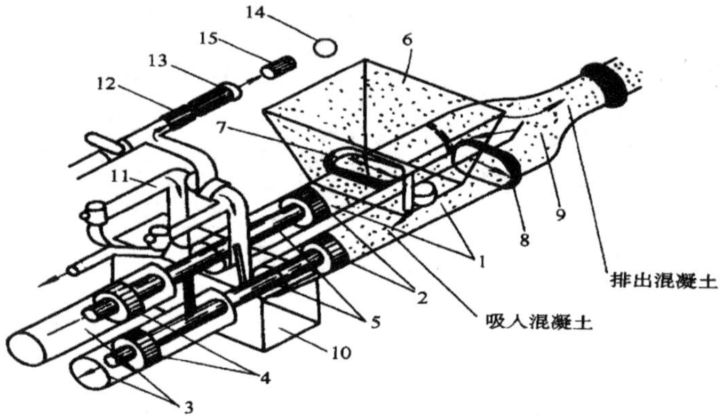

图 1.8.2　液压活塞式砼泵工作原理图

1—砼缸;2—砼活塞;3—液压缸;4—液压活塞;5—活塞杆;6—料斗;7—吸入端水平片阀;
8—排出端竖直片阀;9—Y 形连通管;10—水箱;11—水洗装置换向阀;12—水洗用高压软管;
13—水洗法兰;14—海绵球;15—清洗活塞

(2)砼布料杆

布料杆是完成输送、布料、摊铺砼入模的机具。

砼布料杆可分为汽车式布料杆(砼泵车布料杆)和独立式布料杆两种。汽车式布料杆是把砼泵和布料杆都装在一台汽车的底盘上(图 1.8.3)。布料杆本身是由薄钢板组焊成的箱形断面折叠式臂架与薄壁无缝钢管制成的泵送管道组成。根据臂的总长度,布料杆可由 2 节、3 节或 4 节臂架铰接而成。砼泵送管道通过一些悬挑结构固定于箱形臂架的一侧胶板上,最末 1 节泵送管端则可套装 1 节橡胶管。因此,通过布料杆各节臂架的俯、仰、屈、伸,能将砼泵送到臂架有效幅度范围内的任意一点。

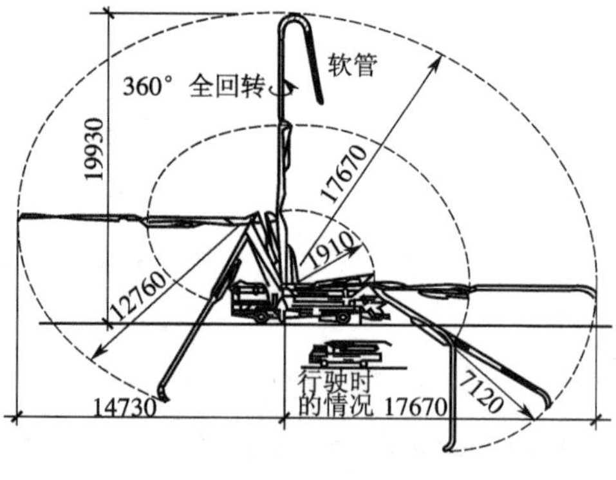

图 1.8.3　折叠式布料杆泵车浇筑范围示意图

独立式布料杆种类较多,有移置式布料杆、管柱式布料杆及附装在塔吊上的布料杆等。目前在高层建筑施工中应用较多的是移置式布料杆,其次是管柱式布料杆。

移置式布料杆是一种两节式布料杆，由底架支腿、转台、平衡臂、平衡重、臂架、水平管、弯管等组成（图1.8.4）。两根水平管Ⅰ和Ⅱ既是壁架结构的组成部分，同时也是砼泵送管道。这种两节式布料杆最大工作幅度为9.5 m，有效工作面积为300 m^2。整个布料杆可用人力推动作360°回转，其中第Ⅱ节泵管还可用手推动，以第Ⅰ节管端弯管为轴心作360°回转。可将砼直接输送到其工作范围内的任何浇筑点。其特点是构造简单，加工容易，安装方便。转运迅速，操作灵活，维修简便，可用塔吊随着楼层施工升运和转移。

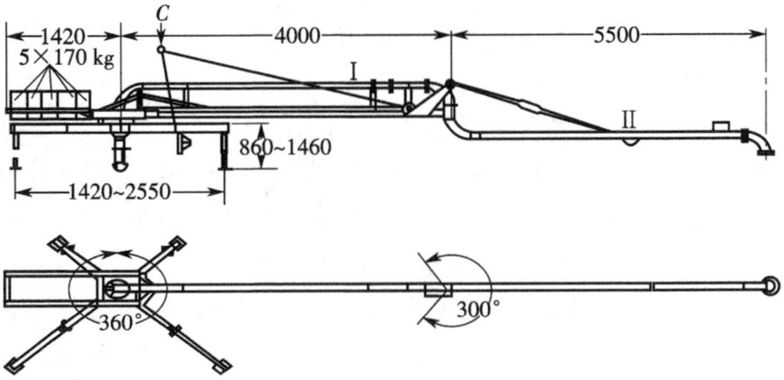

图1.8.4　移置式布料杆

（3）砼输送管

管道配置与敷设是否合理，直接影响到泵送效率，有时甚至影响泵送作业的顺利完成。泵送砼的输送管道由耐磨锰钢无缝钢管制成，包括直管、弯管、接头管及锥形管（过渡管）等各种管件。有时在输送管末端配有软管，以利于砼浇筑和布料。管径有ф100、ф125、ф150和ф180等数种，直管的长度有3.0 m、2.0 m和1.0 m等数种。弯管的角度有15°、30°、45°、60°和90°等五种，以适应管道改变方向的需要。当两种不同管径的输送管需要连接时，中间用锥形管过渡。锥形管的长度有1.0 m、1.1 m、1.5 m和2.0 m等。为使管道便于装拆，相邻输送管之间的连接都采用快速管接头。常用的管接头有压杆式管接头和螺栓式管接头两种。

2. 泵送砼对原材料及配合比的要求

泵送砼时，砼拌和物在泵的推力作用下将沿输送管流动。砼能否在输送管内顺利流通，是泵送工作能否顺利进行的关键，故砼必须具有良好的被输送性能。砼在输送管道中的流动能力称为可泵性。可泵性好的砼与管壁的摩阻力小，在泵送过程中不会产生离析现象。

3. 泵送砼应注意的问题

①水平输送管每隔一定距离，用支架、台垫、吊具等加以固定，以便于排除堵管、装卸和清洗管道，不得直接支撑在钢筋、模板及预埋件上。为了不使管路支设在新浇的砼上面，进行楼面管路布置时，要使砼浇筑方向与泵送方向相反，在砼浇筑过程中，只需拆除管段，而不需增设管段。在垂直向上配管时，对垂直管要采取措施固定在楼板预留孔处，以减少振动；每节管不得少于1个固定点，在管子与楼板预留孔、固定物之间要安放木垫块，垂直管下端的弯管，不应作为上部管道的支撑点，应设钢支撑承受垂直管的质量。根据规范要求需垂直向上配管时，地面水平管的长度不宜小于垂直管长度的1/4，且不宜小于15 m，楼面砼浇筑宜采用砼布料杆进行布料，应妥善选定砼泵及布料杆的合适位置。当与砼搅拌运输车配套使用时，要使砼搅拌运

输车便于进出施工现场,便于就位向砼泵喂料,能满足铺设砼输送管道的各项具体要求,在整个施工过程中,尽可能减少迁移次数;砼泵机的基础应坚实可靠,无坍塌,不得有不均匀沉降,就位后应固定牢靠,底部还需装设1个截止阀,防止停泵时砼倒流。

②砼泵的输送能力应满足施工速度的要求;砼的供应必须保证输送砼的泵能连续工作,故砼搅拌站的供应能力至少应比砼泵的工作能力高约20%。

③泵送砼前,应先泵送清水清洗管道。再按规定程序试泵,待运转正常后再交付使用。启动泵机的程序如下:启动料斗搅拌叶片→将润滑浆(水泥素浆)注入料斗→打开截止阀→开动砼泵→将润滑浆泵入输送管道→往料斗内装入砼并进行试泵送。每次泵送完毕时,必须认真做好机械清洗和管道冲洗工作。

④砼泵与输送管连通后,应按所用砼泵的使用说明的规定进行全面检查,符合要求后方能开机进行空运转。砼泵启动后经泵水检查,确认砼泵和运送管中无异物后,采用泵送1∶2水泥砂浆的方法进行砼泵与输送管内壁的润滑。开始泵送时,混凝土泵应处于慢速、匀速并随时可反泵的状态,待各方面情况都正常后再转入正常泵送。正常泵送时,泵送要连续进行,尽量不要停顿,遇有运转不正常的情况,可放慢泵送速度。当混凝土供应不及时,宁可降低泵送速度,也要保持连续泵送,但慢速泵送的时间,不能超过从搅拌到浇筑的允许延续时间。不得已停泵时,料斗中应保留足够的砼,作为下次推动管路内砼之用。短时间停泵,再运转时要注意观察压力表,逐渐地过渡到正常泵送。长时间停泵,应每隔4~5 min开泵一次,使泵正转和反转各两个冲程。同时开动料斗中的搅拌器,使之搅拌3~4转,以防止混凝土离析。

向下泵送时,为防止管路中产生真空,砼泵启动时,宜将设置在管路中的气门打开,待下游管路中的混凝土有足够阻力对抗泵送压力时,方可关闭气门。

在泵送过程中,要定时检查活塞的冲程,不得使其超过允许的最大冲程,泵的活塞冲程虽可任意改变,但为了防止油缸不均匀磨损和阀门磨损,宜采用最大的冲程进行运转。同时还应注意料斗内的砼量,应保持砼面不低于200 mm,否则不但吸入效率低,而且易吸入空气形成阻塞;如吸入空气,逆流增多时,宜进行反泵将砼反吸到料斗内,排除空气后再进行正常泵送。在泵送砼过程中,水箱或活塞清洗室中应经常保持充满水,以备急需。

当砼泵出现压力高且不稳定、输送管明显振动等现象而泵送困难时,不得强制泵送,应立即查明原因,采取措施排除。可先用木槌敲击输送管、锥形管等易堵塞部位,并进行慢速泵送或反泵,防止堵塞。

⑤当砼输送管堵塞时,可采取下述方法进行排除:使砼泵重复进行反泵和正泵,逐步吸出堵塞处的砼拌和物至料斗中,重新加以搅拌后再进行正常泵送。用木槌敲击输送管,查明堵塞部位,堵塞处砼拌和物击松后,再通过砼泵的反泵和正泵,排除堵塞。当采用上述两种方法都不能排除堵塞时,可在砼泵卸压后拆除堵塞部位的输送管,排出砼堵塞物后,再接管重新泵送。但在重新泵送前,应先排除输送管内空气后,方可拧紧管段接头。

在砼泵送过程中,如发现泵送效率急剧降低时,应检查砼缸和分配阀的磨损。如果是新的砼泵缸套磨损严重,可掉头后再用;如果缸套两头都已严重磨损,应更换新品;如果是分配阀严重磨损,应补焊修复或更换新的分配阀。

砼泵送结束时,应及时清洗砼泵和输送管。清洗砼泵前,宜反泵吸料,降低管路内的剩余压力,清洗方法采用水洗,水洗时,从进料口塞入海棉球,使海棉球与砼拌和物之间不要有孔隙,以免压力水越过海棉球混入砼拌和物中。然后砼泵以大行程、低转速运转,泵水产生压力将砼拌和物推出。清洗用水不得排入已浇筑的砼内。

8.4　砼的浇筑与振捣

8.4.1　砼的浇筑

砼的浇筑工作包括布料摊平、捣实、抹平修整等工序。浇筑工作的好坏对于砼的密实性与耐久性、结构的整体性及构件外形的正确性，都有决定性的影响。

1. 浇筑前的准备工作

浇筑前的准备工作有检查模板的标高、位置、尺寸、强度和刚度是否符合要求，接缝是否严密；检查钢筋和预埋件的位置、数量和保护层厚度等，并将检查结果填入隐蔽工程记录表中；清除模板内的杂物和钢筋上的油污；对模板的缝隙和孔洞应予堵严；对木模板应浇水湿润，但不得有积水；在地基或基土上浇筑砼时，应清除淤泥和杂物，并应有排水和防水措施；对干燥的非黏性土，应用水湿润；对风化的岩石，应用水清洗，但其表面不得留有积水；在降雨雪时，不宜露天浇筑砼；当需浇筑时，应采取有效措施，确保砼质量。

2. 浇筑工作的一般要求

浇筑工作的一般要求如下。

①砼的浇筑应连续进行。当必须间歇时，其间歇时间宜尽量短，并应在前层砼凝结之前将次层砼浇筑完毕。间歇的最长时间与所用的水泥品种、砼的凝结条件以及是否掺用促凝或缓凝型外加剂等因素有关。而砼连续浇筑的允许间歇时间则应由砼的凝结时间而定。砼运输、浇筑及间歇的全部时间不得超过表1.8.4的规定，当超过时应留设施工缝。

表1.8.4　砼运输、浇筑和间歇的允许时间　　min

砼强度等级	气　温	
	不高于25 ℃	高于25 ℃
不高于C30	210	180
高于C30	180	150

注：当砼中掺有促凝或缓凝型外加剂时，其允许时间应根据试验结果确定。

②砼的浇筑，应由低处往高处分层浇筑。每层的厚度应根据捣实的方法、结构的配筋情况等因素确定，且不超过表1.8.5的规定。

③在浇筑竖向结构砼前，应先在底部填以50～100 mm厚与砼内砂浆成分相同的水泥砂浆；浇筑中不得发生离析现象；当浇筑高度超过3 m时，应采用串筒、溜管或振动溜管使砼下落。

④在砼浇筑过程中，应经常观察模板、支架、钢筋、预埋件和预留孔洞的情况，当发现有变形、移位时，应及时采取措施进行处理。

表 1.8.5　砼浇筑层厚度

捣实砼的方法		浇筑层的厚度/mm
插入式振捣		振捣器作用部分长度的 1.25 倍
表面振动		200
人工捣固	在基础、无筋砼或配筋稀疏的结构中	250
	在梁、墙、板、柱结构中	200
	在配筋密列的结构中	150
轻骨料砼	插入式振捣	300
	表面振动(振动时需加荷)	200

⑤砼浇筑后,必须保证砼均匀密实,充满模板整个空间;新、旧砼结合良好;拆模后,砼表面平整光洁。

⑥砼浇筑时如发现初凝现象,则应再进行一次强力搅拌,才能入模;如出现离析现象,须重新拌和后才能浇筑。

8.4.2　砼的捣实

砼的捣实就是使入模的砼完成成型与密实的过程,从而保证砼结构构件外形正确,表面平整,砼的强度和其他性能符合设计的要求。砼浇筑入模后应立即进行充分的振捣,使新入模的砼充满模板的每一角落,排出气泡,使砼拌和物获得最大的密实度和均匀性。

1. 振动捣实砼的原理

新拌制的砼是具有弹、黏、塑性性质的一种多相分散体,具有一定的触变性。产生振动的机械将一定频率、振幅和激振力的振动能传递给浇筑入模的砼拌和物,砼中的固体颗粒都处于强迫振动状态,使颗粒之间的黏着力和内摩擦力大大降低,砼的黏度急剧下降,受振砼呈现液化而具有"重质液体"性质,因而能流向模板内的各个角落而充满模板。同时,砼中的骨料在其自重作用下向新的稳定位置沉落,粗颗粒间的空隙则被水泥砂浆所填满。砼拌和物中的气体以气泡状态浮升至表面排出,使骨料和水泥浆在模板中得到紧密的排列。

2. 振动捣实机械

振动捣实机械按其工作方式不同可分为内部振动器、表面振动器、外部振动器等几种。

(1)内部振动器

内部振动器又称插入式振动器,是施工现场使用最多的一种,适用于基础、柱、梁、墙等深度或厚度较大的结构构件的砼捣实。插入式振动器(见图 1.8.5)的工作部分是振动棒,是一个棒状空心圆柱体,内部安装偏心振子。在电动机驱动下,由于偏心振子的振动,棒体产生高频微幅的机械振动。工作时,将振动棒插入砼中,通过棒体将振动能传给砼,其振动密实的效率高。

使用插入式振动器时,应将振动棒垂直插入砼中。为使上下层砼结合成整体,振动棒插入下层砼的深度不应小于 50 mm。振动棒插点间距要均匀排列,以免漏振。振实普通砼的移动

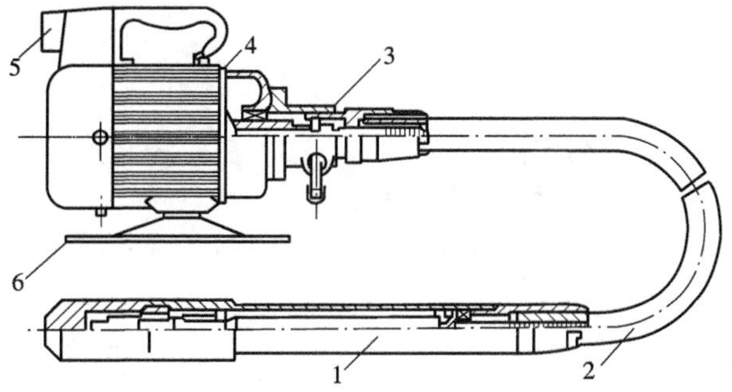

图 1.8.5　电动软轴行星式内部振动器

1—振动棒;2—软轴;3—防逆装置;4—电动机;5—电器开关;6—支座

间距,不宜大于振捣器作用半径的 1.5 倍;捣实轻骨料砼的移动间距,不宜大于其作用半径;振捣器与模板的距离,不应大于其作用半径的 1/2,并避免碰撞钢筋、模板、芯管、吊环、预埋件等。各插点的布置方式有行列式与交错式两种(图 1.8.6)。振动棒在各插点的振动时间应视砼表面呈水平不显著下沉,不再出现气泡,表面泛出水泥浆为止。

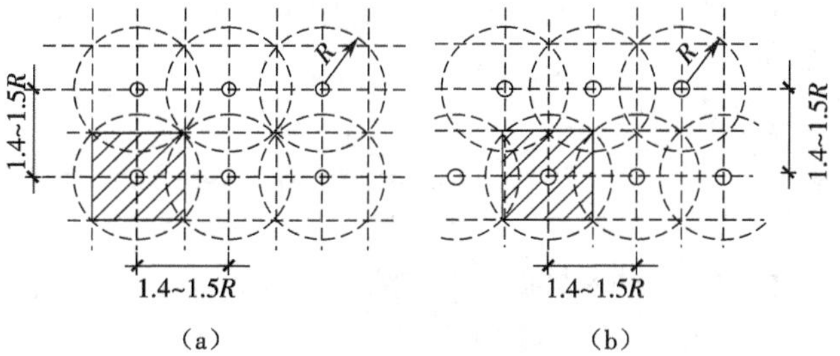

图 1.8.6　内部振捣器振捣砼布置方式

(a)行列式　(b)交错式

(2)表面振动器

表面振动器又称平板振动器,是由带偏心块的电动机和平板组成。平板振动器是放在砼表面进行振捣,适用于振捣楼板、地面、板形构件和薄壳等薄壁构件。当采用表面振动器时,要求振动器的平板与砼保持接触,其移动间距应保证振动器的平板能覆盖已振实部分的边缘,以保证衔接处砼的密实性。

(3)外部振动器

外部振动器又称附着式振动器,它是直接固定在模板上,利用带偏心块的振动器产生的振动力,通过模板传递给砼,达到振实的目的。它适用于振捣断面较小或钢筋较密的柱、梁、墙等构件。附着式振动器的振动效果与模板的质量、刚度、面积及砼构件的厚度有关。当采用附着式振动器时,其设置间距应通过试验确定。

8.5 砼的自然养护

砼的凝结与硬化是水泥与水产生水化反应的结果，在砼浇筑后的初期，采取一定的工艺措施，建立适当的水化反应条件的工作，称为砼的养护。

思考：养护的目的是什么？

8.5.1 标准养护

砼在温度为 20 ±2 ℃、相对湿度为 95% 以上的潮湿环境或水中进行的养护，称为标准养护，多用于砼试块的养护。

8.5.2 自然养护

砼在常温下（平均气温不低于 +5 ℃）采用适当的材料覆盖，并采取浇水润湿、防风防干、保温防冻等措施所进行的养护，称为自然养护，主要用于一般现浇砼结构的养护。自然养护分洒水养护和喷涂薄膜养生液养护两种。

砼的自然养护应符合下列规定。

①应在砼浇筑完毕后的 12 h 以内对砼加以覆盖和浇水，但当日平均气温低于 +5 ℃时，不得浇水。

②对采用硅酸盐水泥、普通硅酸盐水泥或矿渣硅酸盐水泥拌制的砼，其浇水养护时间不得小于 7 d；对掺用缓凝型外加剂或有抗渗性要求的砼，不得少于 14 d；采用其他品种水泥时，砼的养护时间应根据所采用水泥的技术性能确定。

③浇水次数应能保持砼处于湿润状态。

④砼的养护用水应与拌制用水相同。

对高耸构筑物和大面积砼结构不便于覆盖浇水养护时，宜喷涂保护层（如薄膜养生液等）养护，防止砼内部水分蒸发。它是将过氯乙烯树脂塑料溶液用喷枪喷涂在砼表面上，养护剂中溶剂挥发后，便在砼表面形成一层不透水薄膜，使砼与空气隔绝，砼中的水分封闭在薄膜内而不蒸发，以保证水泥水化反应的正常进行。

8.6 砼的质量检查

砼的质量检查包括施工中检查和施工后检查。施工中检查主要是在砼拌制和浇筑过程的检查；施工后检查主要是对已完成砼的外观质量及其强度检查。对有抗冻、抗渗要求的砼，尚需进行抗冻、抗渗性检查。

8.6.1 砼在拌制和浇筑过程中的检查

①检查拌制砼所用原材料品种、规格和用量，每一工作班至少 2 次。

②检查砼在浇筑地点的坍落度,每一工作班至少检查2次。

③在每一工作班内,当砼配合比由于外界影响有变动时(如砂、石含水率的变化),应及时检查。

④砼的搅拌时间应随时检查。

当采用商品砼时,砼公司应提供水泥品种、强度等级及每1 m^3砼中的水泥用量;骨料的种类和最大粒径;外加剂、掺合剂的品种及掺量;砼强度等级和坍落度;砼配合比和标准试件强度。对轻骨料砼,还应提供其密度等级等资料。

商品砼应在商定的交货地点进行坍落度检查。实测的砼坍落度与要求坍落度之间的允许偏差应符合表1.8.6的要求。

表1.8.6　砼坍落度与要求坍落度之间的允许偏差

要求坍落度	允许偏差/mm
<50	±10
50~90	±20
>90	±30

8.6.2　砼强度检查

砼养护后的质量检查,主要是指抗压强度检查。评定结构构件的砼强度,应采用标准试件的砼强度,即按标准方法制作边长为150 mm的立方体试件,在标准养护条件下养护28 d,按标准试验方法测得的砼立方体抗压强度。

用于检查结构构件砼质量的试件,应在砼的浇筑地点随机取样制作。试件的留置应符合以下规定:每拌制100盘且不超过100 m^3同配合比的砼,其取样不得小于1次;每工作班拌制同配合比的砼不足100盘时,其取样不得少于1次;对现浇砼结构,每一现浇楼层同配合比的砼,其取样不得少于1次,同1单位工程每一验收项目中同配合比的砼,其取样不得少于1次;当一次连续浇筑超过1 000 m^3时,同一配合比的混凝土每200 m^3取样不得少于1次。

每次取样至少留置1组标准试件,同条件养护试件的留置组数,应根据实际需要确定。商品砼除应在砼搅拌厂内按规定留置试件外,砼运到施工现场后,还应按以上的规定留置试件。

每组3个试件应在同盘砼中取样制作。该组试件砼强度代表值取3个试件试验结果的平均值,当3个试件强度中的最大值或最小值之一与中间值之差超过中间值的15%时,取中间值;当3个试件强度中的最大值和最小值与中间值之差均超过中间值的15%时,该组试件不应作为强度评定的依据。

砼强度应分批进行验收,同一验收批的砼应由强度等级相同、龄期相同、生产工艺和配合比基本相同的砼组成。对现浇砼结构构件,还应按单位工程的验收项目划分验收批,每个验收项目应按现行国家标准《建筑工程施工质量验收统一标准》(GB 50300—2010)确定,对同一验收批的砼强度,应以同批内标准试件的全部强度代表值来评定。

8.6.3　砼外观质量与缺陷修整

砼结构拆除模板后,应检查其外观尺寸是否超过允许偏差值,如超过应及时加以修整;对现浇砼结构其允许偏差应符合规范要求。对其表面应检查是否光滑平整,有无麻面、露筋、蜂窝、孔洞、裂缝等缺陷,如有这类缺陷,应予以修整。

1. 麻面

麻面是指砼局部表面出现缺浆和小凹坑、麻点,形成粗糙面,但无钢筋外露现象。产生的原因是:模板表面粗糙或黏附水泥浆渣等杂物未清理干净;木模板未浇水润湿或润湿不够;钢模板隔离剂涂刷不匀、局部漏刷或失效、砼表面与模板黏结;模板拼缝不严,局部漏浆;砼振捣不实,气泡未排出等。修补的办法是在麻面部位浇水充分湿润后,用原砼配合比石子砂浆,将麻面抹面压光。

2. 漏筋

漏筋是指砼内部主筋、副筋或箍筋局部裸露在结构构件表面。产生的原因是:钢筋保护层垫块过少或漏放,或振捣时位移,致使钢筋紧贴模板;结构构件截面小,钢筋过密,石子卡在钢筋上,使水泥浆不能充满钢筋周围;砼配合比不当,产生离析,靠模板部位缺浆或漏浆;砼保护层太小或保护层处砼漏振或振捣不实;木模板未浇水润湿,吸水黏结或拆模过早,以致缺棱、掉角,导致露筋。表面漏筋时,应先将外露钢筋上的砼残渣及铁锈刷洗干净后,在表面抹 1∶2或 1∶2.5 水泥砂浆,将露筋部位抹平;当露筋较深时,应凿去薄弱砼和突出的颗粒,洗刷干净后,用比原砼强度等级高一级的细石砼填塞压实,并加强养护。

3. 蜂窝

蜂窝是指结构构件表面砼由于砂浆少,石子多,局部出现酥松,石子之间出现孔隙类似蜂窝状的孔洞。形成的主要原因是:材料计量不准确,造成砼配合比不当;砼搅拌时间不够,未拌和均匀,和易性差,振捣不密实或漏振,或振捣时间不够;下料不当,未设串筒使石子集中,使砼产生离析等。对于小蜂窝,可用水洗刷干净后,用 1∶2或 1∶2.5 水泥砂浆抹平压实;对较大的蜂窝,应凿去蜂窝处薄弱松散的颗粒,刷洗干净后,再用比原砼强度等级高一级的细骨料砼填塞,并仔细捣实;较深的蜂窝,当清除困难时,可埋压浆管、排气管、表面抹砂浆或筑砼封闭后,进行水泥压浆处理。

4. 孔洞

孔洞是指砼结构内部有尺寸较大的空隙,局部没有砼或蜂窝特别大,钢筋局部或全部裸露。产生的原因是:砼严重离析,砂浆分离,石子成堆,严重跑浆,又未进行振捣,砼 1 次下料过多、过厚、下料过高、振动器振动不到,形成松散孔洞;在钢筋较密的部位,砼下料被搁住,或砼内掉入工具、木块、泥块、冰块等杂物,砼被卡住等。出现孔洞,应与有关单位制定补强方案后方可处理。通常是将孔洞周围的松散砼和软弱浆膜凿除,用压力水冲洗,充分润湿后用比原砼强度等级高一级的细石砼仔细浇筑、捣实。为避免新旧砼接触面上出现收缩裂缝,细石砼的水胶比宜控制在 0.5 以内,并可掺入水泥用量的万分之一的铝粉。

5. 裂缝

结构构件在施工中由于各种原因在结构构件表面上产生纵向、横向、斜向、竖向、水平、表面、深进或贯穿的各类裂缝。裂缝的深度、部位和走向随产生的原因而异,裂缝宽度、深度和长度不一,无规律性,有的受温度、湿度变化的影响闭合或扩大。

其修补方法视具体情况而定,对结构构件承载力无影响的一般性细小裂缝,可将裂缝部位洗干净后，用环氧浆液灌缝或表面涂刷封闭；如裂缝开裂较大时，应沿裂缝凿八字形凹槽，洗净后用1∶2或1∶2.5水泥砂浆抹补，或干后用环氧胶泥嵌补；由于温度、干燥收缩、徐变等结构变形变化引起的裂缝，对结构承载力影响不大，采用环氧胶泥或防腐蚀涂料涂刷裂缝部位，或加贴玻璃丝布进行表面封闭处理；对有结构整体、防水防渗要求的结构裂缝，应根据裂缝宽度、深度等情况，采用水泥压力灌浆或化学注浆的方法进行裂缝修补，或表面封闭与注浆同时使用；对明显降低结构刚度的严重裂缝，可采用预应力加固或用钢筋砼围套、钢套箍或结构胶黏剂粘贴钢板加固等方法处理。

6.强度不够、均质性差

强度不够、均质性差是指结构构件的同批砼试块抗压强度平均值低于要求强度等级。主要原因是：使用过期水泥或受潮水泥；砂、石集料级配不良、空隙大，砂、石含泥量大、杂物多；外加剂使用不当或掺量不准；砼配合比不当或施工时计量不准；施工中加料顺序颠倒、搅拌时间不够、拌和不匀；或随意加水，使水胶比增大；冬期施工时拆模过早或早期砼受冻等。对这种缺陷可采用非破损方法（如超声波法等）来测定结构砼实际强度，如仍不能满足设计要求，应按实际强度校核结构的安全度，且应与设计单位研究处理方案，采取相应加固或补强措施。

实训项目：到建筑工程仿真实训基地进行参观实训。

8.7　柱砼的施工

8.7.1　柱砼施工的工艺流程

柱砼施工的工艺流程如下：施工缝处理→钢筋隐蔽验收→模板验收→砼浇筑许可证审批→操作平台搭设及模板润湿→浇筑砼。

8.7.2　柱施工缝的留置及处理

1.施工缝的留置

如砼的浇筑不能连续进行，中间的间歇时间需超过砼的初凝时间，则应留置施工缝。施工缝的留设位置应事先确定，该处新旧砼的结合力较差，是结构中的薄弱环节。因此，施工缝宜留置在结构受剪力较小且便于施工的部位。施工缝的留设位置应符合下列规定：柱子施工缝宜留置在基础的顶面、梁和吊车梁牛腿的下面、吊车梁的上面、无梁楼板柱帽的下面（图1.8.7）；在浇筑与柱和墙连成整体的梁和板时，柱的施工缝可留置在楼板面，但应在柱和墙浇筑完毕后停歇1～1.5 h，使砼拌和物初步沉实后，再继续浇筑上面的梁板结构的砼。

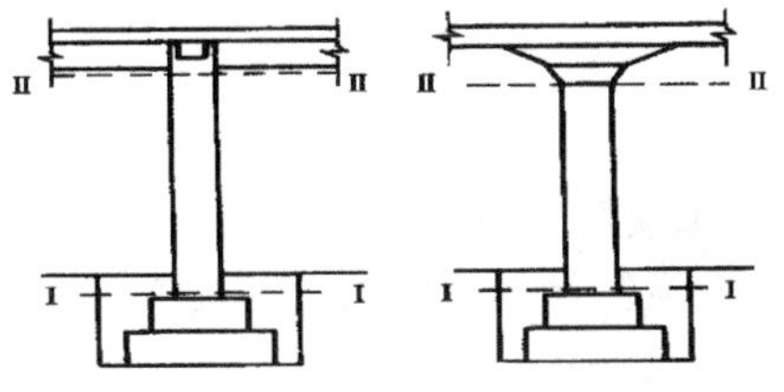

(a)　　(b)

图1.8.7　柱子施工缝位置

(a)梁板式结构　(b)无梁楼盖结构

施工缝所形成的截面应与结构所产生的轴向压力相垂直，以发挥砼传递压力好的特性。

所以,柱的施工缝截面应垂直于柱的受力方向且不得留斜茬。

2. 施工缝的处理

在施工缝处继续浇筑前,应对已硬化的施工缝表面进行处理。清除水泥薄膜和松动石子以及软弱砼层,必要时要凿毛,钢筋上的油污、水泥砂浆、铁锈等杂物也应清除,并加以充分湿润和冲洗干净,且不得有积水。然后,宜先在施工缝处铺一层水泥浆或与砼内成分相同的水泥砂浆,即可继续浇筑砼。砼应细致捣实,使新旧砼紧密结合。

8.7.3 柱砼施工要求

①砼在浇筑前,施工单位首先对已制作绑扎好的模板、支撑、钢筋、预埋件进行认真的检查并填写好各项隐蔽记录资料及砼浇筑证,其次通知监理方、建设方及质监方的人员一起对砼浇筑前的模板、钢筋、预埋件、各种管线等进行检查,确认并签署砼浇筑证手续后,方可进行砼的浇筑工作。同时施工现场做好砼浇筑前的前、后台的各项准备工作。每次浇砼必须有钢筋工、模板工、安装工值班。混凝土振捣人员及施工范围应有记录,在浇筑混凝土工程中,不能随意挪动钢筋,要随时检查钢筋保护层厚度及所有预埋件的牢固程度和位置准确性。

②砼浇筑前应先对模板进行冲洗,保持湿润,柱子在砼浇筑下料时应分层下料,下料厚度宜控制在 300 mm 左右,且在砼下料前先用同砼浇筑强度等级相同的水泥砂浆铺底,厚度 50 ~ 100 mm,以后则分层下料振捣密实。

③柱砼振捣用插入式振捣器垂直或斜向振捣。振捣采用快插慢取,插点要均匀排列,振捣上一层时应插入下层 5 cm,以消除两层间的接缝。间距应符合要求,每一插点要掌握好振捣时间,以砼表面无气泡冒出为止,同时应防止振捣过度造成翻砂现象。振动棒不得接触钢筋及模板,以保证混凝土质量。

④在砼浇筑中尚应注意:为防止砼分层离析,超过 3 m 的浇筑高度,下料时应使用导管进行浇筑。

实训项目:在实训基地进行砼浇筑实训。

习　　题

1. 单项选择题

(1)在已浇筑的混凝土强度未达到(　　)以前,不得在其上踩踏或安装模板及支架等。

A. 1.2 MPa　　B. 2.5 MPa　　C. 设计强度的 25%　　D. 设计强度的 50%

(2)关于混凝土收缩的表述,(　　)是错误的。

A. 水胶比小,水泥用量少,收缩小　　B. 材料级配密实,收缩小

C. 养护条件好,收缩小　　D. 采用矿渣水泥比普通水泥干缩量小

(3)关于混凝土强度的下列表述中,(　　)是错误的。

A. 划分强度等级的依据是立方体抗压强度

B. 强度等级划分为 14 个,C15 至 C80

C. 钢筋混凝土结构中混凝土的强度等级应不低于 C15

D. 预应力混凝土的强度等级不应低于 C20

(4)混凝土施工缝宜留在结构受(　　)较小且便于施工的部位。

A. 荷载　　B. 弯矩　　C. 剪力　　D. 压力

2. 多项选择题

(1)关于混凝土施工缝的留置位置,正确的做法有(　　)。

A. 柱的施工缝留置在基础的顶面

B. 单向板的施工缝留置在平行于板的长边的任何位置

C. 有主次梁的楼板中施工缝留置在主梁跨中 1/3 范围内

D. 墙的施工缝留置在门洞口过梁跨中 1/3 范围内

E. 墙的施工缝留在纵横墙的交接处

(2)关于混凝土强度的下列表述,(　　)是错误的。

A. 划分强度等级的依据是立方体抗压强度

B. 强度等级划分为 14 个,C15 至 C80

C. 钢筋混凝土结构中混凝土的强度等级应不低于 C15

D. 采用钢绞线、钢丝作预应力钢筋的混凝土强度等级不宜低于 C30

E. 预应力混凝土的强度等级不应低于 C20

3. 简答题

(1)混凝土的配制强度如何确定?施工配合比如何计算?

(2)搅拌混凝土时的投料顺序有哪几种?它们对混凝土质量有何影响?

(3)混凝土的振动机械有哪几种?各适用于何种情况?

4. 计算题

已知某 C20 混凝土的实验室配合比为 1∶2.54∶5.14(水泥∶砂∶石),水胶比为 0.6,每立方米混凝土水泥用量为 310 kg,测得砂的含水率为 3%,石的含水率为 1%。

(1)试求该混凝土的施工配合比。

(2)若用 JZ250 型搅拌机,试计算每拌一盘混凝土各种材料的用量。

任务9　柱的质量及安全控制

9.1　柱的质量控制

9.1.1　质量控制措施

施工质量的控制可采用以下三阶段控制措施。

1. 事前控制

事前控制是在正式施工活动开始前进行的质量控制，是先导。事前控制主要是建立完善的质量保证体系、质量管理体系，编制《质量保证计划》，制定现场的各种管理制度，完善计量及质量检测技术和手段。对工程项目施工所需的原材料、半成品、构配件进行质量检查和控制，并编制相应的检验计划；进行设计交底、图纸会审等工作，并根据本工程特点确定施工流程、工艺及方法。对本工程将要采用的新技术、新结构、新工艺、新材料均要审核其技术审定书及运用范围。检查现场的测量标桩、建筑物的定位线及高程水准点等。

2. 事中控制

事中控制是指在施工过程中进行的质量控制。事中控制主要有完善工序质量控制，把影响工序质量的因素都纳入管理范围。及时检查和审核质量统计分析资料和质量控制图表，抓住影响质量的关键问题并进行处理和解决；严格进行工序间的交换检查，做好各项隐蔽验收工作，加强交检制度的落实，对达不到质量要求的前道工序绝不交给下道工序施工，直到质量符合要求为止；对完成的分部分项工程，按相应的质量评定标准和办法进行检查、验收；审核设计变更图纸；同时，如施工中出现特殊情况，隐蔽工程未经验收而擅自封闭，掩盖或使用无合格证的工程材料，或擅自变更替换工程材料等，主管工程师有权向项目经理建议下达停工令。

3. 事后控制

事后控制是指对施工后的产品进行质量控制，属于弥补性工作。按规定的质量评定标准和办法，对完成的单位工程、单项工程进行检查验收；整理所有的技术资料，并编目、建档。在保修阶段，对工程进行维修。

9.1.2 质量控制的方法

1. 质量检查工具

按照国家有关规定，建筑工程采用的主要材料、半成品、成品、建筑构配件、器具和设备应进行现场验收。凡涉及安全、功能的有关产品，应按各专业工程质量验收规范的规定进行复验，并应经监理工程师（建设单位技术负责人）检查认可。各工序应按施工技术标准进行质量控制，每道工序完成后，应进行检查。相关各专业工种之间，应进行交接检验，并形成记录。在建筑工程施工过程中，施工单位除了委托专门的机构进行相关的质量检测外，项目部也将配置部分常用的检测工具和人员加强对施工过程的质量检查验收。根据其用途可将施工现场常用的检测工具作如下划分。

①轴线位置类：经纬仪、全站仪、钢卷尺等。

②标高类：水准仪、钢卷尺等。

③垂直度类：经纬仪、靠尺、线坠等。

④平整度：靠尺、塞尺等。

⑤砼类：砼试模、坍落度筒、回弹仪等。

⑥较小尺寸类：游标卡尺等。

2. 质量控制的标准

为了统一建筑工程质量的检查标准，国家专门出台了《建筑工程质量验收统一标准》（GB

50300—2010)及相关分部分项工程的质量验收规范。对于钢筋混凝土主体结构施工,主要使用《混凝土结构工程施工质量验收规范》(GB 50204—2011)。

为方便学习相关标准规范,在此将有关专业术语作一阐述。

(1)单项工程:建设项目的组成部分,具有独立的设计文件,在竣工后可以独立发挥效益或生产能力的独立工程。如:一个仓库、一幢住宅。

(2)单位工程:不能独立发挥生产能力,但有独立的施工组织设计和图纸的工程。如:土建工程、安装工程。

(3)分部工程:按工程的种类或主要部位将单位工程划分为分部工程。如:基础工程、主体工程、电气工程、通风工程等。

(4)分项工程:按不同的施工方法、构造及规格将分部工程划分为分项工程。如土方工程、钢筋工程,给水工程中的铸铁管、钢管、阀门等的安装。

(5)检验批:按同一生产条件或按规定的方式汇总起来供检验用的,由一定数量样本组成的检验体。

(6)主控项目:建筑工程中对安全、卫生、环境保护和公众利益起决定性作用的检验项目。

(7)一般项目:除主控项目以外的检验项目。

9.1.3　柱的质量控制要点

1. 原材料的控制

涉及的原材料主要有钢筋、砂、石、水泥、水及其外加剂等。合格的材料才能做出合格的产品。因此,所有原材料的进场必须有质量证明文件及进场复试报告或在监理工程师的见证下取样送有资质的试验室进行检测,检测结果未出来前不得投入工程施工。

2. 施工过程的控制

(1)施工方案的制订

合理的施工方案既是施工质量的保证,又是经济效益的保证。柱施工中主要涉及柱钢筋连接方式的选择、模板方案的选择、混凝土浇筑方案的选择等。只有经过充分论证的方案,才能保证柱的施工质量。

(2)施工过程的监管

为保证工程质量,一般在每道工序施工前都应进行相关的技术交底或作业指导书的交底。交底并不等于作业工人都能严格遵照其执行,所以说管理人员的监督管理将是工程施工中的重要环节。监督管理主要是检查工人是否按图施工、按交底进行操作,发现违章立即纠正或整改,把工程可能出现的质量问题消灭于萌芽状态。柱施工的监管内容主要是柱钢筋的规格、级别、间距、接头位置、保护层厚度,模板的截面尺寸、位置、加固措施,混凝土的配合比、浇筑工艺及养护情况等。

9.1.4　质量记录资料

质量记录资料包括以下内容。

①模板分项工程检验记录、质量评定资料等。

②钢筋出厂质量证明或试验报告单、钢筋力学性能试验报告单、钢筋接头拉伸试验报告、钢筋隐蔽验收记录、钢筋分项工程质量检验评定资料等。

③水泥出厂质量证明书及进场复试报告,石子试验报告,砂试验报告,掺和料出厂质量证明及进场试验报告,外加剂出厂质量证明及进场试验报告、产品说明书,混凝土试配记录,混凝土施工配合比通知单,混凝土试块强度试压报告,混凝土强度统计评定表,混凝土分项工程质量检验评定,混凝土施工日志等。

④设计变更、洽商记录及其他技术资料等。

9.1.5 质量事故的处理

工程质量事故处理的一般程序如图 1.9.1 所示。常见的工程质量事故有以下两种。

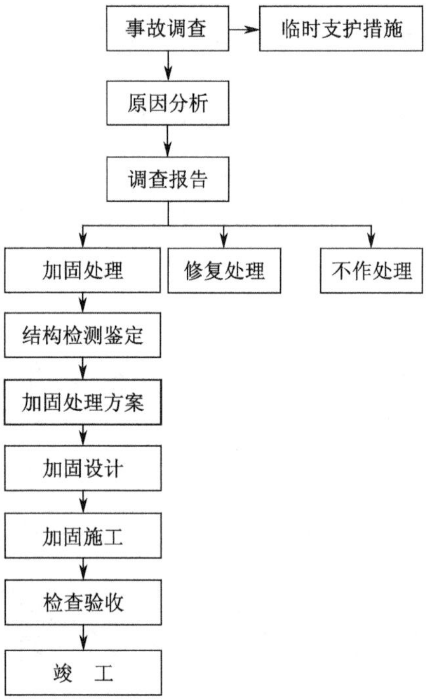

图 1.9.1　工程质量事故处理的一般程序

1. 模板尺寸偏差

(1)原因分析

①看错图样。技术管理人员的责任心不强,最常见的是把柱的中心线看作轴线,或施工放样错误,导致构件轴线偏移。

②管理不到位。不按规范允许偏差值检查支模情况,使用旧模板时不作仔细检查;或者操作技工缺乏施工经验。

③其他原因。如已支撑好的模板受到意外撞击而变形。

(2)处理方法

对模板的错位、偏差或变形的处理首先要评估其对结构安全的影响,较严重者应对结构的承载力和稳定性做必要的验算,根据验算的结果选择处理方法。可根据具体情况采取纠偏复位或局部调整的方法处理。对于多层现浇框架柱轴线偏差不大时,可在上层施工时逐渐纠正到设计位置。

2. 钢筋材质不良

钢筋材质不良主要表现在用于建筑结构的钢筋屈服强度和极限强度达不到国家标准的规定,有裂纹,焊接性能不良,拉伸试验的伸长率达不到国家标准的规定,易脆断,钢筋冷弯试验不合格及各种有害元素含量不符合国家标准的要求。

(1)原因分析

钢筋材质不良的原因分析如下:管理不严格,责任心差,进入现场的钢筋无质量证明书,甚至偷工减料,采办一些小厂生产的材料质量不稳定的伪劣产品。

(2)处理方法

钢筋材质不良的处理方法：发现不合格钢筋必须立即清除，以确保工程质量。

9.2　柱的安全控制

9.2.1　安全技术要求

1. 钢筋工程

(1)钢筋的制作

1)切断机操作人员应注意的安全技术要求如下。

①工作前应仔细检查刀片是否正常，电机接地是否良好等，并应试机、给油、试运转。

②机械运转正常后方可开始工作。工作时，手与刀片距离不得少于 150 mm，活动刀片前进时禁止送料。切断钢筋时，人应站在活动刀片一侧，以防钢筋摆动伤人。

③严禁切断超过 40 mm 粗的钢筋，只限切一般低碳钢。切长钢筋应有专人扶住，操作时须用套管或钳子夹料，不得用手直接送料。

④切料机旁应设置放料台，机械运转中严禁用手直接清除刀口附近的短料和杂物。

⑤发现机械运转不正常或有异响、刀片歪斜等情况，应立即停机检修。

⑥切断机工作场地做到文明施工。切下的料头应按不同类别堆码整齐，其他杂物应及时清除。下班时要拉闸断电，关箱上锁。

2)调直机操作人员应注意的安全技术要求如下。

①工作前必须检查各主要部件的连接螺栓是否紧固，转动部分润滑是否良好。机械上下不得有其他物件和工具。安全护板和防护罩等装置，必须安装齐全和牢固。

②工作前必须根据钢筋直径选用适当的压滚轮，以免损坏齿轮。钢筋装入滚轮，与滚筒应保持一定距离。机械运转中不得调整滚筒。严禁戴手套操作。

③钢筋调直到末端时，操作人员应躲开，以防钢筋甩动伤人。调直机进料口严禁非操作人员通行或停留。

④短于 2 m 或直径大于 9 mm 的钢筋调直时，应低速加工。

⑤调直机运转中如发现有不正常的情况或异响，或者轴承的温度超过 60 ℃时应立即停车，并进行检查维修。

⑥工作场地要保持干净整洁，做到文明施工。调好的料应分类堆码整齐。下班时应断电关箱上锁。

3)弯曲机操作人员应注意的安全技术要求如下。

①使用前须加足润滑油，并检查各部件是否良好，转盘旋转方向是否和倒顺开关方向一致，接地保护装置是否可靠有效等，经给油、试运转正常后方可开始工作。

②操作时钢筋要紧贴挡板，注意放入插头位置和回转方向。

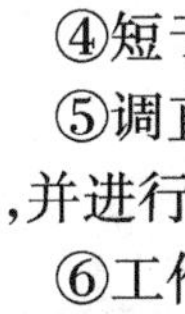

注意：机身销子必须安在挡住钢筋的一侧，方可开动机械。

③弯曲钢筋的旋转半径内和机身不设固定销子的一侧不准站人。弯好的半成品应堆放整

齐，弯钩不得朝上。

④弯曲长钢筋时，应有专人扶住，并站在弯曲的外侧相互配合，不得推拉。钢筋调头时，防止碰撞人和物。更换插头、加油和清理时必须切断电源。

⑤严禁弯曲超过机械厂所规定直径的钢筋。如弯曲经过冷拉或带有锈皮的钢筋时，必须带好防护眼镜。弯曲低碳合金钢筋时，应按机械制造厂的规定执行。

⑥工作完毕，应将工作场地及机身清扫干净。坑缝中积锈禁止用手抠挖。下班时应切断电源，关箱上锁。

(2)钢筋的绑扎

①在绑扎和安装钢筋时，不要将钢筋集中堆放在模板或脚手架的某一部分，以确保安全。悬臂构件更要检查支撑是否稳固，有无倾覆危险。

②脚手架上不要随便放置工具、箍筋或短钢筋，避免放置不稳，工具下滑砸伤人。

③在安装预制钢筋骨架或绑扎钢筋时，不允许站在模板或墙上操作。操作地点应搭设脚手架。

④应尽量避免在高处修整、扳弯粗钢筋。在必须操作时，要带好安全带、选好位置，人要站稳，防止脱板而人被摔倒。

⑤绑扎筒式结构(如烟窗、水池等)，不要踩在钢筋骨架上操作或上下。

⑥安装钢筋时不要碰电线，在基础施工或夜间施工需要移动照明时，最好选用低压安全电源，避免发生触电事故。

⑦不按要求戴安全帽、穿拖鞋者严禁进入施工现场。

⑧严禁躲在外架或施工面上没有防护的阴凉处休息、抽烟。

⑨绑扎墙、柱钢筋时，一定要搭设绑扎用临时架子，并铺上架板。在外架没有升起情况下，严禁绑扎临边墙、柱钢筋，以防坠落。

⑩绑扎梁钢筋时，应在梁两侧满铺架板后再绑扎，以防踩空坠落，必要时应系安全带作业。

⑪严禁从高空抛扔杂物。

⑫施工中务必做到“三不伤害”。

⑬有危险、没有防护的地方严禁施工。

2. 模板工程

①模板支撑系统：模板支撑、加固、拆除严格按施工方案及交底执行，保证其支撑安全可靠。模板堆放整齐，吊装时千万要绑扎牢固，防止滑落造成事故。

②模板堆放：模板存放在施工楼层上时，必须有可行的安全措施，不得沿外墙周围放置，要垂直于外墙存放。

③模板起吊：作业前应做好安全交底和安全教育工作，检查吊装用绳索、卡具及每块模板上的吊环是否完整有效，并设专人指挥，密切配合。模板起吊前，应将吊车的位置高度调整适当，做到稳起稳落，落位准确，禁止用人力搬动模板，严防模板大幅度摆动碰到其他模板。当风力为5级时，仅允许吊装1~2层模板。风力超过5级应停止吊装模板。

④模板安装：安装外墙四周柱板时，必须待悬挑扁担固定，位置调整准确方可摘钩。外模安装后，要立即穿好销杆，紧固螺栓，操作人员必须挂好安全带。

3. 混凝土工程

①泵送管线接头应严密、可靠、不漏浆，安全阀必须完好，架子牢固，输送前试送，检修时卸压。

②制动器作业人员，应戴绝缘手套，穿胶鞋，振动设备应设有开关箱并装有漏电保护器。

③浇筑四周框架柱混凝土时必须有可靠的挡板，以防止砼块落物伤人，外墙必须有防护，架子通畅，安全可靠。

9.2.2　建筑安全伤亡事故的处理程序

事故发生后，现场人员要有组织、听指挥，迅速做好两件事：一是抢救伤员，排除险情，防止事故蔓延扩大；二是保护好事故现场。

事故报告应当及时、准确、完整，任何单位和个人对事故不得迟报、漏报、谎报或者瞒报。事故调查处理应当坚持实事求是、尊重科学的原则，及时、准确地查清事故经过、事故原因和事故损失，查明事故性质，认定事故责任，总结事故教训，提出整改措施，并对事故责任者依法追究责任。

1. 事故的报告程序

施工项目发生伤亡事故，负伤者或者事故现场有关人员应立即直接或逐级报告。

①轻伤事故，立即报告项目经理，项目经理报告企业主管部门和企业负责人。

②重伤事故、急性中毒事故、死亡事故，立即报告项目经理和企业主管部门、企业负责人，并由企业负责人以最快的速度报告企业上级主管部门、政府安全监察部门、行业主管部门以及工程所在地的公安部门。

③重大事故由企业上级主管部门逐级上报。

涉及两个以上单位的伤亡事故，由伤亡人员所在单位报告，相关单位也应向其主管部门报告。

事故报告要以最快捷的方式立即报告，报告时限不得超过地方政府主管部门的规定时限。报告内容涉及事故发生的时间、地点，发生事故的项目名称及所属单位，事故类别、事故严重程度，伤亡人数、伤亡人员基本情况，事故简要经过及抢救措施，报告人情况和联系电话等。

2. 事故调查

在接到事故报告后，企业主管领导应立即赶赴现场组织抢救，并迅速组织调查组展开调查。调查组的组成根据事故的等级确定，一般由项目经理、企业负责人，企业生产、技术、安全、人事、保卫、工会、监察等部门成员，并会同上级主管部门负责人、政府安全监察部门、行业主管部门、公安部门、工会组织等组成，重大死亡事故调查组应邀请人民检察院参加，还可邀请有关专业技术人员参加。

调查组成员应与所发生事故没有直接利益关系，具有事故调查所需要的某一方面业务的专长。

3. 现场勘察

现场勘察是技术性很强的工作，涉及广泛的科技知识和实践经验，调查组对事故的现场勘察必须做到及时、全面、准确、客观。现场勘察的主要内容有现场笔录、现场拍照、现场绘图、事故资料等。

4. 分析事故原因

经过勘察，应对事故的性质进行定性（责任事故、非责任事故、破坏性事故）。定性后还要查找事故的原因，并从这些原因中找出导致事故发生的主要因素，即事故的主要原因。

5. 制定预防措施

根据对事故原因的分析，制定防止类似事故再次发生的预防措施，在防范措施中，应把改善劳动生产条件、企业环境和提高安全技术措施水平放在首位，力求从根本上消除危险因素，切实做到“四不放过”。

6. 责任分析及结案处理

在查清伤亡事故原因后，必须对事故进行责任分析，目的在于让事故责任者、单位领导和广大职工群众吸取教训，接受教育，改进工作。

事故调查组在查清事实、分析原因的基础上，组织召开事故分析会，按照“四不放过”的原则，对事故原因进行全面调查分析，制订出切实可行的防范措施，提出对事故有关责任人员的处理意见，填写《企业职工因工伤亡事故调查报告书》，经调查组全体人员签字后报批。事故调查处理结论，应经有关机关审批后方可结案。

9.3 拓展知识

国务院493号令《生产安全事故报告和调查处理条例》（2007年3月28日国务院令第493号发布，自2007年6月1日起施行）简介。

1. 条例的部分内容

条例包括总则、事故报告、事故调查、事故处理、法律责任和附则等六章四十六条。

第三条　根据生产安全事故（以下简称事故）造成的人员伤亡或者直接经济损失，事故一般分为以下等级：

（一）特别重大事故，是指造成30人以上死亡，或者100人以上重伤（包括急性工业中毒，下同），或者1亿元以上直接经济损失的事故；

（二）重大事故，是指造成10人以上30人以下死亡，或者50人以上100人以下重伤，或者5 000万元以上1亿元以下直接经济损失的事故；

（三）较大事故，是指造成3人以上10人以下死亡，或者10人以上50人以下重伤，或者1 000万元以上5 000万元以下直接经济损失的事故；

（四）一般事故，是指造成3人以下死亡，或者10人以下重伤，或者1 000万元以下直接经济损失的事故。

第三十五条　事故发生单位主要负责人有下列行为之一的，处上一年年收入40%至80%的罚款；属于国家工作人员的，并依法给予处分；构成犯罪的，依法追究刑事责任：

（一）不立即组织事故抢救的；

（二）迟报或者漏报事故的；

（三）在事故调查处理期间擅离职守的。

第三十六条　事故发生单位及其有关人员有下列行为之一的，对事故发生单位处100万元以上500万元以下的罚款；对主要负责人、直接负责的主管人员和其他直接责任人员处上一年年收入60%至100%的罚款；属于国家工作人员的，并依法给予处分；构成违反治安管理行为的，由公安机关依法给予治安管理处罚；构成犯罪的，依法追究刑事责任：

（一）谎报或者瞒报事故的；

（二）伪造或者故意破坏事故现场的；

（三）转移、隐匿资金、财产，或者销毁有关证据、资料的；

（四）拒绝接受调查或者拒绝提供有关情况和资料的；

（五）在事故调查中作伪证或者指使他人作伪证的；

（六）事故发生后逃匿的。

2. 伤亡事故的类别

按照直接致使职工受到伤害的原因（即伤害方式），分类如下。

①高处坠落。在基准面2 m以上作业，是建筑施工的主要作业，因此高处坠落事故是主要的事故，占事故总数的35%～40%。多发生在洞口、临边处、脚手架、模板、龙门架（井字架）等作业面中。

②触电。建筑施工离不开电力，这不仅指施工中的电气照明，更主要的是电动机械和电动工具。施工中的所有人员都接触电，触电事故是多发事故。近几年已高于物体打击事故，居第2位，占总数的18%～20%。

③物体打击。建筑工程由于受到工期的约束，在施工中必然安排部分的或全面的交叉作业，因此，物体打击是建筑施工中的常见事故，占事故总数的12%～15%。

④机械伤害。主要指垂直运输机械或机具，钢筋加工、混凝土搅拌、木材加工等机械设备对操作者或相关人员的伤害。居第4位，占事故总数的10%左右。

⑤坍塌。随着高层和超高层建筑的大量增加，基础工程越来越大，土方坍塌事故已升至第5位，占事故总数的5%～8%。

9.4　对本学习情境引入问题的解答

9.4.1　案例1的倒塌原因

1）设计计算错误，包括荷载和内力计算错误，内力计算组合错误，框架配筋不足（最严重处配筋少于45%等）。

2）施工图有差错，有的构造要求在图纸中未交代清楚，如次梁的支撑长度等，导致施工错误。

3）施工质量低劣。主要问题如下。

①混凝土浇筑质量低劣：主要是框架有严重孔洞、烂根和出现蜂窝状疏松区段（50 cm和100 cm高的无水泥石子堆）。

②混凝土实际强度低，该工程大部分混凝土没有达到设计强度。

③砌筑工程质量差。砖与砌筑砂浆强度均未达到设计要求；砌体组砌方法不良；不符合施工规范的要求，例如很多部位砂浆不饱满，灰缝达不到规范要求，通缝较多等；设计要求埋置的

拉结或加强钢筋,施工中却漏放或少放。

4)施工中实际荷载严重超过设计荷载。

①施工荷载。三层屋顶的一部分在施工过程中作为上料平台用,且堆料过多,倒塌时屋顶堆有 ϕ48 mm 脚手架钢筋 49 根和屋面找坡用的炉渣堆等。

②构件超重。经检查大部分预制空心板都超厚,设计为 18 cm,实际为 19 ~ 20.5 cm。

③炉渣层超重。倒塌时正值雨季,连阴雨天使屋面炉渣层的含水率达到饱和状态,炉渣的实际密度达 1 037 kg/m^3,超过设计值 30%。

④乱改设计。未经设计单位同意,屋面坡度由 2% 改为 4%;地面细石混凝土厚度由 4 cm 改为 6 cm;水泥砂浆找平层由 1.5 cm 改为 3 cm,这就使静荷载由原设计的 1 392 N/m^2 增加到 1 911 N/m^2,比原设计增加 37%。而四层则由 549 N/m^2 增加到 1 215 N/m^2,增加了 120%。

⑤施工管理失控。对设计图中存在的问题不予提出,盲目瞎干;钢筋位置不准,搭接长度不足;施工技术资料很不齐全,难以说明工程实际质量。

9.4.2 案例 2 塌落的原因

1)模板支撑强度不够。原支撑未经计算,事故后复核计算,发现模板的支撑强度不够,模板整体也不稳定,从而造成塌倒。

2)钢管支撑失稳。扣件式钢管不直,多有弯曲,最大的弯曲达到 50 mm,最小的弯曲值也有 20 mm。钢管立柱下面用红砖作为垫座,支撑下面的地基也未认真夯实,受压后有下沉现象,这样的支撑很难保证均匀受力。立柱之间的拉杆固定不够牢固,根本起不到支撑稳定的作用。

经计算,支撑计算高度为 4.1 m,钢管直径 48 mm,其长细比为

$$\lambda = \frac{l_0}{r} = \frac{l_0}{\frac{1}{4}d} = \frac{4\ 100}{\frac{1}{4} \times 48} = 341.7$$

大大超过支撑受压钢管 $\lambda = 150 \sim 200$ 的规定。

3)钢管支撑强度不够。由新浇混凝土、模板自重、施工机械质量及施工荷载等,使每一个立柱产生的应力约为 20 MPa,该值超过钢管的设计强度。因此钢管不足以承载施工时产生的应力;再考虑到各柱受力不均匀,个别柱的应力还会高一些,由此可见发生事故是必然的。

由本案例事故可见,在施工中要进行模板设计,以保证其有足够的强度。支撑立柱要选用平直钢管,支撑之间应确保有效,钢管长细比不能超过规定,以保证施工的安全进行。

习　　题

1. 单项选择题

(1)对涉及结构安全和使用功能的重要分部工程应进行(　　)。

A. 抽样检测　　B. 见证取样检测　　C. 试验　　D. 检验

(2)检验批的验收应由(　　)组织施工单位项目质量(技术)负责人等进行验收。

A. 总监理工程师　　B. 建设单位项目负责人　　C. 监理工程师　　D. 业主

(3)下列项目除(　　)外,都应进行隐蔽工程验收。

A. 预埋件和后置预埋件　　B. 隐框玻璃幕墙玻璃板块的固定
C. 上悬开启窗安装　　D. 变形缝的构造节点

2. 多项选择题

(1)检验批的质量应按(　　)验收。
A. 保证项目　　B. 主控项目　　C. 基本项目　　D. 允许偏差项目
E. 一般项目

(2)单位工程验收应由(　　)联合验收并签字。
A. 建设单位　　B. 监理单位　　C. 质量监督总站　　D. 设计单位
E. 施工单位

(3)下列属于建筑工程质量验收过程中验收对象的有(　　)和隐蔽工程验收。
A. 工序　　B. 检验批　　C. 分项　　D. 分部
E. 单位

学习情境1小结

建筑物荷载传递的主要途径是(屋面、楼面)板→梁→柱→基础。因此柱施工是主体结构施工的基础,柱施工的好坏直接影响建筑物的安全性和耐久性。本学习情境主要从读图、会审、人机料计划编制等9个任务入手,介绍了柱施工中所涉及的知识点和技能,同时通过架子工、钢筋工、模板工等实训项目的设计实现学生“边学、边做、边互动”。由于柱的抄平放线、脚手架搭设、钢筋施工、模板施工、砼施工等任务在实施过程及结束后,均须对质量、安全进行检查和控制,所以任务9的内容与其他任务的内容有所交叉和重叠。

教学评估表

学习情境名称:________________班级:________________姓名:________________日期:________________

1. 本表主要用于对课程授课情况的调查,可以自愿选择署名或匿名方式填写问卷。根据自己的情况在相应的栏目打“√”。

评估等级 / 评估项目	非常赞成	赞成	不赞成	非常不赞成	无可奉告
(1)我对本学习情境的学习很感兴趣					
(2)教师的教学设计好,有准备并能阐述清楚					
(3)教师因材施教,运用了各种教学方法来帮助我学习					
(4)学习内容能提升我的平法读图技能					
(5)有实物、图片、音像等材料,能帮助我更好地理解学习内容					
(6)教师知识丰富,能结合施工现场进行讲解					
(7)教师善于活跃课堂气氛,设计各种学习活动,利于学习					

续表

评估等级 评估项目	非常赞成	赞 成	不赞成	非常不赞成	无可奉告
(8)教师批阅、讲评作业认真、仔细,有利于我的学习					
(9)我能理解并能应用所学知识和技能					
(10)授课方式适合我的学习风格					
(11)我喜欢这门课中的各种学习活动					
(12)学习活动有利于我学习该课程					
(13)我有机会参与学习活动					
(14)每个活动结束都有归纳与总结					
(15)教材编排版式新颖,有利于我学习					
(16)教材使用的文字、语言通俗易懂,有对专业词汇的解释、提示和注意事项,利于我自学					
(17)教材为我完成学习任务提供了足够信息,并提供了查找资料的渠道					
(18)教材通过讲练结合使我增强了技能					
(19)教学内容难易程度合适,紧密结合施工现场,符合我的需求					
(20)我对完成今后的典型工作任务更有信心					

2. 您认为教学活动使用的视听教学设备:

合适 □　　太多 □　　太少 □

3. 教师安排边学、边做、边互动的比例:

讲太多 □　　练习太多 □　　活动太多 □　　恰到好处 □

4. 教学进度:

太快 □　　正合适 □　　太慢 □

5. 活动安排的时间长短:

太长 □　　正合适 □　　太短 □

6. 我最喜欢本学习情境的教学活动是:

7. 我最不喜欢本学习情境的教学活动是:

8. 本学习情境我最需要的帮助是:

9. 我对本学习情境改进教学活动的建议是:

学习情境2　梁的施工

【学习目标】

知识目标	能力目标	权重
能正确表述梁的平面整体表示方法及制图规则	能正确识读梁的结构施工图(平法表示)	0.10
能基本表述梁的构造标准	根据梁的构造标准,能进行梁施工图的会审和技术交底	0.15
能正确表述钢筋混凝土主体结构施工进度表中梁的施工内容	能较正确提出梁施工的人机料计划,正确选择所需施工机具	0.10
能够熟练表述水准仪、经纬仪对梁进行定位放线时的操作步骤及方法	能正确操作水准仪、经纬仪,正确进行梁的定位、放线及轴线的引测	0.10
能熟练表述梁施工脚手架的种类及特点、脚手架的搭设要求及搭设步骤	能正确选用梁施工时所需脚手架及支架的类型,指导脚手架及支架的施工(包括搭设和检查)	0.10
能正确表述钢筋的进场验收步骤、梁钢筋下料单的编制方法、梁钢筋的施工方法及施工规范等	能正确进行进场钢筋的抽样检查,编制梁钢筋的下料单;能指导梁钢筋的施工(包括钢筋的成型、连接、安装及检查)	0.13
能正确表述梁模板的类型及特点、模板的配板过程、模板的施工方法及施工规范等	能正确选用梁模板的种类及规格,进行梁模板的配板设计,指导梁模板的施工(包括模板的定位、安装、检查)	0.10
能正确表述浇筑梁混凝土的抽样检查内容及步骤、混凝土工程的施工方法及施工规范等	能进行混凝土的抽样检查,指导梁的泵送混凝土施工(包括泵站的选择、管道的支设、混凝土的浇筑、检查)	0.10
能正确表述梁施工质量的检查方法及质量控制过程,质量安全事故等级划分及处理程序,梁施工的安全技术措施,梁施工常见的质量事故及其原因	能在梁施工过程中正确进行安全控制、质量控制,分析并处理常见质量问题和安全事故	0.12
合　计		1.00

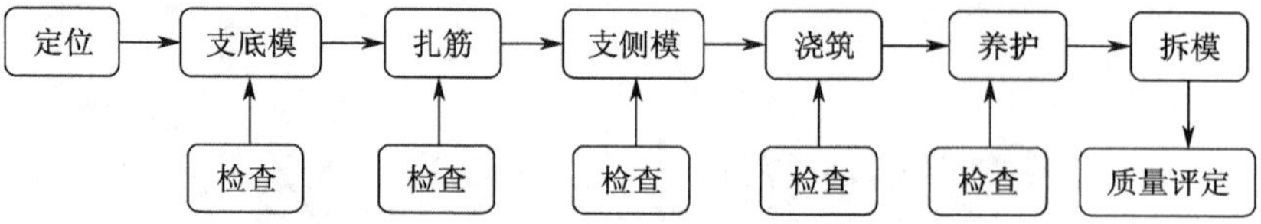

钢筋混凝土梁施工的流程框图

【教学准备】

准备各工种(测量工、架子工、钢筋工、混凝土工等)的视频资料(各院校可自行拍摄或向相关出版机构购买),实训基地、水准仪、全站仪、钢管、模板、钢筋等实训场地、机具及材料。

【教学方法建议】

集中讲授、小组讨论方案、制订方案、观看视频、读图正误对比、下料长度计算、基地实训、现场观摩、拓展训练。

【建议学时】

28(16)学时

任务1　梁施工图的识读

1.1　梁的平面表示方法

梁的平面表示方法是在梁平面布置图上,分别在不同编号的梁中各选一根梁,在其上注写梁的截面尺寸和配筋的具体数值,如图2.1.1所示。

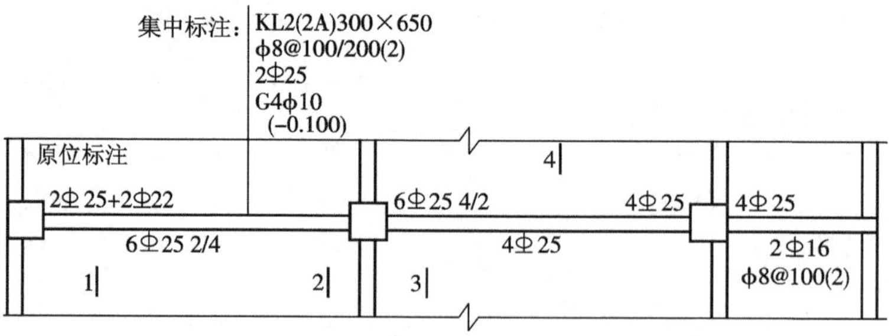

图2.1.1　梁平面注写方式示例图

平面注写包括集中标注和原位标注。集中标注表达梁的通用数值,包括梁的编号、截面尺寸、箍筋情况(钢筋级别、直径,加密区及非加密区间距及肢数等)、梁上下通长筋和架立筋、梁的侧面纵筋及梁顶面的标高高差等。原位标注表达梁的特殊数值,当集中标注中的某项数值不适用于梁的某部位时,则该项数值用原位标注,使用时,原位标注取值优先。原位标注包括梁支座上部纵筋、梁下部纵筋、吊筋和附加箍筋等。

在实际工程中可能遇到各种各样的梁,平法图集将梁归类如表2.1.1所示。

表2.1.1　梁的分类及编号

梁类型	代号	序号	跨数及是否带有悬挑
楼层框架梁	KL	xx	(xx)、(xxA)或(xxB)
屋面框架梁	WKL	xx	(xx)、(xxA)或(xxB)
框支梁	KZL	xx	(xx)、(xxA)或(xxB)
非框架梁	L	xx	(xx)、(xxA)或(xxB)
悬挑梁	XL	xx	
井字梁	JZL	xx	(xx)、(xxA)或(xxB)

注:(xxA)为一端悬挑,(xxB)为两端悬挑,悬挑不计入跨数。

思考:①梁的上部通长筋、下部通长筋、非通长筋如何标注?
②梁的支座负筋单排、多排如何标注?
③梁的吊筋如何标注?
④梁的箍筋如何标注?分别代表什么意思?

1.2　梁钢筋的识读

1.2.1　楼层框架梁钢筋的识读

1. 楼层框架梁纵筋的识读

(1)楼层框架梁上下部贯通筋长度的计算

①当梁足够宽时,上部纵筋直锚在支座里,应满足如下条件,如图2.1.2。

楼层框架梁上下部贯通筋长度 = 通跨净跨长 L_n + 左右锚入支座内长度 Max[L_{aE}, ($0.5h_c+5d$)]

其中,L_n为通跨净跨长;h_c为主截面沿框架梁方向的宽度;L_{aE}为锚固长度;d为钢筋直径。

②当梁支座不能满足直锚长度时,上部纵筋弯锚在支座里,应满足如下条件,如图2.1.3。

楼层框架梁上下部贯通筋长度 = 通跨净跨长 L_n + 左右锚入支座内长度 Max[L_{aE}, ($0.4L_{aE}+15d$), (支座宽 − 保护层 + 弯折 $15d$)]

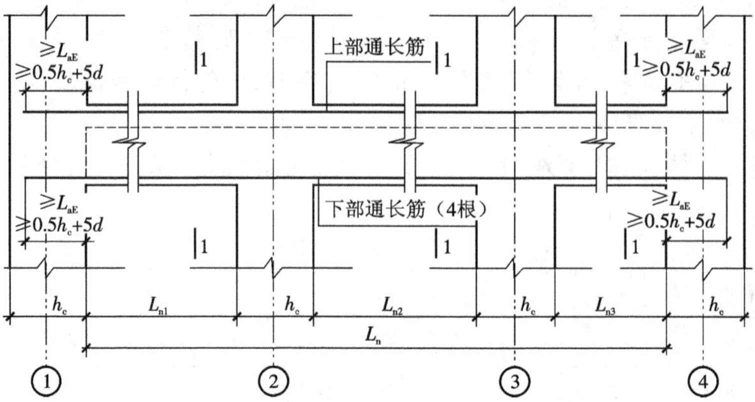

图 2.1.2　梁端支座直锚示例图

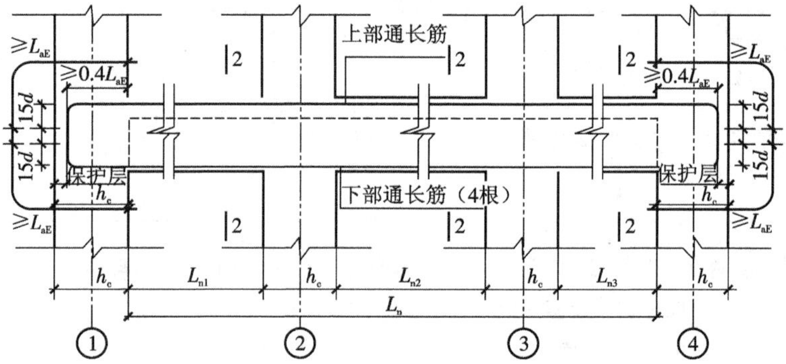

图 2.1.3　梁端支座弯锚示例图

(2)楼层框架梁下部非贯通筋长度的计算

楼层框架梁下部非贯通筋见图 2.1.4。

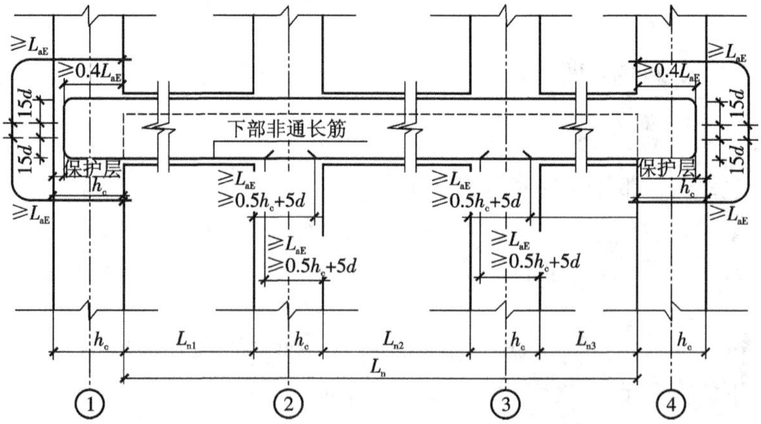

图 2.1.4　梁下部非贯通筋示例图

①当端支座足够宽时，端支座下部非贯通筋直锚在端支座里，下部非贯通筋长度按以下公式计算。

首尾跨下部非贯通筋长度 = 净跨 L_{n1}（L_{n3}）+ 左右锚入支座内长度 Max[L_{aE}，(0.5h_c + 5d)]

中间跨下部非贯通筋长度 = 净跨 L_{n2} + 左右锚入支座内长度 Max[L_{aE}，(0.5h_c + 5d)]

②当端支座不能满足直锚长度时，必须弯锚，非贯通筋长度计算如下。

首尾跨下部非贯通筋长度 = 净跨 L_{n1}（L_{n3}）+ 左右锚入支座内长度 Max[L_{aE}，(0.4 L_{aE} + 15d)，(支座宽 − 保护层 + 弯折 15d)] + 中间支座 Max[L_{aE}，(0.5h_c + 5d)]

中间跨下部非贯通筋长度 = 净跨 L_{n2} + 左右锚入支座内长度 Max[L_{aE}，(0.5h_c + 5d)]

(3)楼层框架梁端支座负筋长度的计算

从图 2.1.5 可知：

第一排端支座负筋长度 = $L_{n1}/3$ + Max[L_{aE}，(0.4 L_{aE} + 15d)，(支座宽 − 保护层 + 弯折 15d)]

第二排端支座负筋长度 = $L_{n1}/4$ + Max[L_{aE}，(0.4 L_{aE} + 15d)，(支座宽 − 保护层 + 弯折 15d)]

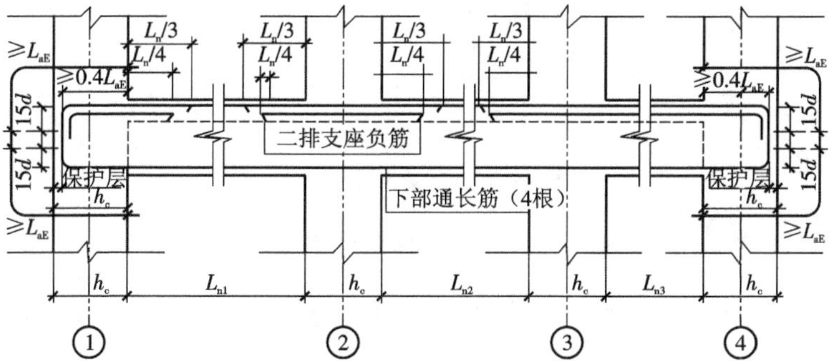

图 2.1.5　梁端支座负筋示例图

(4)楼层框架梁中间支座负筋长度的计算

从图 2.1.5 可知：

第一排中间支座负筋长度 = $L_n/3 \times 2 + h_c$（式中 L_n 取 L_{n1} 和 L_{n2} 中较大者）

第二排中间支座负筋长度 = $L_n/4 \times 2 + h_c$（式中 L_n 取 L_{n1} 和 L_{n2} 中较大者）

(5)楼层框架梁架立筋长度的计算

连接框架梁第一排支座负筋的钢筋叫架立筋，架立筋主要起固定梁中间箍筋的作用，如图 2.1.6。

首尾跨架立筋长度 = L_{n1} − $L_{n1}/3$ − Max(L_{n1}，L_{n2})/3 + 150 × 2

中间跨架立筋长度 = L_{n2} − Max(L_{n1}，L_{n2})/3 − Max(L_{n2}，L_{n3})/3 + 150 × 2

(6)框架梁侧面纵筋长度的计算

梁侧面纵筋分为构造纵筋和抗扭纵筋，下面分别介绍。

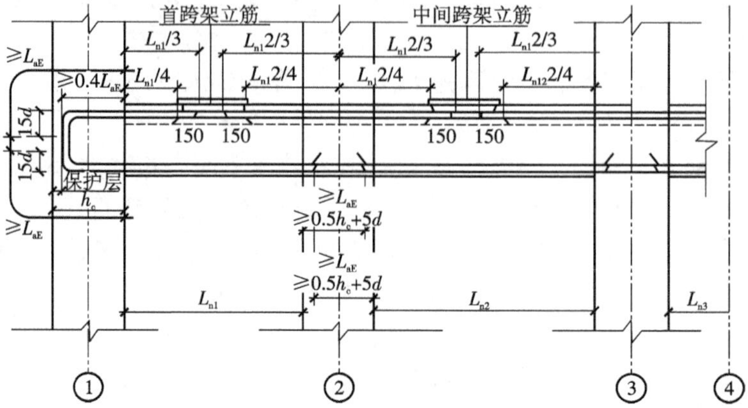

图 2.1.6 梁架立筋示例图

1)框架梁侧面构造纵筋长度的计算。梁侧面构造纵筋截面图,如图 2.1.7 所示。

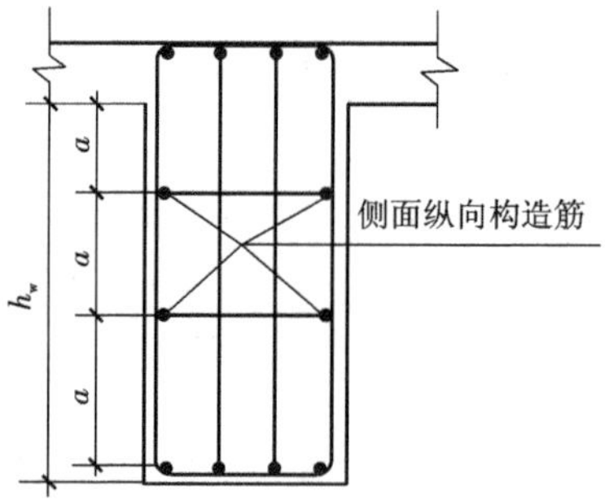

图 2.1.7 梁侧面构造纵筋截面图

①当梁净高 $h_w \geqslant 450$ 时,在梁的两个侧面沿高度配置纵向构造钢筋,纵向构造钢筋间距 $a \leqslant 200$。

②当梁宽 ≤350 时,拉筋直径为 6 mm;当梁宽 >350 时,拉筋直径为 8 mm。拉筋间距为非加密区箍筋间距的两倍。当设有多排拉筋时,上下两排拉筋竖向错开设置。

梁侧面构造纵筋长度按图 2.1.8 进行计算。

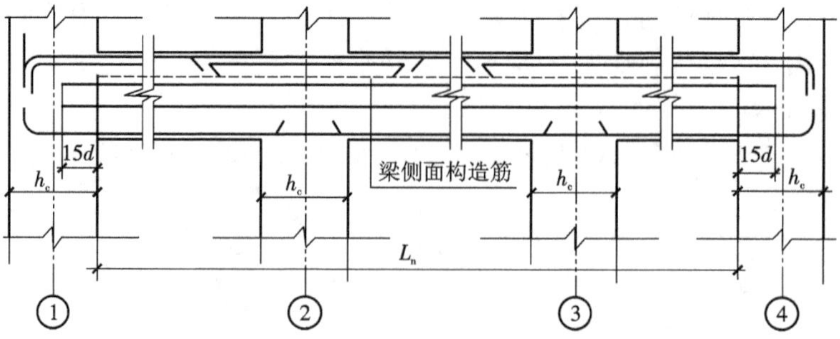

图 2.1.8 梁侧面构造纵筋示例图

由图 2.1.8 可知：

梁侧面构造纵筋 = $L_n + 15d \times 2$（L_n为梁通跨净长）

2）框架梁侧面抗扭纵筋长度的计算。梁侧面抗扭纵筋的计算方法和下通筋一样，也分直锚情况和弯锚情况两种。

①当端支座足够大时，梁侧面抗扭纵筋直锚在端支座里，如图 2.1.9 所示。

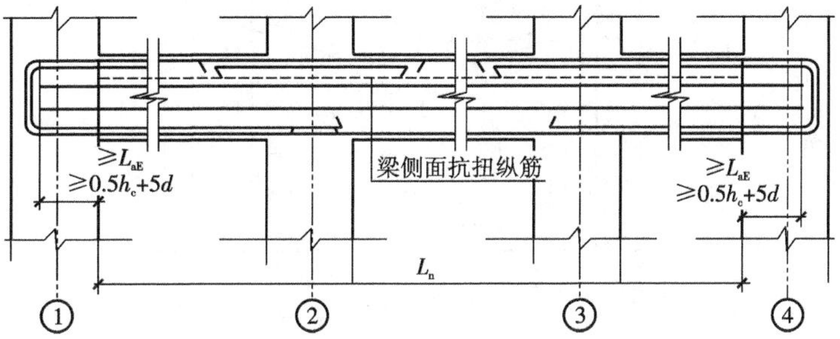

图 2.1.9　梁侧面抗扭纵筋示例图（直锚情况）

梁侧面抗扭纵筋长度 = 梁通跨净长 L_n + 左右锚入支座内长度 Max[L_{aE},($0.5h_c + 5d$)]

②当支座不能满足直锚长度时，必须弯锚，如图 2.1.10。

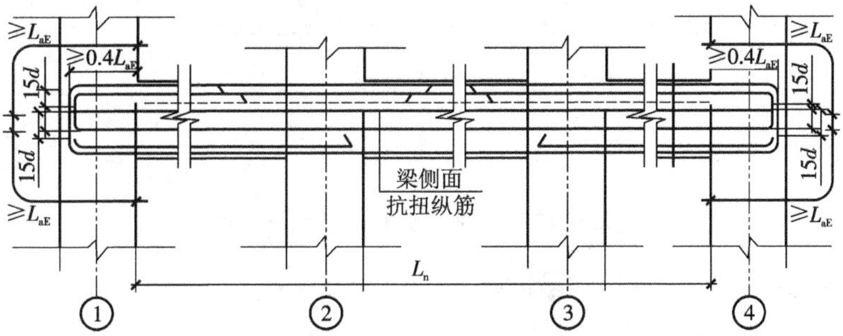

图 2.1.10　梁侧面抗扭纵筋示例图（弯锚情况）

梁侧面抗扭纵筋长度 = 梁通跨净长 L_n + 左右锚入支座内长度 Max[L_{aE},($0.4L_{aE}$ + $15d$),（支座宽 − 保护层 + 弯折 $15d$）]

3）框架梁侧面纵筋的拉筋长度的计算。有侧面纵筋就一定有拉筋，拉筋配置如图 2.1.11。

①当拉筋同时勾住主筋和箍筋时：

拉筋长度 =（梁宽 b − 保护层 ×2）+ $2d$ + $1.9d \times 2$ + Max($10d$, 75 mm) ×2

②当拉筋只勾住主筋时：

拉筋长度 =（梁宽 b − 保护层 ×2）+ $1.9d \times 2$ + Max($10d$, 75 mm) ×2

4）框架梁侧面纵筋的拉筋根数的计算。拉筋根数配置如图 2.1.12。

根据图 2.1.12 可知：

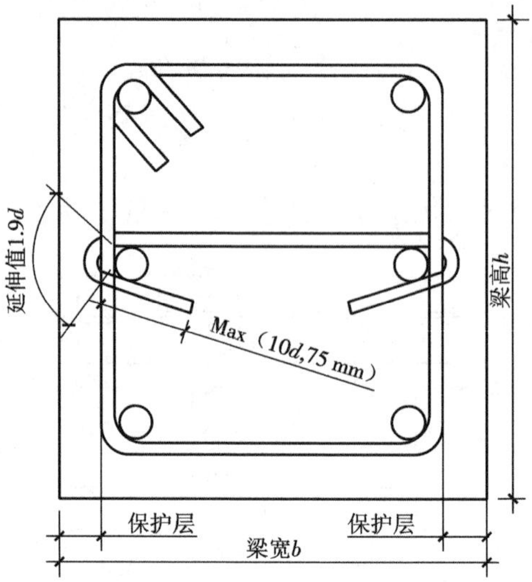

图 2.1.11　侧面纵筋的拉筋示例图

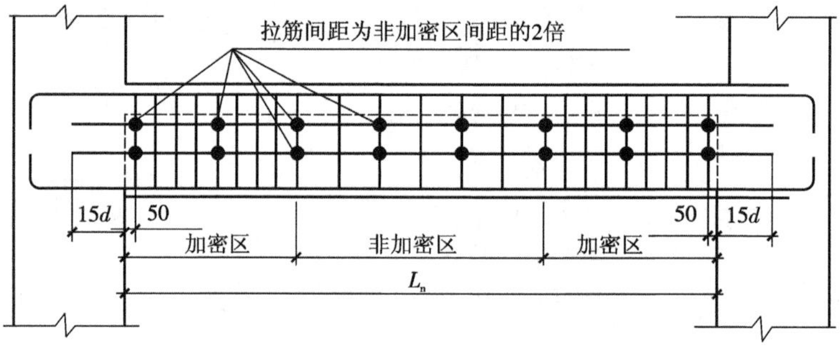

图 2.1.12　梁侧面纵筋的拉筋计算图

拉筋根数 = $(L_n - 2 \times 50)$/非加密区间距的 2 倍 + 1

2. 楼层框架梁箍筋的识读

(1)1 级抗震箍筋根数的计算

1 级抗震箍筋根数按图 2.1.13 计算。根据图 2.1.13，1 级抗震箍筋根数计算见表 2.1.2。

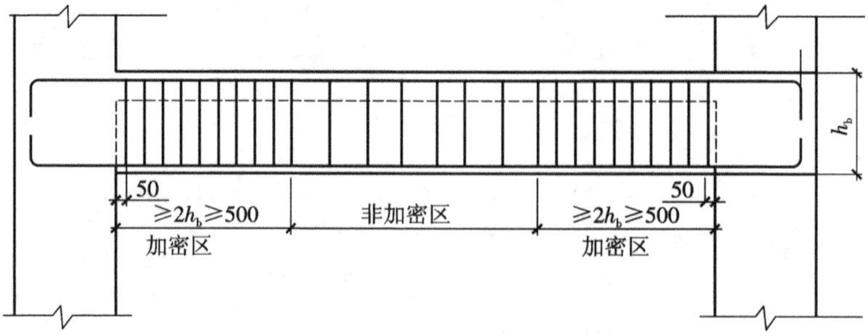

图 2.1.13　楼层框架梁 1 级抗震箍筋布置图

表 2.1.2　1 级抗震箍筋根数计算

箍筋根数 = 加密区根数 ×2 + 非加密区根数	
加密区根数计算	非加密区根数计算
[(梁高 h_b ×2 −50)/加密区间距 +1] ×2	(净跨长 − 加密区长 ×2)/非加密区间距 −1

(2)2 ~4 级抗震箍筋根数的计算

2 ~4 级抗震箍筋根数按图 2.1.14 计算。根据图 2.1.14,1 级抗震箍筋根数计算见表 2.1.3。

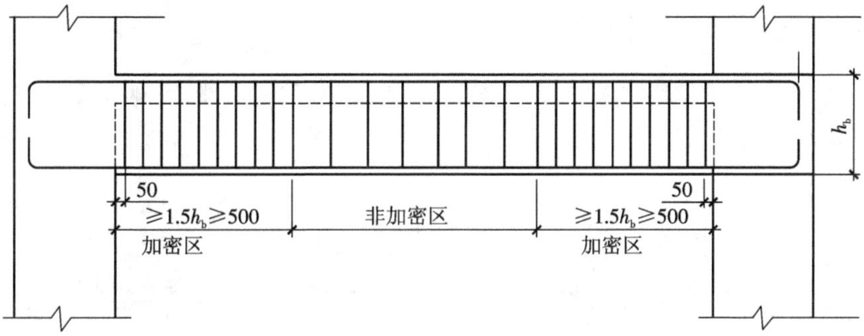

图 2.1.14　楼层框架梁 2 ~4 级抗震箍筋布置图

表 2.1.3　2 ~4 级抗震箍筋根数计算

箍筋根数 = 加密区根数 ×2 + 非加密区根数	
加密区根数计算	非加密区根数计算
[(梁高 h_b ×1.5 −50)/加密区间距 +1] ×2	(净跨长 − 加密区长 ×2)/非加密区间距 −1

3. 吊筋的识读

当主梁为次梁的支座时,会出现吊筋,吊筋一般可用图 2.1.15 表示。

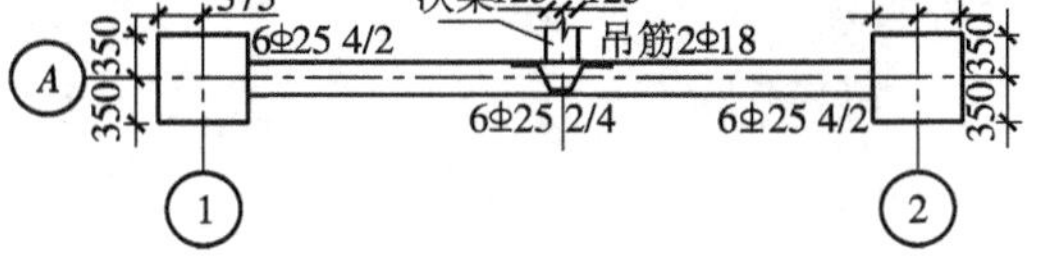

图 2.1.15　梁吊筋示例图

吊筋构造详图如图 2.1.16 所示。

根据图 2.1.16 吊筋计算长度如下:

吊筋长度 = 次梁宽 +2 ×50 +2 ×(梁高 −2 × 保护层)/sin 45°(或 60°) +2 ×20d

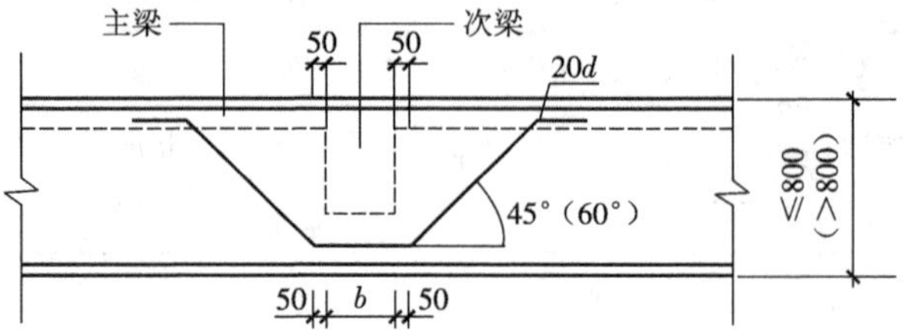

图 2.1.16　附加吊筋构造

4. 附加箍筋的识读

有时在次梁处配置附加箍筋，其间距为 $8d$ 且≤100 mm，附加根数按图纸标注计算。

1.2.2　屋面框架梁钢筋的识读

屋面框架梁除上部通长筋和端支座负筋弯折长度伸至梁底外，其他钢筋的算法和楼层框架梁相同。屋面框架梁配筋见图 2.1.17。

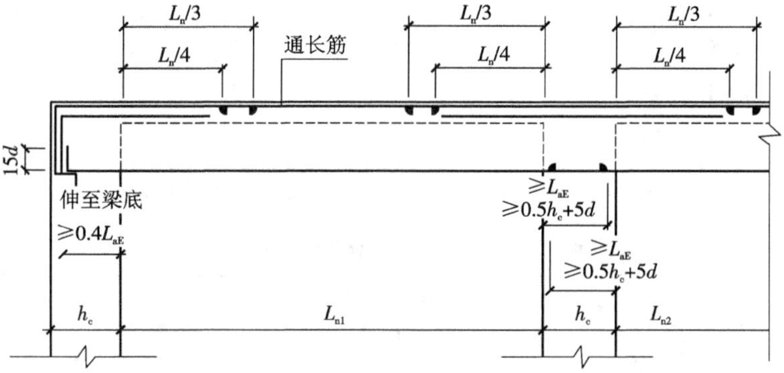

图 2.1.17　抗震屋面框架梁(WKL)纵向钢筋构造

1. 屋面框架梁上部贯通筋长度的计算

屋面框架梁上部贯通筋长度 = 通跨净长 +（左端支座宽 − 保护层）+（右端支座宽 − 保护层）+（梁高 − 保护层）×2

2. 屋面框架梁上部第一排负筋长度的计算

屋面框架梁上部第一排负筋长度 = 净跨 $L_{n1}/3$ +（左端支座宽 − 保护层）+（梁高 − 保护层）

3. 屋面框架梁上部第二排负筋长度的计算

屋面框架梁上部第二排负筋长度 = 净跨 $L_{n1}/4$ +（左端支座宽 − 保护层）+（梁高 − 保护层）

1.2.3　非框架梁钢筋的识读

非框架梁除端支座负筋和下部钢筋算法与框架梁不同外，其他与框架梁的算法相同。非框架梁配筋如图 2.1.18。

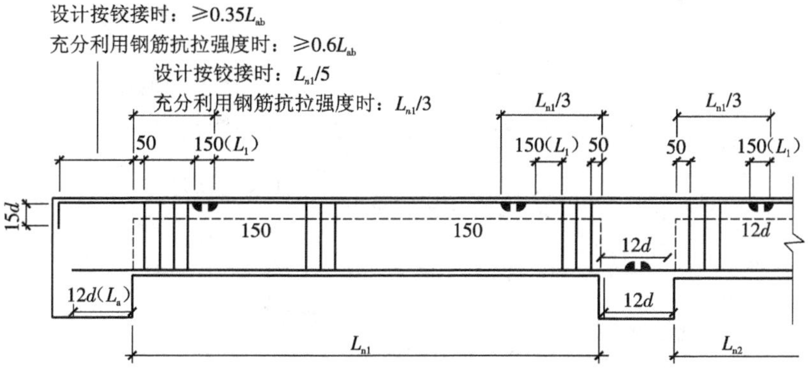

图 2.1.18　非框架梁(L)配筋构造图

1. 非框架梁下部贯通筋的计算

①当非框架梁为直梁时

非框架梁下部贯通筋长度＝通跨净长＋12d×2

②当非框架梁为弧形梁时

非框架梁下部贯通筋长度＝通跨净长＋L_a×2

2. 非框架梁端支座负筋的计算

①当非框架梁为直梁时

非框架梁端支座负筋长度＝L_{n1}/5＋Max[L_a,(0.4 L_a＋15d),(支座宽－保护层＋弯折 15d)]

②当非框架梁为弧形梁时

a. 端点座设计按铰接时

非框架梁端支座负筋长度＝L_{n1}/3＋Max[L_a,(0.35 L_a＋15d),(支座宽－保护层＋弯折 15d)]

b. 端支座充分利用负筋的抗拉强度时

非框架梁端支座负筋长度＝L_{n1}/3＋Max[L_a,(0.6L_{ab}＋15d),(支座宽－保护层＋弯折 15d)]

1.2.4　悬挑梁钢筋的识读

悬挑梁钢筋长度的计算通常按如下方式进行，如图 2.1.19。

由图 2.1.19 可知：

①号钢筋长度＝L－保护层＋12d ＋锚固长度 L_{aE}

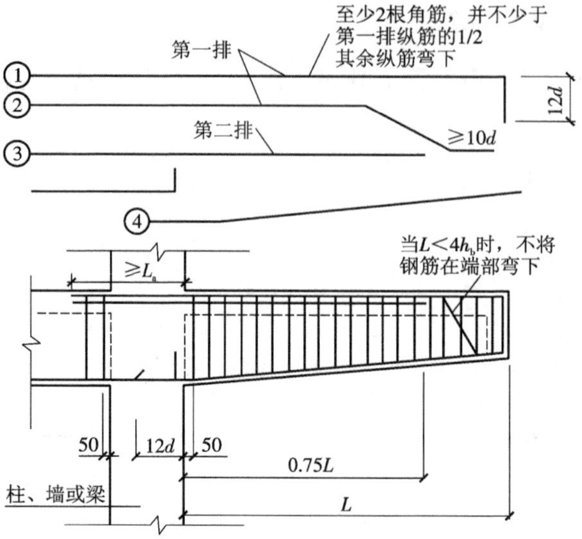

图 2.1.19　悬挑梁配筋图

②号钢筋长度 = 0.75L + 锚固长度 L_{aE}

③号钢筋长度 = (L − 保护层) × 斜度系数 + 12d

④号钢筋按实际图纸进行计算。

习　　题

1. 框架梁的上下通长筋、下部非通长筋如何计算？

2. 框架梁的单排、多排支座负筋如何计算？

3. 吊筋长度如何计算？

4. 框架梁在什么情况下需要配置侧面纵筋？如何计算侧面纵筋的根数？

5. 框架梁侧面构造纵筋与抗扭纵筋长度计算有何不同？如何计算？

6. 在有侧面纵筋的同时必须有什么钢筋？它的直径、间距如何确定？长度如何计算？屋面框架梁与楼层框架梁钢筋计算有哪些相同和不同的地方？

7. 悬挑梁上钢筋分几种？如何计算？

8. 悬挑梁下部筋长度如何计算？

任务2　梁的构造会审

2.1　钢筋混凝土梁的构造标准

2.1.1　梁的截面高度

①一般梁的截面高度 $h \leqslant 800$ mm 时,取 50 mm 的倍数;$h > 800$ mm 时,取 100 mm 的倍数。

②现浇结构中,一般主梁至少应比次梁高出 50 mm,如主梁下部钢筋为双层配置,或附加横向钢筋采用吊筋时,应高出 100 mm。

③梁的跨高比 l_0/h 应满足相关规范要求。

④框架梁的截面高度 h 可按 $(1/18 \sim 1/10) \times l_0$ 确定,但 l_n/h 不宜小于4。(l_0 为框架梁的计算长度,l_n 为框架梁的净跨。)

⑤框架梁的截面宽度 b 不宜小于 200 mm,且 h/b 不宜大于 4。

⑥框架梁受剪截面应符合相关规范要求。

2.1.2　梁的截面宽度

①现浇结构中,主梁的截面宽度不应小于 200 mm;次梁的截面宽度不宜小于 150 mm。预制结构中,倒 L 形、T 形梁的翼缘宽度不应小于 $l_0/40$。

②梁的截面宽度宜采用 150、180 或 200 mm,如大于 200 mm 时,一般应为 50 mm 的倍数。圈梁的截面宽度按墙厚确定。

③梁的截面高宽比 h/b 一般采用:矩形梁为 2.0 ~ 3.5,T 形梁为 2.5 ~ 4.0。

④考虑薄腹梁的侧向稳定性,梁的侧向支撑间距离 l_c 应满足设计要求。

2.1.3　纵向受力钢筋的直径和数量

①梁的纵向受力钢筋的最小直径应符合表 2.2.1 的规定,最大直径一般不大于 28 mm。梁内纵向受拉钢筋的配筋百分率(%)不应小于 20% 和 $45f_t/f_y$ 中的较大值。

表 2.2.1　梁的受力钢筋最小直径

梁高/mm	<300	≥300	≥500
直径/mm	8	10	12

②伸入梁支座范围内的受力钢筋数量:当梁宽 $b \geqslant 100$ mm 时,不宜少于两根;当梁宽 $b <$

100 mm 时,可为一根。

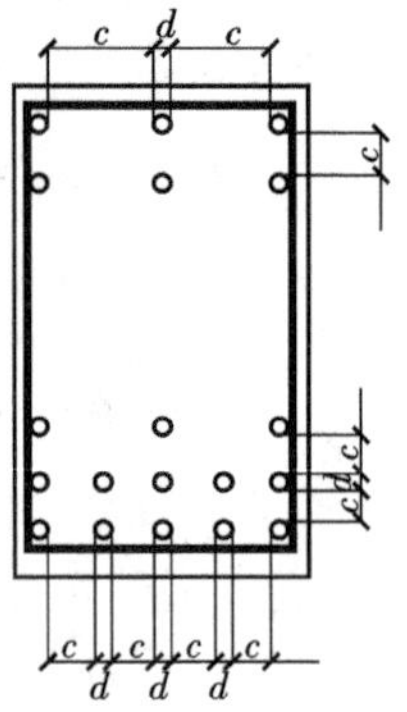

图 2.2.1　梁多层钢筋配置图

2.1.4　纵向受力钢筋的排列

梁上部纵向钢筋水平方向的净间距 c(钢筋外边缘之间的最小距离)不应小于 30 mm 和 $1.5d$(d 为钢筋的最大直径);下部纵向钢筋水平方向的净间距 c 不应小于 25 mm 和 d。梁的下部纵向钢筋配置多于两层时,两层以上钢筋水平方向的中距应比下面两层钢筋的中距增大一倍。各层钢筋之间的净间距 c 不应小于 25 mm 和 d(图 2.2.1)。

根据梁宽和钢筋直径,单层钢筋的最多根数见表 2.2.2,表中分子为上部单层钢筋的最多根数,分母为下部单层钢筋的最多根数。钢筋净间距需考虑混凝土振捣施工条件合理配置。

表 2.2.2　梁内单层钢筋最多根数

梁宽/mm	钢筋直径/mm								
	10	12	14	16	18	20	22	25	28
150	3	3	2/3	2/3	2	2	2	2	2
200	4/5	4	4	3/4	3/4	3	3	3	2/3
250	5/6	5/6	5	5	4/5	4	4	3/4	3
300	7	6/7	6/7	6	5/6	5/6	5	4/5	4
350	8/9	7/8	7/8	7	6/7	6/7	6	5/6	4/5
400	9/10	9/10	8/9	8/9	7/8	7/8	7	6/7	5/6

注:本表是按保护层为 25 mm 进行计算的,当保护层厚度 >25 mm 时,应调整梁内钢筋根数。

2.1.5　纵向受力钢筋在支座锚固

①简支梁和连续梁简支端的下部纵向受力钢筋伸入支座范围内的锚固长度 l_{as},应符合表 2.2.3 的规定。

表 2.2.3　受力钢筋伸入支座范围内的最小锚固长度 l_{as}

情况	$V \leqslant 0.7f_t bh_0$	$V > 0.7f_t bh_0$	
		带肋钢筋	光面钢筋
l_{as}	$5d$	$12d$	$15d$

注:对混凝土强度等级为 C25 及以下的简支梁和连续梁的简支端,当距支座边 $1.5h$ 范围内作用有集中荷载且 $V > 0.7f_t bh_0$ 时,带肋钢筋宜采用附加锚固措施,或取锚固长度 $l_{as} \geqslant 15d$。

支承在砌体结构上的钢筋混凝土独立梁，在纵向受力钢筋的锚固长度 l_{as} 范围内应配置不少于两个箍筋，其直径不宜小于纵向受力钢筋最大直径的0.25倍，间距不宜大于纵向受力钢筋最小直径的10倍。

②简支梁下部纵向受力钢筋伸入支座范围内的锚固长度不符合上述规定时，应采取锚固措施，锚固措施按设计要求实施。

③支承在砖墙或砖柱上的简支梁，支座处的弯起钢筋及构造负弯矩钢筋的锚固应满足图2.2.2的要求。

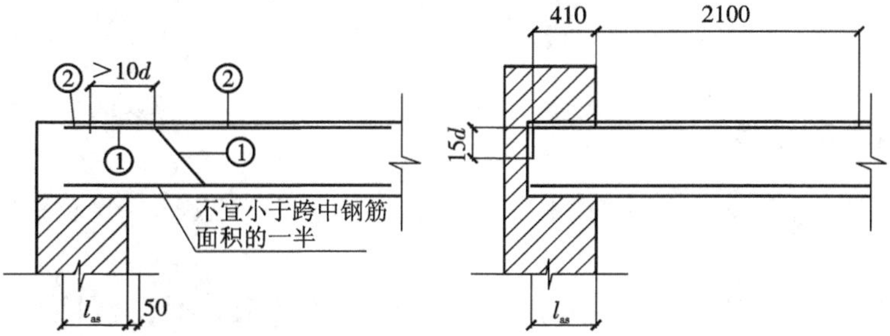

(a)　(b)

图2.2.2　砌体墙或砖柱上梁的受力钢筋的锚固

(a)梁支承在砌体墙或砖柱上　(b)梁嵌入支承在砌体墙或砖柱上

④梁与梁或梁与柱的整体连接，在计算中端支座按简支考虑时，支座处的弯起钢筋及构造负弯矩钢筋的锚固应满足图2.2.3的要求。

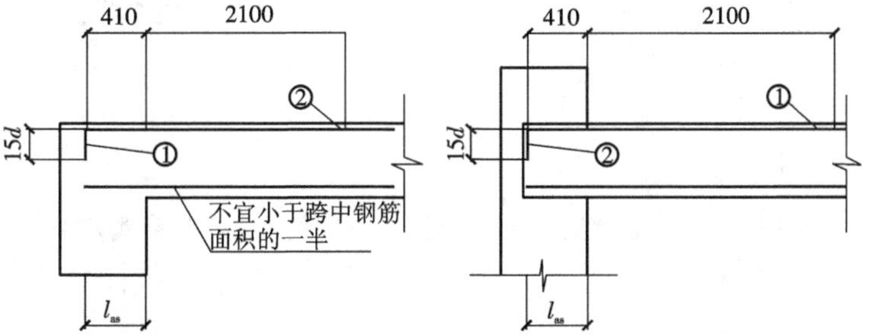

(a)　(b)

图2.2.3　梁柱连接的受力筋的锚固

(a)梁与梁连接　(b)梁与柱连接

⑤图2.2.2(b)和图2.2.3中的①号构造负弯矩钢筋，如利用架立钢筋或另设钢筋时，其截面面积不应小于梁跨中下部纵向受力钢筋计算所需截面面积的1/4，且不应少于两根。该附加纵向钢筋自支座边缘向跨内的伸出长度不应小于 $0.2\times l_0$，(l_0 为该跨的计算跨度)。

⑥当梁的中间支座负弯矩承载力计算不需要设置受压钢筋，且不会出现正弯矩时，一般将下部纵向受力钢筋伸至支座中心线，且不小于表2.2.3规定的锚固长度 l_{as}，如图2.2.4所示。

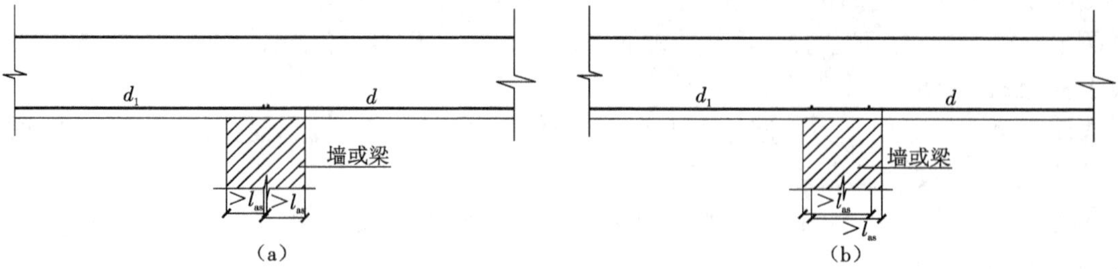

图 2.2.4　中间支座下部受力钢筋的锚固

(a)宽支座　(b)窄支座

2.1.6　弯起钢筋的设置

①在绑扎骨架的钢筋混凝土梁中,承受剪力的钢筋宜采用箍筋。弯起钢筋应根据计算需要配置。

②位于梁底层的角部钢筋不应弯起,位于梁顶部的角部钢筋不应弯下。

③钢筋的弯起角度一般为45°,梁高 $h>800$ mm 时,可为60°;当梁高较小且有集中荷载时,可为30°。

④弯起钢筋的弯终点处应留有锚固长度,其长度在受拉区不应小于20d,在受压区不应小于10d;对 HPB300 级光面钢筋,在末端尚应设置弯钩,如图 2.2.5 所示。

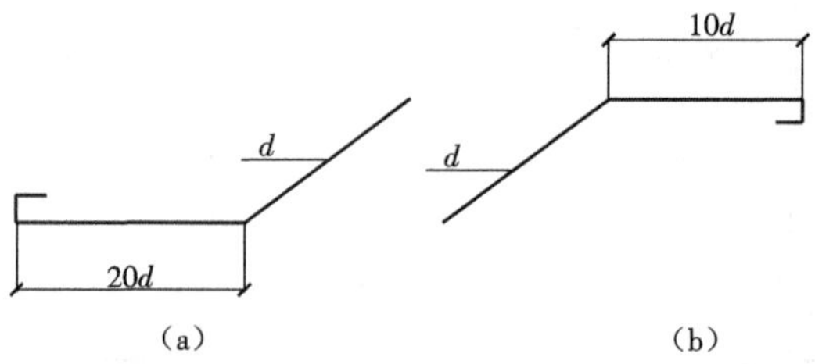

图 2.2.5　弯起钢筋端部构造(带肋钢筋末端不设弯钩)

(a)受拉区　(b)受压区

⑤当主梁和次梁纵横交叉,且次梁弯起钢筋直径 $d\leqslant 25$ mm 时,主、次梁的弯起钢筋构造按设计要求设计。当次梁支撑在主梁支座附近时,次梁弯起钢筋上表面宜布置在主梁弯起钢筋的下面。

2.1.7　框架梁的纵向钢筋

框架梁纵向钢筋的配置,应符合下列规定。

①纵向受拉钢筋的配筋率应满足设计要求。

②一、二级抗震等级时贯通梁全长的上、下部纵向钢筋不应小于2ϕ14;三、四级抗震等级和非抗震设计时贯通梁全长的上、下部纵向钢筋不应小于2ϕ12;贯通梁全长的上部纵向钢筋不应小于梁上部纵向钢筋中较大截面面积的四分之一;贯通梁全长的下部纵向钢筋不应小于

梁下部纵向钢筋中较大截面面积的四分之一。

③当混凝土强度等级大于 C60 时,采用 HRB335 级钢筋的配筋率不宜大于 3%,采用 HRB400 级钢筋的配筋率不宜大于 2.6%。

④有抗震要求的框架梁,纵向钢筋宜采用直钢筋,不宜采用弯起钢筋。当框架梁承受较大竖向荷载且跨中钢筋较多时,可采用弯起钢筋。锚入柱内的弯起钢筋,当能有效地承受负弯矩时,应计入受拉钢筋截面面积之内。

2.1.8　箍筋的设置

①当按计算结果不需要设置箍筋时,梁高大于 300 mm,仍应按构造要求沿梁的全长设置箍筋;梁高为 150 ~ 300 mm,可仅在梁的端部各 1/4 跨度范围内设置箍筋,但当梁的中部 1/2 跨度范围内有集中荷载作用时,则应沿梁的全长设置箍筋;梁高小于 150 mm,可不设置箍筋。

②梁支座处的箍筋从梁边(或墙、柱边)50 mm 开始设置,如图 2.2.6。

③梁中箍筋的最大间距宜符合表 2.2.4 的规定。

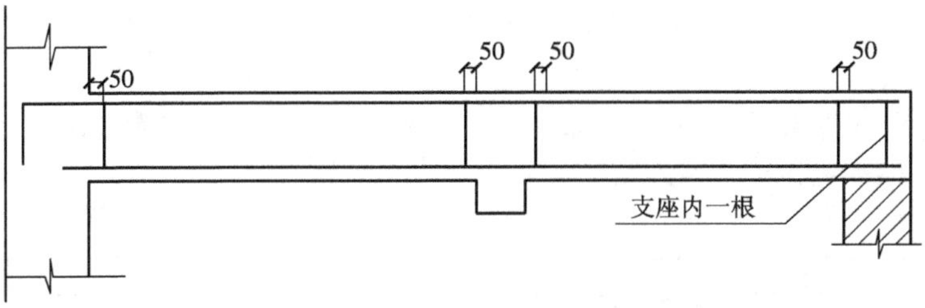

图 2.2.6　箍筋的设置

表 2.2.4　梁中箍筋的最大间距　　mm

项次	梁高 h	$V>0.7f_tbh_0+0.05N_{p0}$	$V\leqslant 0.7f_tbh_0+0.05N_{p0}$
1	$150<h\leqslant 300$	150	200
2	$300<h\leqslant 500$	200	300
3	$500<h\leqslant 800$	250	350
4	$h>800$	300	400

④梁中配有按计算需要的纵向受压钢筋时,箍筋应做成封闭式,箍筋的间距不宜大于 15 d(d 为纵向受压钢筋中的最小直径),同时不应大于 400 mm,当一层内的纵向受压钢筋多于 5 根且直径大于 18 mm 时,箍筋间距不应大于 $10d$。

⑤在纵向受力钢筋搭接长度范围内,当搭接钢筋为受拉时,其箍筋的间距不应大于 5 d,且不应大于 100 mm;当搭接钢筋为受压时,其箍筋的间距不应大于 $10d$,且不应大于 200 mm。当受压钢筋大于 25 mm 时,尚应在搭接接头两个端面外 100 mm 范围内各设置 2 个箍筋。(d 为搭接钢筋中的较小直径)

⑥有抗震要求时,非加密区的箍筋间距不宜大于加密区箍筋间距的 2 倍。施工时,梁端箍

筋的加密区长度、箍筋最大间距和箍筋最小直径，应按相关规定采用。对抗震等级为特一级的高层建筑结构，梁端加密区箍筋最小配筋率应满足设计要求。

⑦在箍筋加密区长度内的箍筋肢距：一级抗震等级不宜大于 200 mm 和 20 倍箍筋直径的较大值；二、三级抗震等级不宜大于 250 mm 和 20 倍箍筋直径的较大值；四级抗震等级不宜大于 300 mm。

⑧纵向钢筋不宜与箍筋、拉筋及预埋件等焊接。

⑨梁中箍筋的最小直径应符合表 2.2.5 的规定。

表 2.2.5　梁中箍筋最小直径　mm

项次	梁高 h	最小直径	一般采用直径
1	$h \leqslant 800$	6	6 ~ 10
2	$h > 800$	8	8 ~ 12

注：①梁中配有计算需要受压钢筋时，箍筋直径不应小于 $d/4$（d 为纵向受压钢筋的最大直径）。

②在受力钢筋搭接长度范围内，箍筋直径不应小于搭接钢筋较大直径的 0.25 倍。

⑩开口式箍筋只能用于无振动荷载且计算不需要配置纵向受压钢筋的现浇梯形梁的跨中部分，见图 2.2.7(a)、(b)。

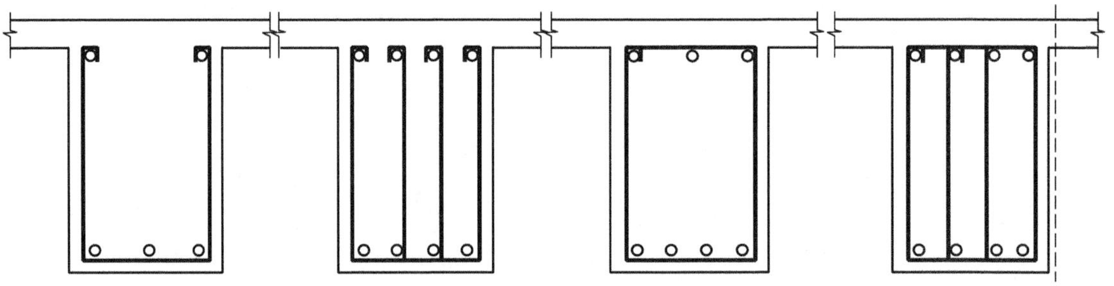

(a)　(b)　(c)　(d)

图 2.2.7　箍筋的形式

(a)、(b)开口式箍筋　(c)、(d)封闭式箍筋

⑪除上述情况外，均应用封闭式箍筋，见图 2.2.7(c)、(d)。

⑫梁宽 $b \leqslant 400$ mm，且一层内的纵向受压钢筋不多于 4 根时，可不设置复合箍筋。

⑬梁宽 $b > 400$ mm，且一层内的纵向受压钢筋多于 3 根时，应设置复合箍筋，但构造梁及圈梁除外。

⑭梁中一层内的纵向受拉钢筋多于 5 根时，宜采用复合箍筋。

⑮四肢箍筋的宽度 b 见表 2.2.6。

表 2.2.6　四肢箍筋的宽度

梁宽 B /mm	一层内纵向钢筋根数					
	5	6	7	8	9	10
	钢筋中央四肢间的钢筋根数					
	3	2	3	4	3	4
350	230	190	205	220		
400	270	220	240	255	225	240
450		250	270	290	260	270
500			310	330	290	305

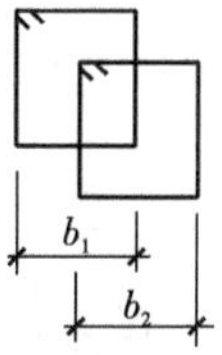

2.1.9　梁侧构造钢筋及拉筋

①当梁的腹板高度 h_w 大于等于 450 mm 时，在梁的两个侧面应配置纵向构造钢筋，每侧纵向构造钢筋的截面面积应满足设计要求。梁侧纵向构造钢筋直径可按相关规范要求选用。

②钢筋混凝土薄腹梁或需要进行疲劳验算的钢筋混凝土梁，应在下部 1/2 梁高的腹板内，沿两侧配置纵向构造钢筋，其直径为 8 ~ 14 mm，间距为 100 ~ 150 mm，并应按下密上疏的方式布置；在上部 1/2 梁高的腹板内，则可按上述规定①配置纵向构造钢筋。

③梁的两侧纵向钢筋按构造配置时，一般伸至梁端，若按计算配置时则在梁端应满足受拉时的锚固要求。

④梁的两侧纵向构造钢筋宜用拉筋连系。当梁宽≤350 mm 时选用 ϕ6 拉筋，梁宽 > 350 mm时选用 ϕ8 拉筋，其间距不宜大于 600 mm，一般为非加密区箍筋间距的 2 倍，见图 2.2.8。

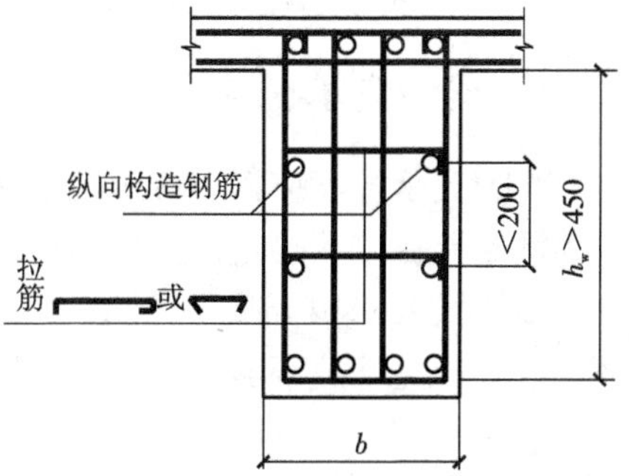

图 2.2.8　梁内纵向构造钢筋及拉筋布置

⑤位于梁下部或梁截面高度的集中荷载，应全部由附加横向钢筋承担。附加横向钢筋宜采用箍筋。当采用吊筋时，其弯起段应伸至梁上边缘，且末端水平段长度不应小于图 2.2.9(b)的规定。当梁下部有伸出长度较长的悬臂板时，悬挂悬臂板的吊筋构造见图 2.2.9(c)。箍筋不作为吊筋考虑。附加横向钢筋所需的总截面面积，应满足设计要求。

⑥次梁在主梁上部或集中荷载较小时，一般在次梁每侧配置 2 ~ 3 根附加箍筋，见图 2.2.9(a)。按构造配置附加箍筋时，次梁每侧不得少于 2 根直径为 6 的钢筋；如设置附加箍筋时，吊筋为不宜小于 2ϕ12 的钢筋，见图 2.2.9 (b)。

⑦在整体式梁板结构中，当次梁位于主梁下部时可按图 2.2.10(a)增设吊筋；当梁中预埋钢管或螺栓传递集中荷载时可按图 2.2.10(b)、(c)配置吊筋。

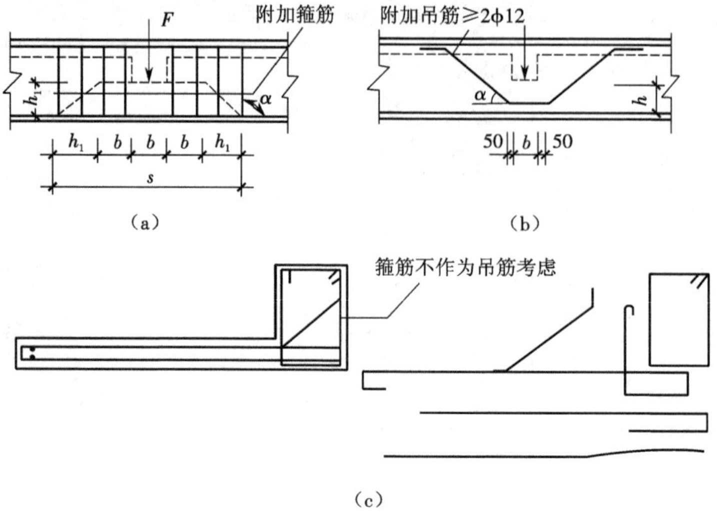

图 2.2.9　附加横向钢筋的配置(1)

(a)附加箍筋　(b)附加吊筋　(c)悬臂板的吊筋

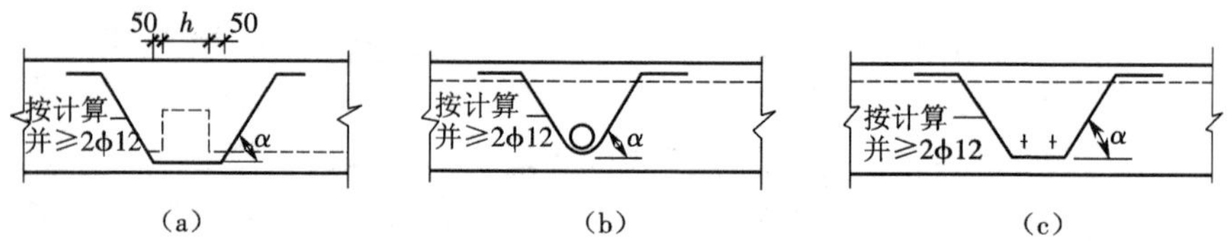

图 2.2.10　附加横向钢筋的配置(2)

(a)次梁位于主梁下部　(b)梁中设预埋钢管传递集中荷载　(c)梁中设螺栓传递集中荷载

2.1.10　梁的支承长度

①梁的支承长度应满足纵向受力钢筋在支座处的锚固长度要求(见 11G101 图集)。

②梁支承在砖墙、砖柱上的支承长度 a,一般采用:梁高 $h \leqslant 500$ mm 时,$a \geqslant 180$ mm;梁高 $h > 500$ mm 时,$a \geqslant 240$ mm。

③梁支承在钢筋混凝土梁(柱)上的支承长度,应采用 $a \geqslant 180$ mm。

2.2　梁的技术交底的方法

技术交底的方法及注意事项见学习情境 1 中有关柱的交底部分。

2.2.1　梁的技术交底

1. 砼浇筑的交底

(1)材料要求

①水泥:32.5 级以上矿渣硅酸盐水泥或普通硅酸盐水泥。进场时必须有质量证明书及复

试试验报告。

②砂:宜用粗砂或中砂。混凝土低于C30时含泥量不大于5%,高于C30时不大于3%。

③石子:粒径5~32 mm,混凝土低于C30时含泥量不大于2%,高于C30时不大于1%。

④掺和料:粉煤灰,其掺量应通过试验确定,并应符合有关标准。

⑤混凝土外加剂:减水剂、早强剂等应符合有关标准的规定,其掺量经试验符合要求后,方可使用。

(2)主要机具

主要机具有混凝土搅拌机、磅秤(或自动计量设备)、双轮手推车、小翻斗车、尖锹、平锹、混凝土吊斗、插入式振捣器、木抹子、长抹子、铁插尺、胶皮水管、铁板、串桶和塔式起重机等。

(3)作业条件

①浇筑混凝土层段的模板、钢筋、预埋铁件及管线等全部安装完毕,经检查符合设计要求,并办完隐、预检手续。

②浇筑混凝土用的架子及马道已支搭完毕并经检查合格。

③水泥、砂、石及外加剂等经检查符合有关标准要求,试验室已下达混凝土配合比通知单。

④磅秤(或自动上料系统)经检查核定计量准确,振捣器(棒)经检验试运转合格。

⑤工长根据施工方案对操作班组已进行全面施工技术交底。混凝土浇筑申请书已被批准。

(4)操作工艺

工艺流程如下:作业准备→混凝土搅拌→混凝土运输→梁混凝土浇筑与振捣→养护。

①作业准备。浇筑前应将模板内的垃圾、泥土等杂物及钢筋上的油污清除干净,并检查钢筋的水泥砂浆垫块是否垫好。如使用木模板时应浇水使模板湿润。柱子模板的扫除口应在清除杂物及积水后再封闭。剪力墙根部松散混凝土已剔掉清除。

②混凝土运输。混凝土自搅拌机中卸出后,应及时送到浇筑地点。如混凝土运到浇筑地点有离析现象时,必须在浇筑前进行二次拌和。混凝土从搅拌机中卸出后到浇筑完毕的延续时间,不宜超过规范的相关规定。泵送混凝土时必须保证混凝土泵连续工作,如果发生故障,停歇时间超过45 min或混凝土出现离析现象,应立即用压力水或其他方法冲洗管内残留的混凝土。

③混凝土自吊斗下落的自由倾落高度不得超过2 m,浇筑高度如超过3 m时必须采取措施,或使用串桶或溜管等。

④浇筑混凝土时应分段分层连续进行,浇筑高度应根据结构特点、钢筋疏密决定,一般为振捣器作用部分长度的1.25倍,最大不超过500 mm。

⑤使用插入式振捣器应快插慢拔,插点要均匀排列,逐点移动,顺序进行,不得遗漏,做到均匀振实。移动间距不大于振捣作用半径的1.5倍(一般为300~400 mm)。振捣上一层时应插入下层5 cm,以清除两层间的接缝。表面振动器(或称平板振动器)的移动间距,应保证振动器的平板覆盖已振实部分边缘。

⑥浇筑混凝土应连续进行。如必须间歇,其间歇时间应尽量缩短,并应在前层混凝土凝结之前,将次层混凝土浇筑完毕。间歇的最长时间应按所用水泥品种及混凝土凝结条件确定。

当间歇时间超过 2 h，应按施工缝处理。

⑦浇筑混凝土时应经常观察模板、钢筋、预埋孔洞、预埋件和插筋等有无移动、变形或堵塞情况，发现问题应立即停止浇筑，并应在已浇筑的混凝土凝结前修整完好。

⑧梁、板应同时浇筑。浇筑方法应由一端开始用“赶浆法”即先浇筑梁，根据梁高分层浇筑成阶梯形，当达到板底位置时再与板的混凝土一起浇筑，随着阶梯形不断延伸，梁板混凝土浇筑连续向前进行。

⑨和板连成整体高度大于 1 m 的梁，允许单独浇筑，其施工缝应留在板底以下 20 ~ 30 mm 处。浇捣时，浇筑与振捣必须紧密配合，第一层下料慢些，梁底充分振实后再下二层料，用“赶浆法”保持水泥浆沿梁底包裹石子向前推进，每层均应振实后再下料，梁底及梁帮部位要注意振实。振捣时不得触动钢筋及预埋件。

⑩梁柱节点钢筋较密时，浇筑此处混凝土宜用小粒径石子同强度等级的混凝土浇筑，并用小直径振捣棒振捣。

⑪施工缝位置：宜沿次梁方向浇筑楼板，施工缝应留置在次梁跨度中间 1/3 范围内，施工缝的表面应与梁轴线或板面垂直，不得留斜茬。施工缝宜用木板或钢丝网挡牢。

⑫施工缝处须待已浇筑混凝土的抗压强度不小于 1.2 MPa 时，才允许继续浇筑。在继续浇筑混凝土前，施工缝混凝土表面应凿毛，剔除浮动石子，并用水冲洗干净后，先浇一层水泥浆，然后继续浇筑混凝土，应细致操作振实，使新旧混凝土紧密结合。

⑬混凝土浇筑完毕后，应在 12 h 以内加以覆盖和浇水，浇水次数应能保持混凝土有足够的润湿状态，养护期一般不少于 7 昼夜。

⑭冬期施工按冬期施工的技术要求实施。

(5)质量标准

质量标准按建筑工程质量验收统一标准和相关专业验收标准实施。

(6)成品保护

砼浇筑完毕后，应按相关规范要求并采取适当措施做好成品的保护工作。

(7)应注意的质量问题

在施工过程中要做好砼质量的保证和控制工作。

2. 梁钢筋工程的交底

(1)原材料进场及堆放

进场的钢筋原材料，必须出具出厂合格证。收料人认真检查产地、批号、规格是否与合格证相符，经确认无误，方可收货。钢筋应按批检查验收，每批验收由同一炉号、同一加工方法、同一尺寸、同一交货状态的钢筋组成。每批钢筋取两根，应在外观及尺寸合格的钢筋上切取，并将试样送试验部门复检。

(2)钢筋加工

①钢筋加工的形状、尺寸必须符合设计要求，钢筋端部采用砂轮机切割，保证端部平整；钢筋表面应洁净、无损伤，油渍、漆污和铁锈应在使用前清除干净，带有粒状和浮锈的钢筋不得使用；钢筋加工成半成品后，要按类别、直径、使用部位挂牌，并分类堆放整齐。

②在施工过程中出现钢筋代换时，必须经设计部门认可后，由项目监理工程师签发核定

单，方能代换。

(3)钢筋绑扎

①准备工作：核对半成品钢筋的规格、尺寸和数量等是否与料单相符，准备好绑扎的铁丝、工具、保护层垫块或塑料卡子等。

②梁钢筋：框架梁钢筋绑扎时，其主筋应放在柱立筋内侧；主梁与次梁高度相等时，次梁的下筋立于主梁的下筋之上；遇有多排钢筋交叉时，主次梁的钢筋应隔排重叠。

为保证钢筋的位置正确，保护层垫块在绑扎钢筋前放于梁底模内，板底筋保护层用垫块垫，上筋和负弯矩筋用 ϕ20 mm 钢筋马凳支撑，以保证钢筋不移位。

(4)钢筋连接

按设计及抗震规范要求，当钢筋直径小于 18 mm 时采用搭接或焊接接头；当钢筋直径大于等于 20 mm 以上时，钢筋接头必须采用剥肋直螺纹连接接头；施工操作人员必须培训合格后持证上岗。

(5)质量标准

质量标准按建筑工程质量验收统一标准和相关专业验收标准实施。

(6)成品保护

钢筋扎好后，应按相关规范要求并采取适当措施做好成品的保护工作。

习　　题

1. 会审梁的构造时应注意哪些问题？
2. 框架梁的构造配筋有哪些规定？

任务3　梁的人机料计划编制

梁的人机料计划编制方法及步骤均与柱的人机料计划编制相同，也是先计算出梁的工程量，再查取相应的定额，利用定额算出相应的人机料用量。

任　务　单

院(系)：　　　　　　　　　　班级：　　　　　　　　　　年　　月　　日

学习领域	钢筋混凝土主体结构施工
学习情境	2　梁的施工
子情境	2.3　梁的人机料计划编制
任务名称	编制人机料计划

目　　的	在限定时间内，根据给定的图纸完成人机料用量的计算及安排等工作。学生应在柱人机料计划编制的基础上，利用所学知识、定额、经验等进行梁的人机料计划编制			
完成时间	20 min			
工作步骤	资讯	分析、识读图纸	小组讨论	2 min
	决策	确定所用定额	小组讨论	1 min
	计划	制订计算步骤	小组讨论	1 min
	实施	计算并安排	独立完成	10 min
	检查	填检查单	分组完成	3 min
	评价	填评价单	分组完成	3 min
工　　具 参考资料	1. 实施单、检查单、评价单 2. 教材 3. 定额			

实　施　单

院(系)：　　　　　　　　　　班级：　　　　　　　　　　年　　　月　　　日

任务责任人		完成时间	
学习领域	钢筋混凝土主体结构施工		
学习情境	2　梁的施工		
子情境	2.3　梁的人机料计划编制		
任务名称	编制人机料计划		
人机料计算	请学生按照11G101—1中p34：梁平法施工图平面注写方式示例，15.870—26.670梁平法施工图表示内容计算梁的工程量，然后套用相应定额，计算出人机料的用量；也可由教师提供其他建筑物的梁平法施工图，学生照图计算，完成该项任务		

检　查　单

院(系)：　　　　　　　　　　班级：　　　　　　　　　　年　　　月　　　日

任务责任人			
学习领域	钢筋混凝土主体结构施工		
学习情境	2　梁的施工		
子情境	2.3　梁的人机料计划编制		
任务名称	编制人机料计划		
检查内容	对	错	不清楚

图纸识读			
定额选用			
工程量计算			
套用定额			
经验值参考			
计划表绘制			
小组长			
组员			

评　价　单

院(系)：　　　　　　班级：　　　　　　年　　月　　日

任务责任人				总评分	
学习领域	钢筋混凝土主体结构施工				
学习情境	2　梁的施工				
子情境	2.3　梁的人机料计划编制				
任务名称	编制人机料计划				
评价内容		分值	自评(20%)	组评(30%)	教师评价(50%)
决策	分析、识读图纸	10			
计划	确定所用定额	10			
实施	工程量计算	30			
	套用定额	20			
	经验值参考	10			
	计划表绘制	10			
检查	检查单填写	10			
合　计		100			
小组长					
组员					

任务4　梁的测量施工

梁的测量施工工艺流程如下:放梁中线→弹线→梁边线→弹线→复核。

梁底标高控制用梁底标高减去底面楼板标高及模板与道木高度所得值用仪器放到内脚手架上,依此控制梁底标高,梁顶标高随楼板定。

任　务　单

院(系):　　　　　　　　　　　班级:　　　　　　　　　　　年　　月　　日

<table>
<tr><td colspan="2">学习领域</td><td colspan="3">钢筋混凝土主体结构施工</td></tr>
<tr><td colspan="2">学习情境</td><td colspan="3">2　梁的施工</td></tr>
<tr><td colspan="2">子情境</td><td colspan="3">2.4　梁的测量施工</td></tr>
<tr><td colspan="2">任务名称</td><td colspan="3">梁的定位放线</td></tr>
<tr><td colspan="2">目　　的</td><td colspan="3">在限定时间内,在实训基地进行梁的定位放线工作。学生应在柱测量施工的基础上,利用所学知识、工具进行梁的定位放线工作</td></tr>
<tr><td colspan="2">完成时间</td><td colspan="3">20 min</td></tr>
<tr><td rowspan="6">工作步骤</td><td>资讯</td><td>确定测量控制点</td><td>小组讨论</td><td>2 min</td></tr>
<tr><td>决策</td><td>确定测量步骤</td><td>小组讨论</td><td>1 min</td></tr>
<tr><td>计划</td><td>制订具体实施计划</td><td>小组讨论</td><td>1 min</td></tr>
<tr><td>实施</td><td>测量操作</td><td>独立完成</td><td>10 min</td></tr>
<tr><td>检查</td><td>填检查单</td><td>分组完成</td><td>3 min</td></tr>
<tr><td>评价</td><td>填评价单</td><td>分组完成</td><td>3 min</td></tr>
<tr><td colspan="2">工　　具</td><td colspan="3">1. 实施单、检查单、评价单
2. 教材</td></tr>
</table>

实　施　单

院(系):　　　　　　　　　　　班级:　　　　　　　　　　　年　　月　　日

任务责任人		完成时间	
学习领域	钢筋混凝土主体结构施工		
学习情境	2　梁的施工		
子情境	2.4　梁的测量施工		

任务名称	梁的定位放线
测量操作	根据各院校提供的具体实训条件，梁的测量施工应控制其轴线位置及标高情况，示意图如下：  在实训场所指定一根框架梁，如上图所示，测量其轴线位置及标高。

检　查　单

院(系)：　　　　　　　　　　班级：　　　　　　　　　　年　　月　　日

任务责任人			
学习领域	钢筋混凝土主体结构施工		
学习情境	2　梁的施工		
子情境	2.4　梁的测量施工		
任务名称	梁的定位放线		
检查内容	对	错	不清楚
控制点			
仪器架设			
柱中心线			
柱(梁)边线			
底层楼面标高			
梁底标高			
小组长			
组员			

评　价　单

院(系)：　　　　　　　　　　班级：　　　　　　　　　　年　　月　　日

任务责任人		总评分	
学习领域	钢筋混凝土主体结构施工		
学习情境	2　梁的施工		
子情境	2.4　梁的测量施工		
任务名称	梁的定位放线		

评价内容		分值	自评(20%)	组评(30%)	教师评价(50%)
决策	确定测量步骤	10			
计划	实施步骤	10			
实施	控制点选择	10			
	仪器架设	20			
	柱中心线	10			
	柱(梁)边线位置	10			
	底层楼面标高位置	10			
	梁底标高位置	10			
检查	检查单填写	10			
合　计		100			

小组长			
组员			

任务 5　梁的脚手架搭设

梁的脚手架搭设见学习情境 1 中扣件式钢管脚手架和里脚手架搭设的内容。

任　务　单

院(系)：　　　　　　　　　　　　班级：　　　　　　　　　　　　年　　　月　　　日

学习领域	钢筋混凝土主体结构施工			
学习情境	2　梁的施工			
子情境	2.5　梁的脚手架搭设			
任务名称	搭设梁的脚手架			
目　　的	在限定的时间内,在实训基地进行梁的脚手架搭设工作。学生应在柱的脚手架搭设施工的基础上,利用所学知识、工具进行梁的脚手架搭设工作			
完成时间	120 min			
工作步骤	资讯	测量放线、准备材料	小组实施	20 min
	决策	确定搭设方案	小组实施	5 min
	计划	制订具体实施计划	小组讨论	5 min
	实施	脚手架搭设操作	小组实施	80 min
	检查	填检查单	分组完成	5 min
	评价	填评价单	分组完成	5 min
工具 参考资料	1. 实施单、检查单、评价单 2. 教材			

实　施　单

院(系)：　　　　　　　　　　　　班级：　　　　　　　　　　　　年　　　月　　　日

任务责任人		完成时间	
学习领域	钢筋混凝土主体结构施工		
学习情境	2　梁的施工		
子情境	2.5　梁的脚手架搭设		
任务名称	搭设梁的脚手架		
实施操作	根据各院校提供的具体实训条件,结合梁模板施工,搭设梁脚手架。提供样图如下： 		

检 查 单

院(系)：　　　　　　　　班级：　　　　　　　　年　　月　　日

任务责任人			
学习领域	钢筋混凝土主体结构施工		
学习情境	2　梁的施工		
子情境	2.5　梁的脚手架搭设		
任务名称	搭设梁的脚手架		
检查内容	对	错	不清楚
放线			
连接			
扫地杆			
立杆			
横杆			
道木			
小组长			
组员			

评 价 单

院(系)：　　　　　　　　班级：　　　　　　　　年　　月　　日

任务责任人				总评分		
学习领域	钢筋混凝土主体结构施工					
学习情境	2　梁的施工					
子情境	2.5　梁的脚手架搭设					
任务名称	搭设梁的脚手架					
评价内容		允许误差	分值	自评(20%)	组评(30%)	教师评价(50%)
决策	确定测量步骤		5			
	材料用量		5			

实施	定位		10			
	连接		10			
	扫地杆位置		10			
	立杆位置	±20	10			
	横杆位置	±10	5			
	步架宽度	±20	10			
	步架高度	±20	10			
	安全生产		8			
	文明施工		7			
检查	检查单填写		5			
合　计			100			

小组长			
组员			

任务6　梁的钢筋施工

6.1　钢筋的配料

6.1.1　钢筋制作工艺流程

钢筋制作工艺流程如下：图纸、设计变更、交底纪要、图集→料表制作→料表审核→样板下料→校样→批量制作（废料集中堆放、短料分类堆放、合理利用短料）→分类堆码→分号调运→安装绑扎→复核→料表调整→制作调整。

6.1.2　钢筋的配料

钢筋配料是根据构件配筋图，先绘出各种形状和规格的单根钢筋简图，并加以编号，再计算构件各规格钢筋的直线长度（下料长度）、总根数和钢筋的总质量，然后编制料表，作为备料加工的依据。

1. 钢筋下料长度的计算及规定

(1)钢筋下料长度和砼保护层厚度

钢筋下料长度计算是配料计算中的关键,它是指钢筋在直线状态下截断的长度。但由于结构受力的要求,大多数钢筋需在中间弯曲和两端弯成弯钩。钢筋弯曲时,其外壁伸长,内壁缩短,只有中心线长度保持不变。而设计图中注明的钢筋长度是钢筋的外轮廓尺寸(从钢筋外皮到钢筋外皮量得的尺寸且不包括端头弯钩长度,称为外包尺寸),在钢筋验收时,也按外包尺寸验收。如果下料长度按外包尺寸的总和计算,则加工后钢筋尺寸会大于设计要求的外包尺寸,造成材料浪费,或钢筋的保护层厚度不够,甚至大于模板尺寸。

钢筋的砼保护层厚度是指最外层钢筋外边缘至混凝土表面的距离,其作用是保护钢筋在砼结构中不发生锈蚀。如设计无规定时应满足表 2.6.1 的要求。

表 2.6.1　钢筋的砼保护层最小厚度　　mm

环境等级	板墙壳	梁柱
一	15	20
二 a	20	25
二 b	25	35
三 a	30	40
三 b	40	50

注:①表中混凝土保护层厚度是指最外层钢筋外边缘至混凝土表面的距离,适用于设计年限为 50 年的混凝土结构。

②构件中受力钢筋的保护层厚度不应小于钢筋的公称直径。

③设计使用年限为 100 年的混凝土结构,一类环境中,最外层钢筋的保护层厚度不应小于表中数值的 1.4 倍;二、三类环境中,应采取专门的有效措施。

④混凝土强度等级不大于 C25 时,表中保护层厚度数值应增加 5 mm。

⑤基础底面钢筋的保护层厚度,有混凝土垫层时应从垫层顶面算起,且不应小于 40 mm。

⑥当梁、柱、墙中纵向受力钢筋的保护层厚度大于 50 mm 时,宜对保护层采取有效的构造措施。当在保护层内配置防裂、防剥落的钢筋网片时,网片钢筋的保护层厚度不应小于 25 mm。

(2)钢筋弯曲直径

Ⅰ级钢筋为光圆钢筋,为了增加其与砼锚固的能力,一般在其两端做成 180°弯钩。因其韧性较好,圆弧弯曲直径是钢筋直径的 2.5 倍,平直部分长度不小于钢筋直径的 3 倍;用于轻骨料砼结构时,其弯曲直径不应小于钢筋直径的 3.5 倍。Ⅱ、Ⅲ级钢筋因是变形钢筋,其与砼黏结性能较好,一般在两端不设 180°弯钩。但由于锚固长度原因钢筋末端有时需做 90°或 135°弯折,此时Ⅱ级钢筋的弯曲直径不宜小于钢筋直径的 4 倍;Ⅲ级钢筋不宜小于钢筋直径的 5 倍;平直部分长度按设计要求确定。弯起钢筋中间部位弯折处的弯曲直径不宜小于钢筋直

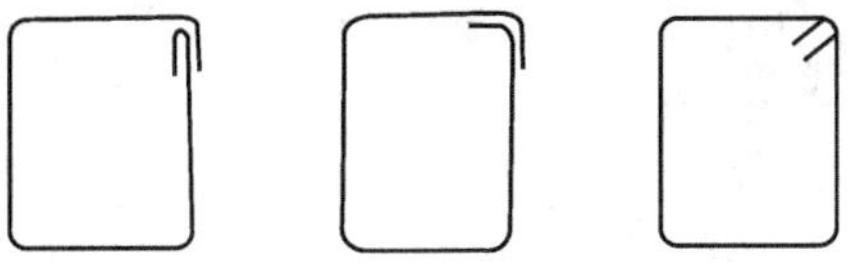

图 2.6.1　箍筋示意图

(a)90°/180°弯钩　(b)90°/90°弯钩

(c)135°/135°弯钩

径的 5 倍。用Ⅰ级钢筋或冷拔低碳钢丝制作箍筋时，其末端也应做弯钩，其弯曲直径不小于箍筋直径的 2.5 倍，弯钩的平直部分，一般结构不小于箍筋直径 5 倍，有抗震要求的结构不应小于箍筋直径的 10 倍。箍筋弯钩的形式，如设计无要求时，可按图 2.6.1(b)、(c)加工，有抗震要求的结构，应按图 2.6.1(c)加工。

(3)量度差值

钢筋的外包尺寸与钢筋的中心线长度之间的差值，称为量度差值。其大小与钢筋和弯心的直径以及弯曲的角度等因素有关。

(4)弯起钢筋的斜长

在钢筋砼梁、板中，因受力需要，经常采用弯起钢筋。其弯起形式有 30°、45°、60°等三种，如图 2.6.2。

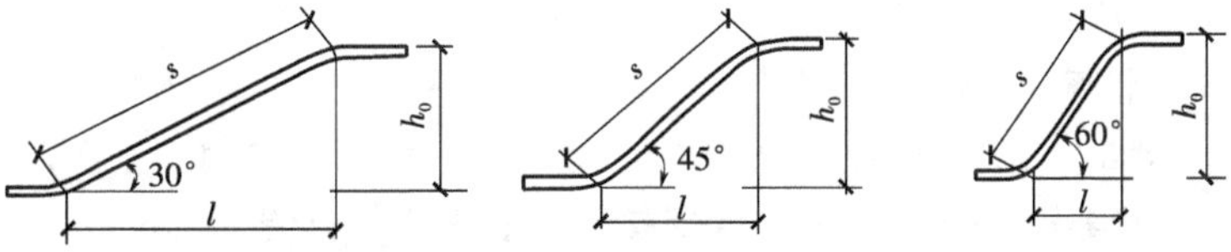

图 2.6.2　弯起钢筋斜长计算示意图

(a)30°弯起　(b)45°弯起　(c)60°弯起

弯起钢筋斜长 s 计算公式如下：

$$s=(H-2b)/\sin\alpha \tag{2.6.1}$$

式中　H——构件的高度或厚度；

b——构件的钢筋保护层厚度；

α——弯起钢筋的弯起角度，分别为 30°、45°和 60°。

因此，弯起 30°时，$s=2(H-2b)$；弯起 45°时，$s=1.414(H-2b)$；弯起 60°时，$s=1.155(H-2b)$。

(5)梁钢筋锚固长度

梁纵向受力钢筋应伸入支座进行锚固，锚固长度与砼等级、钢筋种类及抗震等级有关。锚固长度在结构施工图、平法图集、结构设计规范中有相关规定。

(6)梁箍筋加密区的规定

①一级抗震等级框架梁、屋面框架梁箍筋加密区为：从支座侧边至 $2h_b$(h_b 为梁截面高度)且≥500 mm 范围。

二至四级抗震等级框架梁、屋面框架梁箍筋加密区为：从支座侧边至 $1.5h_b$ 且≥500 mm 范围。加密区第 1 个箍筋离支座侧边间距为 50 mm。

②主次梁相交处，应在主梁上附加 3 个箍筋，间距为 $8d$ 且≤正常箍筋间距，第 1 个箍筋离支座侧边间距为 50 mm。

③梁纵筋采用绑扎搭接接长时，搭接长度部分箍筋应加密。

2. 钢筋端头弯钩的增加长度和弯折量度差值的计算

(1)钢筋端头弯钩增加长度的计算

Ⅰ级钢筋的端头需做180°弯钩，当用于普通砼时，其弯曲直径 $D=2.5d$（d 为钢筋直径），平直段长度为 $3d$，如图2.6.3。则每个弯钩的增加长度为：

$$\pi(D+d)/2+3d-(D/2+d)=\pi(2.5d+d)/2+3d-(2.5/2d+d)=6.25d$$

当用于轻骨料砼时，则其弯曲直径 $D=3.5d$，同理，可计算出每个弯钩的增加长度为 $7.25d$。

(2)钢筋弯折量度差值的计算

钢筋弯折的角度一般有30°、45°、60°、90°和135°。下面以弯起90°为例，介绍量度差值的计算。当钢筋弯起90°时，弯曲直径 $D=5d$，如图2.6.4所示。其量度差值计算如下：

外包尺寸 $2(D/2+d)=7d$；

中心线长度 $\pi(D+d)/4=4.71d$；

量度差值 $7d-4.71d=2.29d$。

实际工作中为了计算方便常取 $2d$。

同理，当弯起30°时，量度差值为 $0.306d$，取 $0.3d$；弯起45°时，量度差值为 $0.543d$，取 $0.5d$；弯起60°时，量度差值为 $0.9d$，取 $1d$；弯起135°时，量度差值为 $3d$。

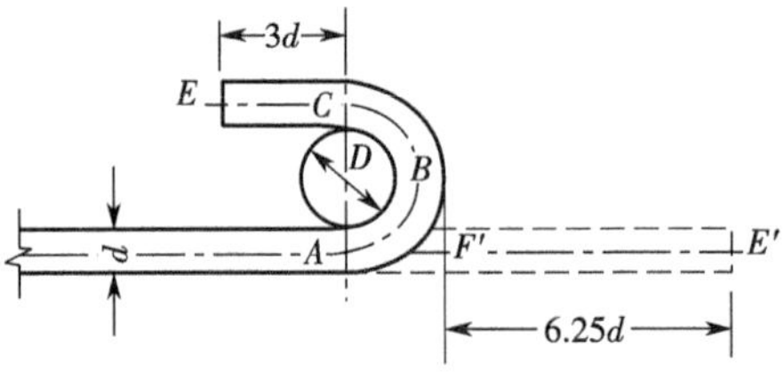

图2.6.3 钢筋端头弯钩计算简图

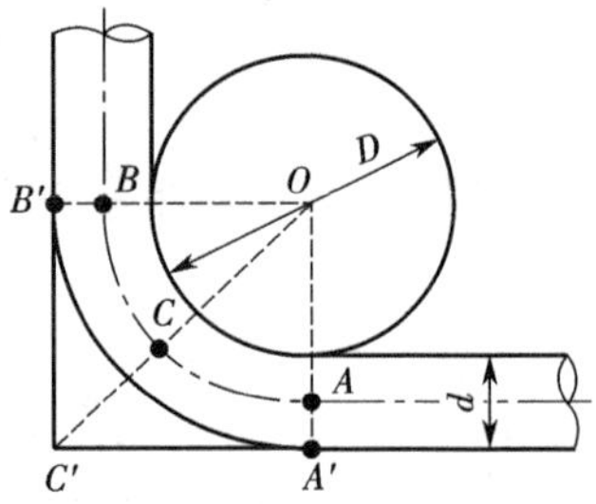

图2.6.4 钢筋弯折90°的量度差值计算简图

(3)箍筋端头弯钩增加长度的计算

箍筋端头弯钩的角度有90°、135°和180°三种。其弯曲直径(D)应大于受力钢筋直径且不小于箍筋直径(d)的2.5倍，平直段长度为箍筋直径的5倍或10倍。因此，每个箍筋弯钩增加长度分别如下。

弯90°时：$\pi(D+d)/4-(D/2+d)+$平直段长度。

弯135°时：$3\pi(D+d)/8-(D/2+d)+$平直段长度。

弯180°时：$\pi(D+d)/2-(D/2+d)+$平直段长度。

为了简化计算，也可按下式计算箍筋下料长度：

箍筋下料长度 = 箍筋周长 + 箍筋调整值

其中的箍筋调整值根据箍筋外包尺寸或内包尺寸按表2.6.2取值。

表 2.6.2　箍筋调整值

箍筋量度方法	箍筋直径/mm			
	4~5	6	8	10~12
量外包尺寸	90	110	140	180
量内包尺寸	170	160	200	260~310

3. 钢筋下料长度

根据钢筋混凝土结构或构件的配筋图，可以把加工成的钢筋形状归纳为直钢筋、弯起钢筋和箍筋三类。其下料长度的计算应考虑锚固长度的规范要求(见平法 11G101 图集)、弯折量度差、弯钩增加长度、砼保护层厚度。

例 2.5.1　某框架建筑结构，设计年限 50 年，环境等级为二 a，抗震等级为四级，HRB335 级钢筋，砼强度等级为 C30，钢筋基本锚固长度 L_{abE} 为 $29d$，共有 10 根框架梁，其配筋如图 2.6.5 所示。柱截面尺寸为 500 mm×500 mm。试计算该梁钢筋下料长度并编制配料单(参见砼结构平面整体表示方法 11G101—1 构造详图)。

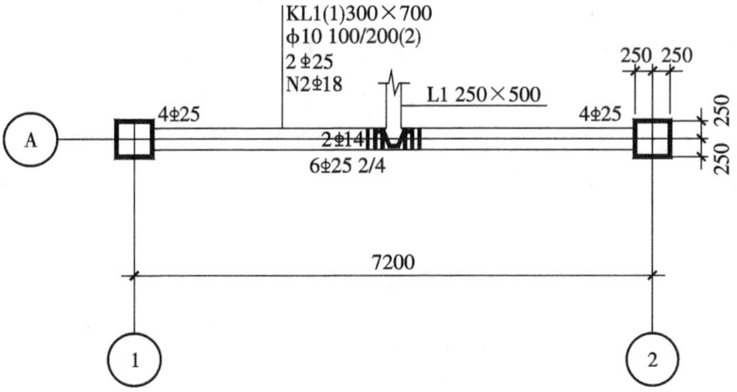

图 2.6.5　某框架梁配筋示意图

解：①梁上部通长钢筋下料长度计算。通长钢筋在边支座处按要求应弯锚，弯段长度为 $15d$，则平直段长度为 500 − 25 = 475 mm ≥ 0.4L_{aE}，故满足要求。其下料长度为：7 200 + 2 × 250 − 2 × 25 + 2 × 15 × 25 − 2 × 2.29 × 25 = 8 286 mm。

②负弯矩钢筋下料长度计算。负弯矩筋要求锚入支座并伸出 $L_n/3$ 。

其下料长度为：(7 200 − 2 × 250)/3 + 500 − 25 + 15 × 25 − 2.29 × 25 = 3 026 mm。

③梁下部钢筋下料长度计算。

下料长度为：7 200 + 2 × 250 − 2 × 25 + 2 × 15 × 25 − 2 × 2.29 × 25 = 8 286 mm。

④抗扭纵向钢筋下料长度计算。

下料长度为：7 200 + 2 × 250 − 2 × 25 + 2 × 15 × 18 − 2 × 2.29 × 18 = 8 108 mm。

⑤附加吊筋下料长度计算。附加吊筋构造见图 2.6.6。

下料长度为：2 × 20 × 14 + 250 + 2 × 50 + 2 × (700 − 2 × 25) × 1.414 − 4 × 0.54 × 14 = 2 668 mm。

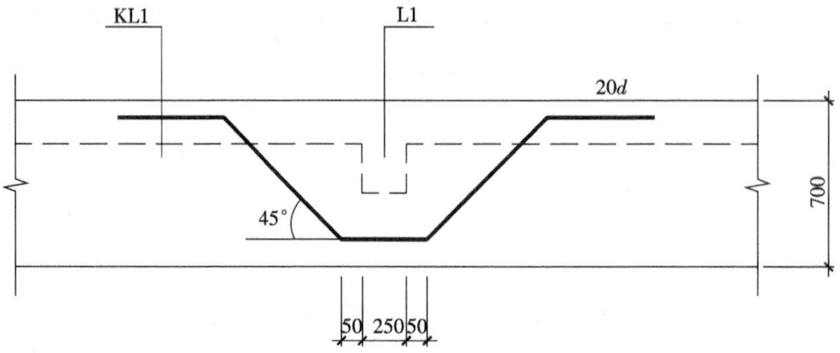

图 2.6.6　附加吊筋构造

⑥箍筋下料长度计算。

箍筋外包尺寸为：〔(300 − 2 × 25) + (700 − 2 × 25)〕× 2 = 1 800 mm。

根据抗震要求，箍筋端头弯钩平直段长度为 $10d$，所以每个箍筋弯钩增加长度为 $3\pi(D+d)/8-(D/2+d)+10d=11.87d$。

下料长度为：1 800 + 2 × 11.87 × 10 − 3 × 1.75 × 10 = 1 985 mm。

箍筋根数为：(1.5 × 700 − 50) × 2/100 + (7200 − 2 × 250 − 2 × 1.5 × 700)/200 + 1 = 44 个。

另外，主次梁相交处应在主梁上沿次梁边附加 3 个箍筋，故总个数为：44 + 2 × 3 = 50 个。

配料单编制如表 2.6.3 所示。

表 2.6.3　配料单

构件名称	钢筋编号	简图	直径/mm	钢号	下料长度	单位根数	合计根数	质量/kg
KL1(1) 共 10 根	1	375 7650 375	25	⊈	8 286	2	20	649.1
	2	375 2708	25	⊈	3 026	4	40	466.8
	3	375 7650 375	25	⊈	8 286	6	60	1 917.2
	4	270 7650 270	18	⊈	8 108	2	20	324.2
	5	280 45° 300 280 650	14	⊈	2 668	2	20	64.5
	6	670 270	10	⊈	1 985	50	500	612.4
	⊈25　3 023.1 kg　⊈18　324.2 kg　⊈14　64.5 kg　⊈10　612.4 kg							

6.1.3　钢筋的代换

1. 钢筋的代换方法

在施工中如果遇到钢筋品种或规格与设计要求不符时，征得设计单位同意后，可按下列方法进行代换。

（1）等强度代换

构件配筋受强度控制时，按代换前后强度相等的原则进行代换，称等强度代换。代换时应满足下式要求：

$$A_2 f_{y2} \geqslant A_1 f_{y1} \tag{2.6.2}$$

即

$$n_2 d_2^2 f_{y2} \geqslant n_1 d_1^2 f_{y1} \tag{2.6.3}$$

A_1、d_1、n_1、f_{y1}分别为原设计钢筋的截面面积、直径、根数和设计强度；A_2、d_2、n_2、f_{y2}分别为拟代换钢筋的截面面积、直径、根数和设计强度。

（2）等面积代换

构件按最小配筋率配筋时，按代换前后面积相等的原则进行代换，称等面积代换。代换时应满足下式要求：

$$A_2 \geqslant A_1 \tag{2.6.4}$$

即

$$n_2 d_2^2 \geqslant n_1 d_1^2 \tag{2.6.5}$$

2. 钢筋代换的技术要求

①对某些重要构件，如吊车梁、薄腹梁、桁架下弦等，不宜用Ⅰ级光面钢筋代换变形钢筋，以免裂缝开展过大。

②钢筋代换后，应满足砼结构设计规范所规定的钢筋最小直径、间距、根数、锚固长度等要求。

③梁的纵向受力钢筋与弯起钢筋应分别代换，以保证正截面与斜截面强度。

④偏心受压或偏心受拉构件的钢筋代换时，不取整个截面的配筋量计算，应按受压或受拉钢筋分别代换。

⑤当构件受裂缝宽度或挠度控制时，钢筋代换后应进行裂缝宽度或挠度验算。

⑥对有抗震要求的框架，不宜用强度等级较高的钢筋代换原设计中的钢筋。当必须代换时，其代换钢筋所得的实际抗拉强度与实际屈服强度的比值不应小于1.25；实际屈服强度与钢筋标准强度的比值，当按1级抗震设计时，不应大于1.25；当按2级抗震设计时，不应大于1.4。

⑦预制构件的吊环，必须采用未经冷拉的Ⅰ级热轧钢筋制作，严禁用其他钢筋代换。

⑧代换后的钢筋用量，不宜大于原设计用量的5%，不低于2%，同一截面钢筋直径相差不大于5 mm，以防构件受力不匀而造成的破坏。

实训项目：到建筑工程实训基地针对某梁钢筋进行编制配料单实训。

6.2 梁钢筋的施工

6.2.1 梁钢筋施工工艺流程

梁钢筋施工工艺流程如下:梁筋布料、画线→扎主梁→扎次梁→焊接→梁垫块→梁筋自检→验收。

6.2.2 梁钢筋的连接

梁钢筋的连接方式有绑扎连接、电弧焊接和机械连接三种。绑扎连接和机械连接参见柱钢筋的施工。

1. 电弧焊

电弧焊是利用弧焊机使焊条和焊件之间产生高温电弧,使焊条和高温电弧范围内的焊件金属熔化,熔化的金属凝固后形成焊缝或焊接接头。电弧焊广泛应用于钢筋的搭接接长、钢筋骨架的焊接、钢筋与钢板的焊接、装配式结构接头的焊接及各种钢结构的焊接。

钢筋电弧焊的接头形式有搭接接头、帮条接头、坡口接头、熔槽帮条接头、钢筋与预埋铁件接头。

(1)搭接接头

搭接接头适用于直径 10 ~40 mm 的Ⅰ级 ~ Ⅲ级钢筋。焊接前,先将钢筋的端部按搭接长度预弯,以保证两钢筋的轴线在一条直线上(如图 2.6.7)。然后两端点焊定位,焊缝宜采用双面焊,当双面施焊有困难时,也可采用单面焊。

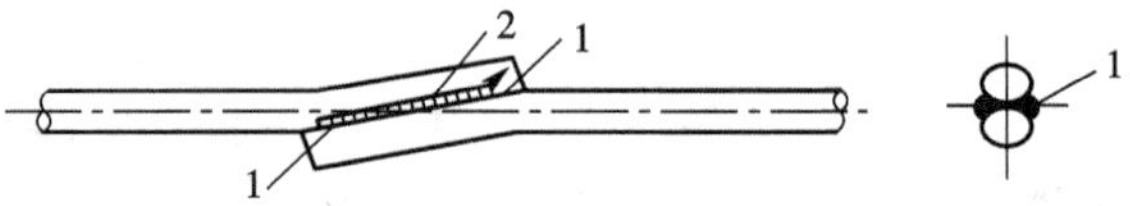

图 2.6.7 钢筋搭接接头

1— 定位焊缝;2—弧坑拉出方位

(2)帮条接头

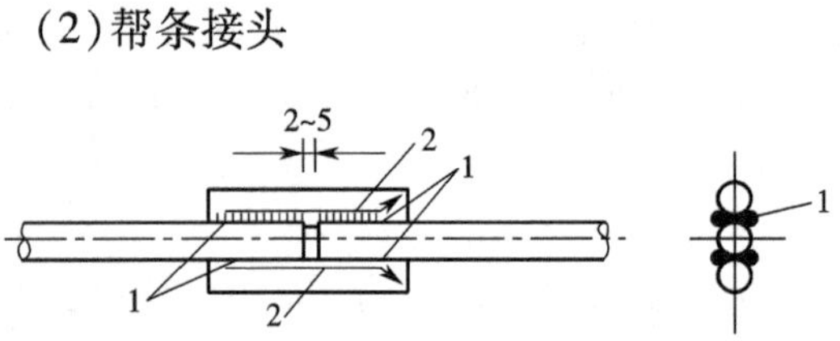

图 2.6.8 钢筋帮条接头

1— 定位焊缝;2—弧坑拉出方位

帮条接头适用范围同搭接接头。帮条宜采用与主筋同级别、同直径的钢筋制作(图 2.6.8)。所采用帮条的总截面面积应满足:当被焊接钢筋为Ⅰ级钢筋时,应不小于被焊接钢筋截面的 1.2 倍;被焊接钢筋为Ⅱ级、Ⅲ级钢筋时,应不小于被焊接钢筋截面面积的 1.5 倍。主筋端面间的间隙应为 2 ~5 mm,帮条和主筋间用 4 点对称定位焊加以固定。钢筋帮条长度如表 2.6.4 所示。

表 2.6.4　钢筋帮条长度

	钢筋级别	焊缝形式	帮条长度
1	HPB300	单面焊	>8*d*
		双面焊	>4*d*
2	HRB335	单面焊	>10*d*
		双面焊	>5*d*

(3)坡口接头

坡口接头多用于装配式结构现浇接头中直径 16～40 mm 的Ⅰ级～Ⅲ级钢筋的焊接。这种接头比上两种接头节约钢材。按焊接位置不同,坡口焊可分为平焊和横焊两种(图 2.6.9)。焊接前,应先将钢筋端部切出剖口。

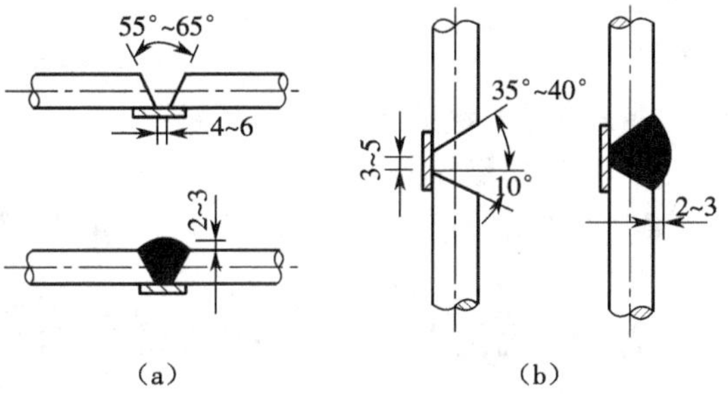

图 2.6.9　坡口接头

(a)钢筋坡口平焊接头　(b)钢筋坡口横焊接头

(4)熔槽帮条接头

熔槽帮条接头适用于钢筋直径大于 25 mm 的现场安装焊接。焊接时,应加角钢作垫模,角钢同时也起帮条作用(图 2.6.10)。角钢的边宽为 40～60 mm,长度为 80～100 mm。

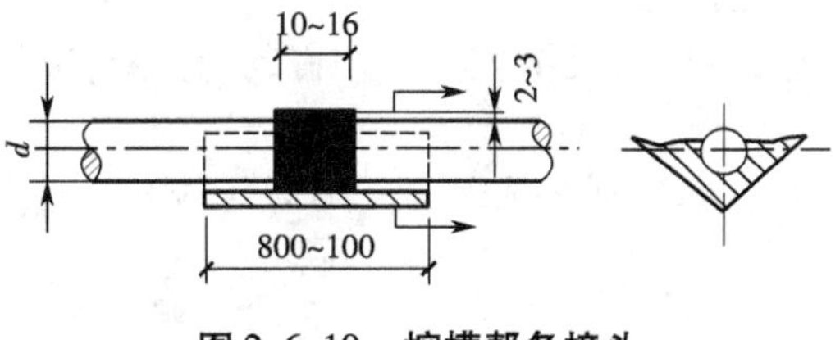

图 2.6.10　熔槽帮条接头

(5)钢筋与预埋铁件接头

钢筋与预埋铁件接头可分为对接接头和搭接接头两种,对接接头又可分为贴角焊和穿孔塞焊(图 2.6.11)。当锚固钢筋直径在 18 mm 以下时,可采用贴角焊;当锚固钢筋直径为 18～22 mm 时,宜采用穿孔塞焊。角焊缝焊脚 k 对于Ⅰ级和Ⅱ级钢筋应分别不小于钢筋直径的 0.5 倍和 0.6 倍。钢筋与钢板搭接接头如图 2.6.12,Ⅰ级钢筋的搭接长度不小于 $4d$,Ⅱ级钢筋的搭接长度不小于 $5d$,焊缝宽度 h 不小于 $0.5d$,焊缝厚度 b 不小于 $0.35d$。

电弧焊接头的质量检查主要是外观检查,要求焊缝平顺、不得有裂纹;没有明显的咬边、凹陷、焊瘤、夹渣及气孔;用小锤敲击焊缝时,应发出与基本金属同样的清脆声;焊缝尺寸与缺陷的偏差不得大于《钢筋焊接及验收规程》(JGJ18—2010)的规定。另外，还需抽样做拉伸试验。如对焊接质量有怀疑时，还可进行非破损性检验。

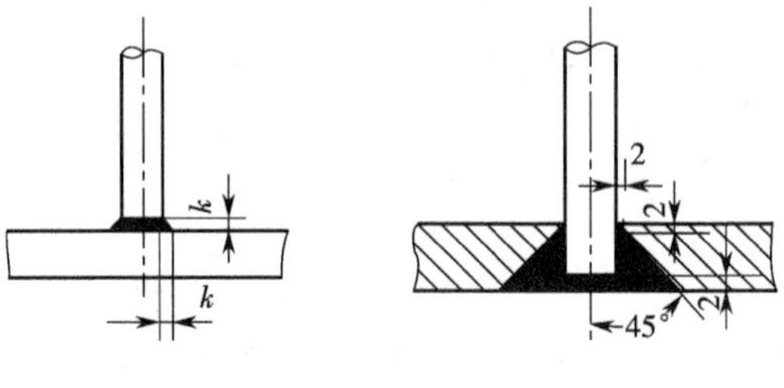

(a)　　(b)

图 2.6.11　钢筋与预埋件对接接头

(a)贴角焊　(b)穿孔塞焊

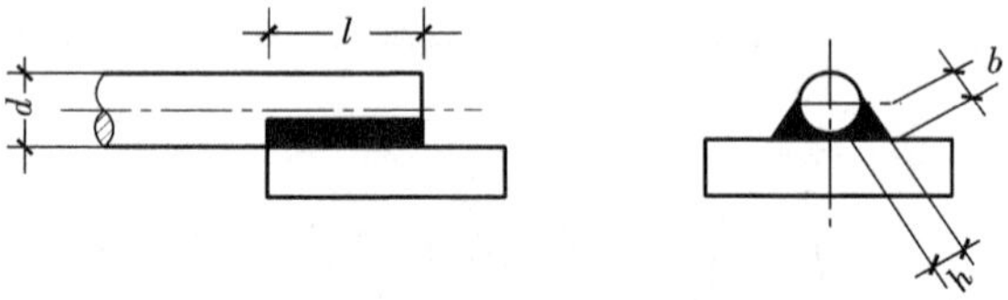

图 2.6.12　钢筋与预埋件搭接接头

2. 焊接连接施工规范规定

1)轴心受拉和小偏心受拉杆件中的钢筋接头均应焊接。

普通砼中直径 >22 mm 的钢筋，轻集料砼中直径 >20 mm 的Ⅰ级钢筋及直径 >25 mm 的Ⅱ级、Ⅲ级钢筋的接头，均宜采用焊接。对轴心和偏心受压柱中受压钢筋的接头，其直径 >32 mm 时，应采用焊接。

2)有抗震要求的受力钢筋接头，宜优先采用焊接或机械连接，当采用焊接连接时应符合如下要求。

①纵向钢筋的接头，对一级抗震结构应采用焊接；对二级抗震结构宜采用焊接。

②框架底层柱、剪力墙加强部位纵向钢筋的接头应采用焊接。

③钢筋接头不宜设在梁端、柱端的箍筋加密区范围内。

3)当受力钢筋采用焊接接头时，设置在同一构件内的焊接接头应相互错开，同一根钢筋不得有两个接头。在该区段内有接头的受力钢筋截面面积占总截面面积的百分率：非预应力筋，受拉区≤50%；预应力筋，受拉区≤25%。

4)焊接接头距钢筋弯折处≤10d，且不宜位于构件的最大弯矩处。

实训项目：在建筑工程实训基地进行电弧焊焊接实训。

6.2.3　梁钢筋施工的质量要求

①梁底部纵向钢筋接头在支座或支座两侧 1/3 净跨范围内，梁上部纵向钢筋接头在净跨中 1/3 范围内。

②在柱、梁中，当受力钢筋采用机械连接接头或焊接接头时，设置在同一构件内的接头宜相互错开，一根钢筋不得有两个接头。纵向受力钢筋机械连接接头及焊接接头连接区段的长度为 35d(d 为纵向受力钢筋的较大直径)，且不小于 500 mm，凡接头中点位于该连接区段长度内的接头均属于同一连接区段。同一连接区段内，纵向受力钢筋的接头面积百分率应符合设计要求。当设计无具体要求时，应符合下列规定：在受拉区不宜大于 50%；接头不宜设置在

有抗震设防要求的框架梁端、柱端的箍筋加密区；当无法避开时，对等强度高质量机械连接接头，不应大于50%；直接承受动力荷载的结构构件中，不宜采用焊接接头；当采用机械连接接头时，不应大于50%；在受压区不限制。

③钢筋的品种和质量必须符合设计要求和规范规定。焊条、焊剂的牌号、性能必须符合设计要求和《低碳钢及低合金高强度钢焊条》的规定。

④钢筋绑扎后，应根据设计图纸检查钢筋的钢号、直径、根数、间距、形状是否正确，特别要检查负筋的位置和箍筋的间距。

⑤焊接接头尺寸允许偏差必须符合有关规定。

⑥严格控制钢筋保护层的厚度，按要求设垫块或卡具，确保其位置的准确。若梁中受力筋为多排，应保证钢筋之间净距不小于最大钢筋直径且不小于25 mm。

实训项目：在建筑工程实训基地进行梁钢筋的绑扎实训。

习　　题

1. 某梁设计主筋为4根Φ 20的钢筋，拟用Φ 16钢筋代换，应如何代换该梁主筋？

2. 某梁设计主筋为3根HRB335级Φ 20钢筋（$f_{y1}=335$ MPa），现场无该级钢筋，拟用HPB300级Φ 18（$f_{y2}=300$ MPa）代换，试计算需几根钢筋？若用Φ 18钢筋代换，当梁宽为250 mm时，钢筋按一排布置能否排下？

3. 计算如下图所示钢筋的下料长度。

（1）Φ 25

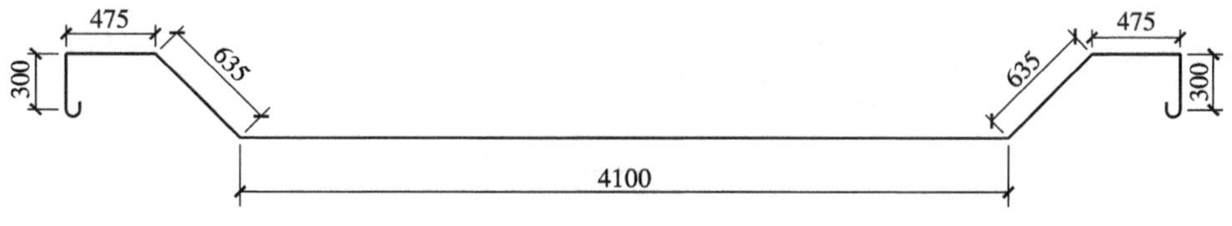

（2）Φ 20

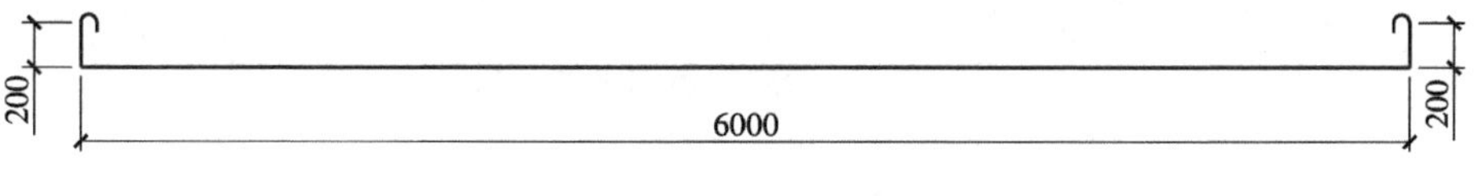

任务7　梁的模板施工

梁模板是使钢筋混凝土梁成型的模具，它包括模板、支架和紧固件三部分。梁模板是保证混凝土在浇筑过程中保持正确的形状和尺寸,在硬化过程中进行防护和养护的工具。

7.1 梁模板的类型及特点

模板按其材料不同可分为木模板、钢模板和胶合板等;按其形式不同可分为定型式模板、工具式模板、整体式模板和滑升式模板等。目前在施工现场浇筑混凝土框架梁多采用竹胶合板。

其中木模板和钢模板目前较少使用,本书不作介绍。由于梁具有跨度大、宽度小的特点,而且混凝土对梁模板既有水平侧压力,又有垂直压力,因此在搭设梁模板时,就要求梁模板及其支架能承受这些荷载而不致发生超过规范允许的过大变形。

7.2 梁胶合板模板的配板过程

根据梁的截面尺寸,用竹或木胶合板加工定型成梁底模和梁侧模(如图 2.7.1),阳角处粘一条自黏性泡沫密封条,以防止阳角跑浆。底模和侧模采用 ϕ48 钢管和管件进行加固支撑。在施工现场进行模板加工时,模板应满足表 1.7.1 的要求。

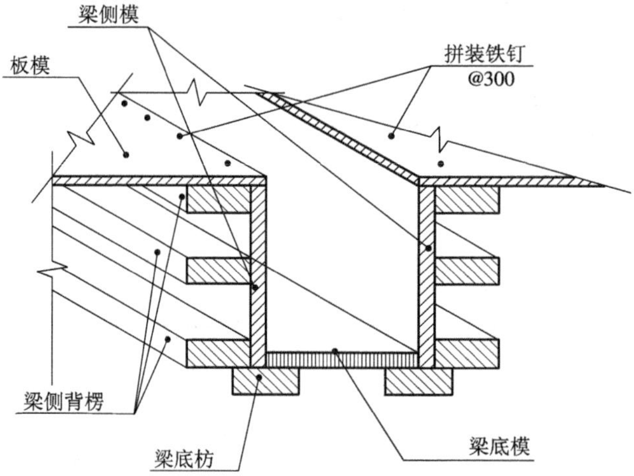

图 2.7.1 梁底模与侧模的配板

7.3 梁模板的施工方法与规范要求

7.3.1 梁模板施工工艺流程

梁模板施工工艺流程如下:弹线→支立柱→ 调整标高→ 安装梁底模→ 绑梁钢筋→ 安装侧模 →办预检。

7.3.2 框架梁模板的安装步骤

框架梁模板的安装步骤如下。

①柱子拆模后在混凝土上弹出轴线和水平线。

②安装梁的钢支柱之前(如为土地面必须夯实)支柱下垫通长脚手板。一般梁支柱采用单排,当梁截面较大时可采用双排或多排,支柱的间距应由模板设计规定,一般情况下,间距以600~1000 mm为宜。支柱上面垫100 mm×100 mm方木,支柱加剪刀撑和水平拉杆,离地500 mm设一道,以上每隔2 m设一道。

③按设计标高调整支柱的标高,然后安装梁底模板,并拉线找直。梁底模板应起拱,当梁跨度≥4 m时,梁底模板按设计要求起拱。如设计无要求时,起拱高度宜为梁跨度的1/1 000~3/1 000。

④绑扎梁钢筋,经检查合格后办理隐检,并清除杂物,安装侧模板。两侧模板与底板相连。

⑤用梁托架或三角架支撑固定梁侧模板。龙骨间距应由模板设计规定,一般情况下宜为750 mm,梁模板上口用定型卡子固定。当梁高超过600 mm时,加穿梁螺栓加固。

⑥安装后校正梁中线、标高、断面尺寸。将梁模板内杂物清理干净、检查合格后办预检。

⑦梁模板质量检查应符合表2.7.2的要求。

表2.7.2 模板安装和预埋件、预留孔洞的允许偏差

<table>
<tr><th colspan="2" rowspan="2">项目</th><th colspan="2">允许偏差/mm</th><th rowspan="2">检查方法</th></tr>
<tr><th>单层、多层</th><th>高层框架</th></tr>
<tr><td colspan="2">柱、墙、梁轴线位移</td><td>5</td><td>3</td><td>尺量检查</td></tr>
<tr><td colspan="2">标高</td><td>+5</td><td>+2
-5</td><td>用水准仪或拉线和尺量检查</td></tr>
<tr><td colspan="2">墙、柱、梁截面尺寸</td><td>+4
-5</td><td>+2
-5</td><td>尺量检查</td></tr>
<tr><td colspan="2">每层垂直度</td><td>3</td><td>3</td><td>用2 m托线板检查</td></tr>
<tr><td colspan="2">相邻两板表面高低差</td><td>2</td><td>2</td><td>用直尺和尺量检查</td></tr>
<tr><td colspan="2">表面平整度</td><td>5</td><td>5</td><td>用2 m靠尺和楔形塞尺检查</td></tr>
<tr><td colspan="2">预埋钢板、预埋管、预留孔中心线位移</td><td>3</td><td>3</td><td rowspan="3">拉线和尺量检查</td></tr>
<tr><td rowspan="2">预埋螺栓</td><td>中心线位移</td><td>2</td><td>2</td></tr>
<tr><td>外露长度</td><td>+10
-0</td><td>+10
-0</td></tr>
</table>

续表

项目		允许偏差/mm		检查方法
		单层、多层	高层框架	
预留洞	中心线位移	10	10	
	截面内部尺寸	+10 -0	-0	

7.3.3 梁模板施工时的注意事项

梁模板在施工时容易产生的问题是：梁身不平直，梁底不平，梁侧面鼓出，梁上口尺寸加大。所以在施工过程中应采取以下防治办法。

①梁模板应通过设计确定龙骨、支柱的尺寸及间距，使模板支撑系统有足够强度及刚度，防止浇混凝土时模板变形。

②梁模板支柱的底部应支在坚实地面上，垫通长脚手板防止支柱下沉，梁模板应按设计要求起拱，防止挠度过大。

③梁模板上口应有拉杆锁紧，防止上口变形。

7.3.4 梁模板的拆除

①梁模板尽可能及时拆除，有利于模板的周转和加快工程进度。

②拆模要掌握时机，应使混凝土达到必要的强度，混凝土的强度以同条件养护试块的抗压强度为准。侧模的拆除以不损坏梁的棱角为准，底模拆除时，混凝土强度应满足表 2.7.3 的要求。

表 2.7.3 底模拆除时的混凝土强度要求

构件类型	构件跨度/m	达到设计的混凝土立方体抗压强度标准值的百分率/%
梁、拱、壳	≤8	≥75
	>8	≥100
悬臂构件	—	≥100

③拆除模板的顺序和方法，应按照模板设计的规定进行。模板拆除的原则一般是：先拆非承重模板，后拆承重部分模板；先支的后拆，后支的先拆；自上而下拆除模板。

④楼层较高，支模采用双层排架时，先拆上层排架，使龙骨和模板落在底层排架上，上层钢模全部运出后，再拆底层排架。

⑤用钩子将模板钩下，或用撬棍轻轻撬动模板，使模板脱离，待该段模板全部脱模后，集中堆放或运走。

⑥拆下的模板应及时清理黏结物，修理并涂刷隔离剂，分类堆放整齐。拆下的连接件及配

件及时收集,集中管理。

实训项目:到实训基地进行梁模板的配板及安装。

习　　题

1. 在工程中模板的类型较多,按其材料不同可分为哪几类?

2. 已知一根单梁的截面尺寸为 250 mm×500 mm,跨度为 3.9 m,要求写出此梁的配板计划。

3. 请简述梁模板的安装步骤。

4. 对于跨度为 9 m 的现浇钢筋砼梁,其底模应按设计要求起拱,当设计无具体要求时,其跨中起拱高度为(　　)。

A. 2 mm　　B. 5 mm　　C. 15 mm　　D. 30 mm

任务 8　梁的砼施工

8.1　梁砼施工工艺流程

梁砼施工工艺流程如下:施工缝处理→钢筋隐蔽验收→模板验收→砼浇筑许可证审批→模板清洁润湿→浇筑砼。

8.2　梁施工缝的留置

与板连接成整体的大截面梁,施工缝留置在板底面以下 20～30 mm 处。当板下有梁托时,留置在梁托下部。

有主次梁的楼板宜顺着次梁方向浇筑,施工缝应留置在次梁跨度的中间 1/3 范围内(图 2.8.1),梁的施工缝截面应垂直于结构的轴线,不得留斜茬。

8.3　梁施工要求

梁板砼在浇筑前,施工单位首先对已制作好的模板、支撑、钢筋、预埋件进行认真的检查并填写好各项隐蔽记录资料及砼浇筑证,其次通知监理方、建设方及质监方的人员一起对砼浇筑

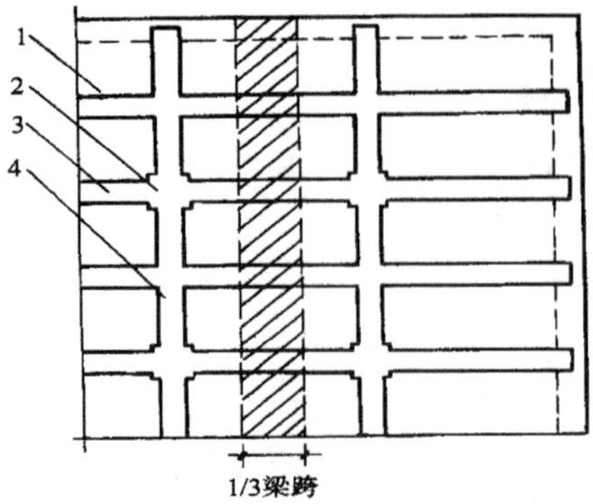

图 2.8.1　有主次梁楼板施工缝位置

1—梁板;2—柱子;3—次梁;4—主梁

前的模板、钢筋、预埋件、各种管线等检查确认并签署砼浇筑证手续后,方可进行砼的浇筑工作。同时施工现场做好砼浇筑前的前、后台的各项准备工作。每次浇混凝土必须有钢筋工、模板工、安装工值班。混凝土振捣人员及施工范围应有记录,在浇筑混凝土工程中,不能随意挪动钢筋,要随时检查钢筋保护层厚度及所有预埋件的牢固程度和位置准确性。(同柱砼浇筑)

梁板砼一般同时浇筑,先分层浇筑梁砼,待梁内砼标高与板底齐平后,便浇筑板砼,并沿着次梁方向浇筑;当梁高超过 1 m 时,可先单独浇筑梁砼,最后浇筑楼板砼,水平施工缝设置在板下 20 ~ 30 mm 处。

实训项目:到施工现场观摩梁砼浇筑过程。

任务 9　梁的质量及安全控制

9.1　梁的质量控制

9.1.1　梁的质量控制要点

1. 施工方案的制订

梁施工中主要涉及梁钢筋连接方式的选择、模板方案的选择、混凝土浇筑方案的选择等。施工中多采用梁板同时浇筑。因此,模板方案和混凝土浇筑方案可以一起统筹考虑。这些方案只有充分论证其可行性后,方能投入实施。

2. 施工过程的监管

梁施工的监管内容主要是梁钢筋的规格、级别、间距、接头位置、保护层厚度,模板的截面尺寸、位置、标高、支撑加固措施、起拱高度,混凝土的配合比、浇筑工艺及养护情况等。

9.1.2　质量记录资料

质量记录资料包括以下内容。

①模板分项工程检验记录、质量评定资料等。

②钢筋出厂质量证明或试验报告单、钢筋力学性能试验报告单、钢筋接头拉伸试验报告、钢筋隐蔽验收记录、钢筋分项工程质量检验评定资料等。

③水泥出厂质量证明书及进场复试报告、石子试验报告、砂试验报告、掺和料出厂质量证明及进场试验报告，外加剂出厂质量证明及进场试验报告、产品说明书，混凝土试配记录，混凝土施工配合比通知单，混凝土试块强度试压报告，混凝土强度统计评定表，混凝土分项工程质量检验评定，混凝土施工日志等。

④设计变更、洽商记录及其他技术资料等。

9.1.3　常见质量事故的处理

纵向受力钢筋位置出现差错，梁上部的负弯矩筋下移，如悬挑梁受力钢筋位置放错或下沉，使得构件受拉部位没有钢筋或钢筋不足，造成梁折断、裂缝或塌落。

(1)原因分析

①技术交底不明确，操作工人不懂得一般结构知识，没有按图样要求施工，或乱改设计造成钢筋安装固定困难。

②钢筋安装工艺不当，固定措施不力或浇筑混凝土工艺不当，使钢筋在浇捣混凝土时移位。

③由于看错图样，计算错误，造成配料单错误，钢筋安装出现差错。

④施工操作不负责任，随意践踏钢筋，缺乏技术管理、质量检验制度，管理不善。

(2)处理方法

钢筋安装后及时检查核对其直径、根数、级别、位置等，如与结构施工图样有差异，必须及时纠正，必要时会同设计、质检部门研究解决方案；通过认真检查做好隐蔽工程验收记录。

9.2　梁的安全控制

梁模板支设属于高空作业，作业工人应提前搭设好满堂脚手架，脚手架上铺设好脚手板。在建筑物四周施工时，外墙脚手架的搭设高度应始终高于作业层 1.5 m 以上。以保证建筑工人临边施工的安全。在脚手架上操作时应系好安全带，严禁在脚手架上堆放模板或钢筋。手提电动手锯应具有良好的绝缘及保险装置，操作时小心锯齿伤人。

梁的其他安全技术措施参见学习情境 1 中柱的安全技术措施。

习　　题

某综合楼建筑面积 3 480 m^2，总长 41.3 m，总宽 13.4 m，高 27.65 m，6 层现浇框架结构，首层层高为 8.5 m，其余为 4 m，采用梁式满堂钢筋混凝土基础。在浇筑 9 m 跨度二层肋梁楼板时，因模板支撑系统失稳，使二层楼板全部垮塌，造成 3 人死亡、12 人轻伤的质量事故。事故发生后，有关单位立即成立调查小组，对事故的情况进行调查，发现该框架支模没按规定要求的“支架的立柱或桁架必须用撑拉构件固定,确保其稳定”来制作,整个支架没有一道剪刀支撑,施工人员凭经验办事,事先没有施工设计方案,没有技术交底,质量管理人员发现大梁移位时,没有给予足够的重视,没有采取可靠有效的措施。

问题:

1. 造成工程质量事故可能的原因有哪些?分析该工程质量事故发生的原因。

2. 依据事故损失的严重程度,工程质量事故可分为哪三类?该事故属于哪一类?为什么?

3. 该质量事故调查报告的主要内容是什么?

学习情境2小结

建筑物荷载传递的主要途径是(屋面、楼面)板→梁→柱→基础。因此,梁是承受荷载最关键的构件之一,且有承上启下的作用。本学习情境主要从读图、会审、人机料计划编制等9个任务入手,介绍了梁施工中所涉及的知识点和技能,同时通过架子工、钢筋工、模板工等实训项目的设计实现学生“边学、边做、边互动”。对于与柱施工相同的知识点和技能未作介绍,选择性地采用了任务单方式实施“任务引导式”教学。由于梁定位放线、脚手架搭设、钢筋施工、模板施工、砼施工等任务在实施过程及结束后,均须对质量、安全进行检查和控制,所以任务9的内容与其他任务的内容有所交叉和重叠。

教学评估表

学习情境名称:________ 班级:________ 姓名:________ 日期:________

1. 本表主要用于对课程授课情况的调查,可以自愿选择署名或匿名方式填写问卷。根据自己的情况在相应的栏目打“√”。

评估等级 评估项目	非常赞成	赞 成	不赞成	非常不赞成	无可奉告
(1)我对本学习情境的学习很感兴趣					
(2)教师的教学设计好,有准备并能阐述清楚					
(3)教师因材施教,运用了各种教学方法来帮助我的学习					
(4)学习内容能提升我的平法读图技能					
(5)有实物、图片、音像等材料,能帮助我更好地理解学习内容					
(6)教师知识丰富,能结合施工现场进行讲解					
(7)教师善于活跃课堂气氛,设计各种学习活动,利于学习					
(8)教师批阅、讲评作业认真、仔细,有利于我的学习					

续表

评估等级 / 评估项目	非常赞成	赞 成	不赞成	非常不赞成	无可奉告
(9)我能理解并能应用所学知识和技能					
(10)授课方式适合我的学习风格					
(11)我喜欢这门课中的各种学习活动					
(12)学习活动有利于我学习该课程					
(13)我有机会参与学习活动					
(14)每个活动结束都有归纳与总结					
(15)教材编排版式新颖,有利于我学习					
(16)教材使用的文字、语言通俗易懂,有对专业词汇的解释、提示和注意事项,利于我自学					
(17)教材为我完成学习任务提供了足够信息,并提供了查找资料的渠道					
(18)教材通过讲练结合使我增强了技能					
(19)教学内容难易程度合适,紧密结合施工现场,符合我的需求					
(20)我对完成今后的典型工作任务更有信心					

2. 您认为教学活动使用的视听教学设备:

合适 □　　太多 □　　太少 □

3. 教师安排边学、边做、边互动的比例:

讲太多 □　　练习太多 □　　活动太多 □　　恰到好处 □

4. 教学进度:

太快 □　　正合适 □　　太慢 □

5. 活动安排的时间长短:

太长 □　　正合适 □　　太短 □

6. 我最喜欢本学习情境的教学活动是:

7. 我最不喜欢本学习情境的教学活动是:

8. 本学习情境我最需要的帮助是:

9. 我对本学习情境改进教学活动的建议是:

学习情境3　板的施工

【学习目标】

知识目标	能力目标	权重
能正确表述板的平面整体表示方法及制图规则	能正确识读板的结构施工图(平法表示)	0.10
能基本表述板的构造标准	根据板的构造标准,能进行板施工图的会审和技术交底	0.15
能正确表述钢筋混凝土主体结构施工进度表中板的施工内容	能较正确提出板施工的人机料计划,正确选择所需施工机具	0.10
能够熟练表述用水准仪、经纬仪对板进行定位放线时的操作步骤及方法	能正确操作水准仪、经纬仪,正确进行板的定位、放线及轴线的引测	0.10
能熟练表述板施工脚手架的种类及特点、脚手架的搭设要求及搭设步骤	能正确选用板施工时所需脚手架及支架的类型,指导脚手架及支架的施工(包括搭设和检查)	0.10
能正确表述板钢筋下料单的编制方法、板钢筋的施工方法及施工规范等	能正确编制板钢筋的下料单,能指导板钢筋的施工(包括钢筋的成型、连接、安装及检查)	0.13
能正确表述板模板的类型及特点、模板的配板过程、模板的施工方法及施工规范等	能正确选用板模板的种类及规格,进行板模板的配板设计,指导板模板的施工(包括模板的定位、安装、检查)	0.10
能正确表述浇筑板混凝土的抽样检查内容及步骤、混凝土工程的施工方法及施工规范等	能进行混凝土的抽样检查,指导板的泵送混凝土施工(包括泵站的选择、管道的支设、混凝土的浇筑、检查)	0.10
能正确表述板施工质量的检查方法及质量控制过程、质量安全事故等级划分及处理程序、板施工的安全技术措施、板施工常见的质量事故及其原因	能在板施工过程中正确进行安全控制、质量控制,分析并处理常见质量问题和安全事故	0.12
合　计		1.00

【教学准备】

准备各工种(测量工、架子工、钢筋工、混凝土工等)的视频资料(各院校可自行拍摄或向相关出版机构购买),实训基地、水准仪、全站仪、钢管、模板、钢筋等实训场地、机具及材料。

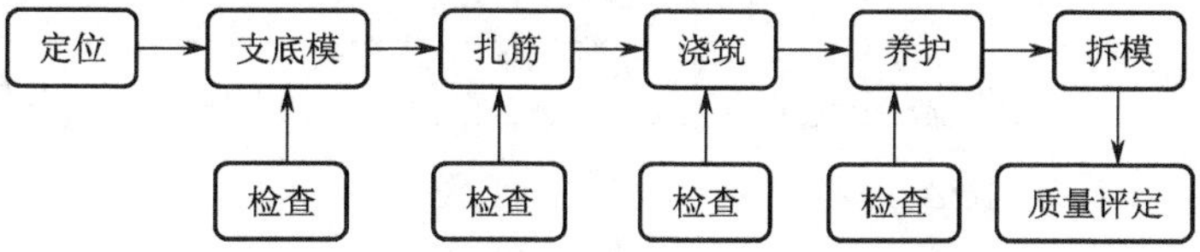

钢筋混凝土板施工的流程框图

【教学方法建议】

集中讲授、小组讨论方案、制订方案、观看视频、读图正误对比、下料长度计算、基地实训、现场观摩、拓展训练。

【建议学时】

15(10)学时

任务1　板施工图的识读

1.1　板的平面表示方法

1.1.1　坐标方向的规定

①当两向轴网正交布置时,图面从左至右为 X 方向,从下至上为 Y 方向。

②当轴网转折时,局部坐标方向顺轴网转折角度作相应的转折。

③当轴网向心布置时,切向为 X 方向,径向为 Y 方向。

1.1.2　板的集中标注

板的集中标注内容为:板块编号、板厚、贯通纵筋以及当板面标高不同时的标高高差。

对于普通楼面,两向均以一跨为一板块;对于密肋楼盖,两向主梁(框架梁)均以一跨为一板块(非主梁密肋不计)。所有板块应逐一编号,相同编号的板块可择其一做集中标注,其他仅注写置于圆圈内的板编号,以及当板面标高不同时的标高高差。

1. 板块编号

板块编号按表3.1.1的规定。

表 3.1.1 板块编号规定

板类型	代号	序号
楼面板	LB	××
屋面板	WB	××
悬挑板	XB	××

2. 板厚

板厚注写为 $h=\times\times\times$；当悬挑板的端部改变截面厚度时，用斜线分隔根部与端部的高度值，注写为 $h=\times\times\times/\times\times\times$；当设计已在图注中统一注明板厚时，此项可不注。

3. 贯通钢筋

贯通钢筋按板块的下部和上部分别注写（当板块上部不设贯通纵筋时则不注），并以 B 代表下部，T 代表上部，B&T 代表下部与上部；X 向贯通筋以 X 打头，Y 向贯通筋以 Y 打头，两向贯通筋配置相同时则以 X&Y 打头。当为单向板时，分布筋可不必注写，而在图中统一注明。

当在某些板内（例如在悬挑板 XB 的下部）配置有构造钢筋时，则 X 向以 X_c，Y 向以 Y_c 打头注写。

4. 板面标高高差

板面标高高差是指相对于结构层楼面标高的高差，应将其注写在括号内。有高差时注写，无高差时不注写。

5. 重要说明

同一编号板块的类型、板厚和贯通纵筋均应相同。但板面标高、跨度、平面形式以及板支座上部的非贯通筋可以不同。

1.1.3 板支座原位标注

板支座原位标注包括：板支座上部非贯通纵筋和悬挑板上部受力钢筋。

1. 相关规定

板支座原位标注的钢筋，应在配置相同跨的第一跨表达（当在梁悬挑部位单独配置时，则在原位表达）。

2. 非悬挑板的平法原位标注（图 3.1.1）

图中②ϕ8@150(2)各符号及数字的意义是：②表示 2 号钢筋，ϕ8@150 表示直径为 8 mm 的 I 级钢筋，中心间距为 150 mm，(2)表示连续布置的跨数为两跨；图中的 900、1 000 表示自梁支座中线向跨内延伸的长度，两边对称延伸时，另一侧可不标注（如 B—B 轴线的 2 号筋）。

3. 一端悬挑板平法原位标注（图 3.1.2）

一端悬挑板平法原位标注图中的 2A 表示板支座负筋连续布置到一端悬挑部分。

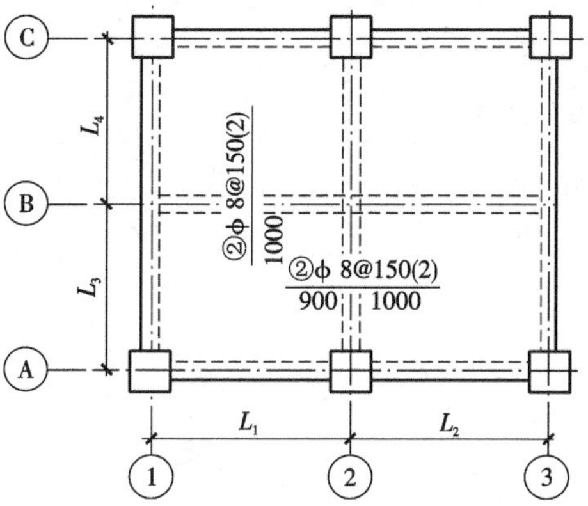

图 3.1.1　非悬挑板的平法原位标注

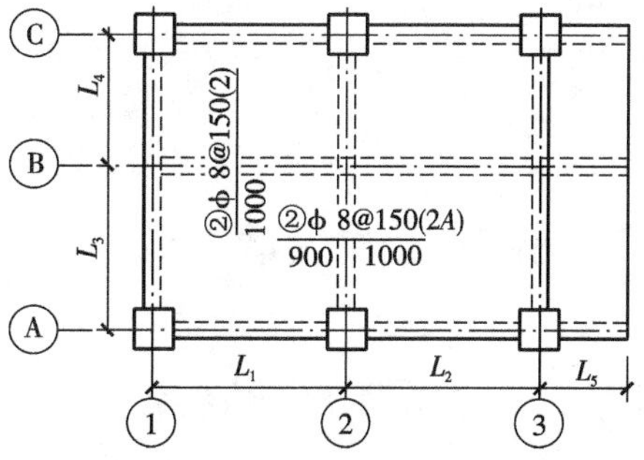

图 3.1.2　一端悬挑板平法原位标注

4. 二端悬挑板的平法原位标注(图 3.1.3)

二端悬挑板的平法原位标注图中的 2*B* 表示板支座负筋连续布置到二端悬挑部分。

5. 支座单边平法原位标注(图 3.1.4)

支座单边平法原位标注图中板负筋尺寸 1 000 表示自支座中线到跨内延伸的长度。

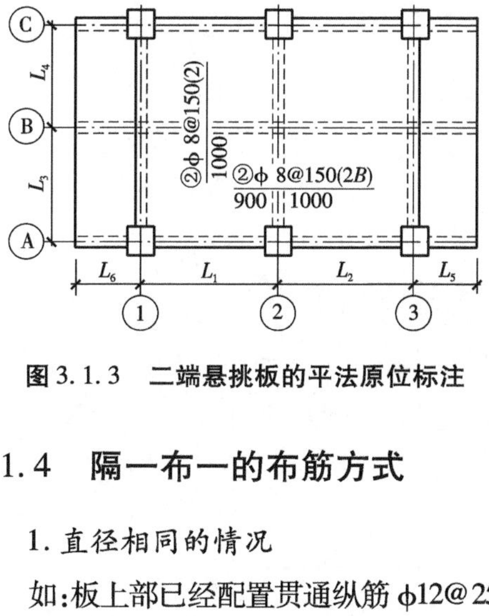

图 3.1.3　二端悬挑板的平法原位标注

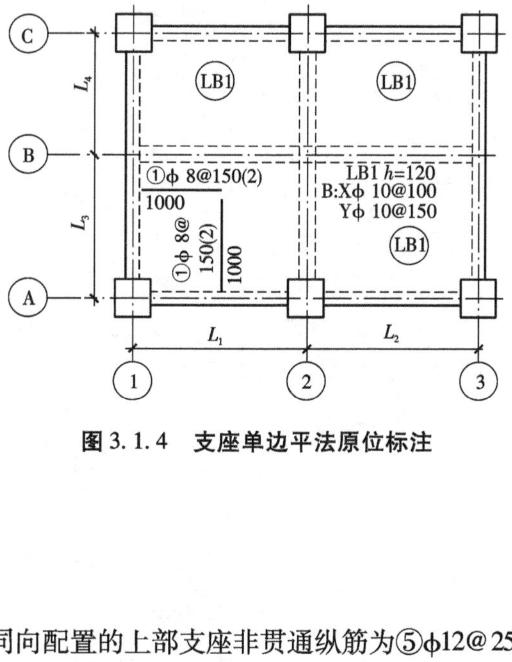

图 3.1.4　支座单边平法原位标注

1.1.4　隔一布一的布筋方式

1. 直径相同的情况

如:板上部已经配置贯通纵筋 ϕ12@250,该跨同向配置的上部支座非贯通纵筋为⑤ϕ12@250,表示在该支座上部设置的纵筋实际为 ϕ12@125,其中 1/2 为贯通纵筋,1/2 为⑤非贯通纵筋。

2. 直径不同的情况

如:板上部已经配置贯通纵筋 ϕ10@250,该跨同向配置的上部支座非贯通纵筋为③ϕ12@250,表示在该支座上部设置的纵筋实际为(1ϕ10 + 1ϕ12)/250,实际间距为 125 mm。

思考：①板的集中标注包括哪些内容？分别是什么意思？

②板支座原位标注包括哪些内容？分别是什么意思？

③板的平法标注和传统标注有什么不同？

1.2 板钢筋的识读

1.2.1 一般板钢筋的识读

1. 底筋的识读

(1)底筋长度的计算(X、Y方向均有)(见图3.1.5)

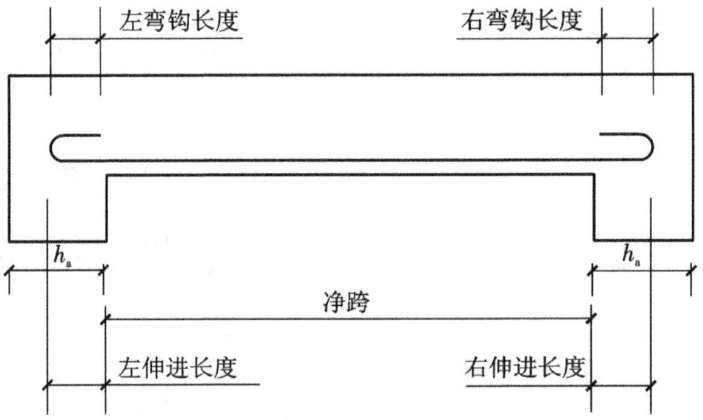

图3.1.5 底筋长度计算图

由图3.1.5可知：

底筋长度＝净跨＋伸进长度×2＋弯钩长度×2

情况一：当板端的支座为框架梁时(见图3.1.6)。

底筋伸进支座长度为：Max(h_a/2,5d)，h_a表示梁截面宽度。

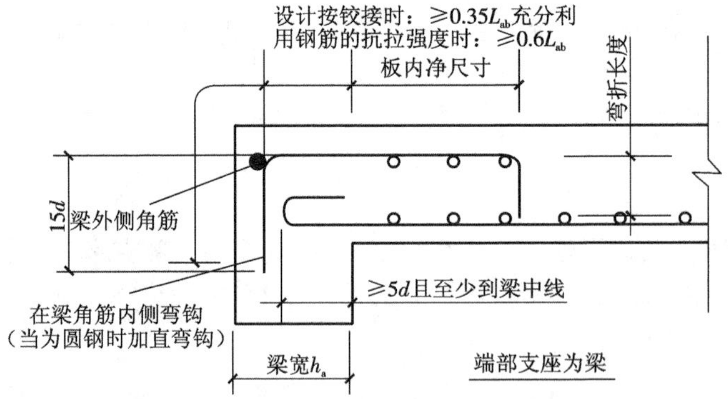

图3.1.6 板端支座为框架梁时的板筋构造

X 方向底筋长度 = 净跨 + 左右伸进支座长度 Max($h_a/2$, $5d$) + 弯钩长度 ×2。

情况二：当板端的支座为剪力墙时（见图 3.1.7）。

X 方向底筋长度 = 净跨 + 左右伸进支座长度 Max($h_a/2$, $5d$) + 弯钩长度 ×2

此时 h_a 表示墙宽。

情况三：当板端的支座为圈梁时（见图 3.1.8）。

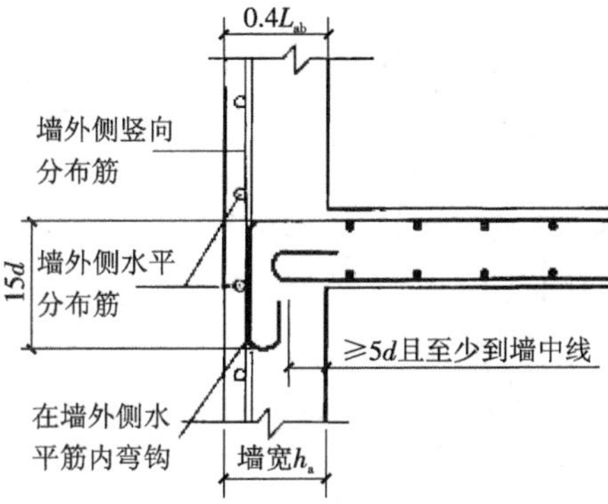

图 3.1.7　板端支座为剪力墙时的板筋构造

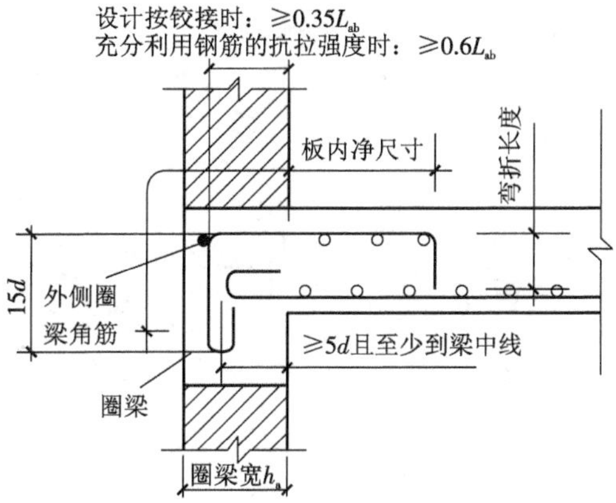

图 3.1.8　板端支座为圈梁时的板筋构造

X 方向底筋长度 = 净跨 + 左右伸进支座长度 Max($h_a/2$, $5d$) + 弯钩长度 ×2

此时 h_a 表示圈梁宽。

情况四：当板端的支座为砌体墙时（见图 3.1.9）。

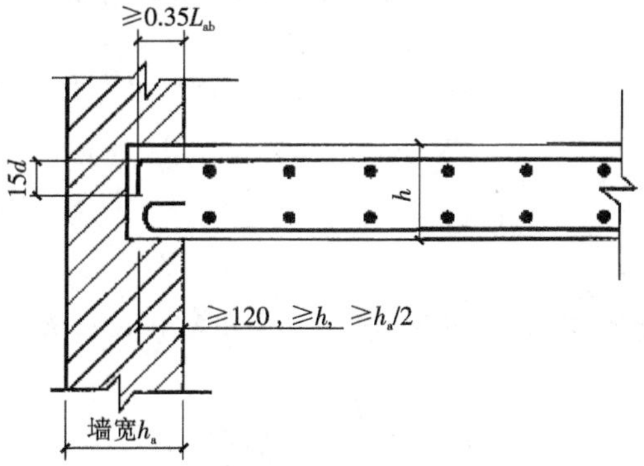

图 3.1.9　板端支座为砌体墙时的板筋构造

X 方向底筋长度 = 净跨 + Max(120, h) ×2 + 弯钩长度 ×2

此时 h 表示板厚。

情况五：底筋伸进支座长度≥$12d$，且≥梁（或墙）宽/2。

X 方向底筋长度 = 净跨 + 左右伸进支座长度 Max($h_a/2$, $12d$) + 弯钩长度 ×2

情况六：底筋伸进支座长度≥L_{aE}（锚固长度）。

X 方向底筋长度 = 净跨 + L_{aE} ×2 + 弯钩长度 ×2

情况七：底筋伸进支座长度 = 过墙（或梁）中线 + $5d$。

X 方向底筋长度 = 净跨 + 左右伸进支座长度（$h_a/2$ + $5d$）+ 弯钩长度 ×2

情况八：底筋伸进支座长度为梁（或墙宽）－保护层。

X 方向底筋长度＝净跨＋左右伸进支座长度（支座宽－保护层）＋弯钩长度×2

情况九：底筋伸进支座长度＝到梁（或墙）的中线。

X 方向底筋长度＝净跨＋左右伸进支座长度（支座宽 $h_a/2$）＋弯钩长度×2

（2）底筋根数计算（见图 3.1.10）

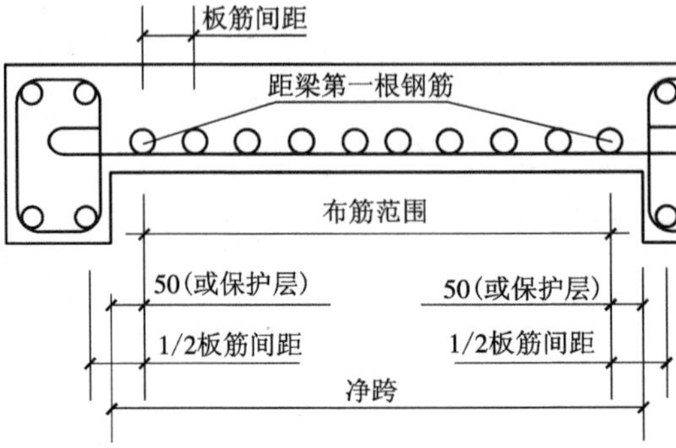

图 3.1.10　底筋根数计算图

情况一：第一根钢筋距梁（或墙）边 50 mm。

底筋 X 方向钢筋根数＝（净跨－50×2）/板筋间距＋1

情况二：第一根钢筋距梁（或墙）边为一个保护层。

底筋 X 方向钢筋根数＝（净跨－保护层×2）/板筋间距＋1

情况三：第一根钢筋距梁角筋为 1/2 板筋间距。

底筋 X 方向钢筋根数＝（净跨＋保护层×2＋左梁角筋 1/2 直径＋右梁角筋 1/2 直径－板筋间距）/板筋间距＋1

2. 面筋的识读

（1）端支座负筋计算

①长度计算。端支座负筋布置图见图 3.1.11。负筋长度计算图见图 3.1.12。

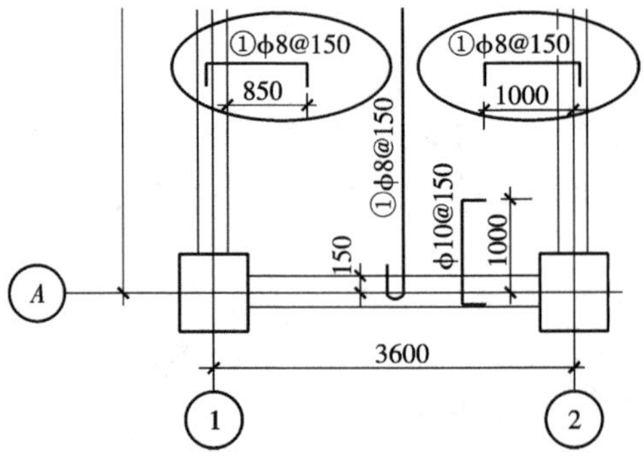

图 3.1.11　端支座负筋布置图

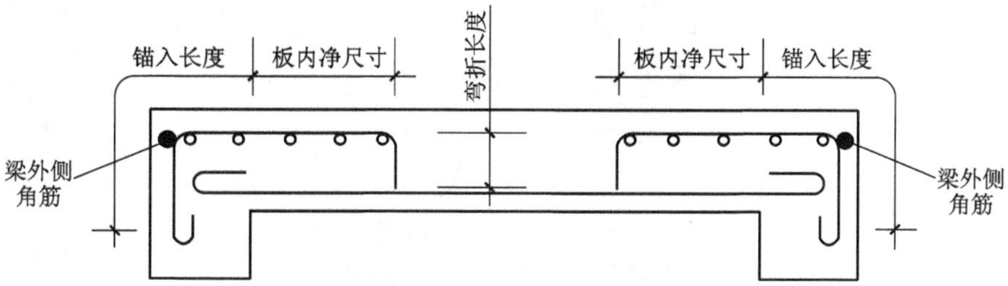

图 3. 1. 12 负筋长度计算图

情况一:锚入支座长度 = 锚固长度 L_{aE}。

A. 当弯折长度 = 板厚 - 保护层 ×2 时,

端支座负筋长度 1 = (锚固长度 L_{aE} + 弯钩) + 板内净长 + (板厚 - 保护层 ×2)

B. 当弯折长度 = 板厚 - 保护层时,

端支座负筋长度 2 = (锚固长度 L_{aE} + 弯钩) + 板内净长 + (板厚 - 保护层)

情况二:锚入支座长度 = $0.4L_{aE} + 15d$。

A. 当弯折长度 = 板厚 - 保护层 ×2 时,

端支座负筋长度 1 = ($0.4L_{aE} + 15d$ + 弯钩) + 板内净长 + (板厚 - 保护层 ×2)

B. 当弯折长度 = 板厚 - 保护层时,

端支座负筋长度 2 = ($0.4L_{aE} + 15d$ + 弯钩) + 板内净长 + (板厚 - 保护层)

情况三:锚入支座长度 = (支座宽 - 保护层) + (板厚 - 保护层 ×2)。

A. 当弯折长度 = 板厚 - 保护层 ×2 时,

端支座负筋长度 1 = [(支座宽 - 保护层) + (板厚 - 保护层 ×2) + 弯钩] + 板内净长 + (板厚 - 保护层 ×2)

B. 当弯折长度 = 板厚 - 保护层时,

端支座负筋长度 2 = [(支座宽 - 保护层) + (板厚 - 保护层 ×2) + 弯钩] + 板内净长 + (板厚 - 保护层)

情况四:锚入支座长度 = 支座宽/2 + 板厚 - 保护层 ×2。

A. 当弯折长度 = 板厚 - 保护层 ×2 时,

端支座负筋长度 1 = [(支座宽/2) + (板厚 - 保护层 ×2) + 弯钩] + 板内净长 + (板厚 - 保护层 ×2)

B. 当弯折长度 = 板厚 - 保护层时,

端支座负筋长度 2 = [(支座宽/2) + (板厚 - 保护层 ×2) + 弯钩] + 板内净长 + (板厚 - 保护层)

②根数计算。板端负筋根数根据图 3. 1. 13 计算。

此时,端支座负筋根数 = 布筋范围/板筋间距 + 1。

情况一:第一根钢筋距梁(或墙)边 50 mm。

端支座负筋根数 = (净跨 - 50 ×2)/板筋间距 + 1

情况二:第一根钢筋距梁(或墙)边为一个保护层。

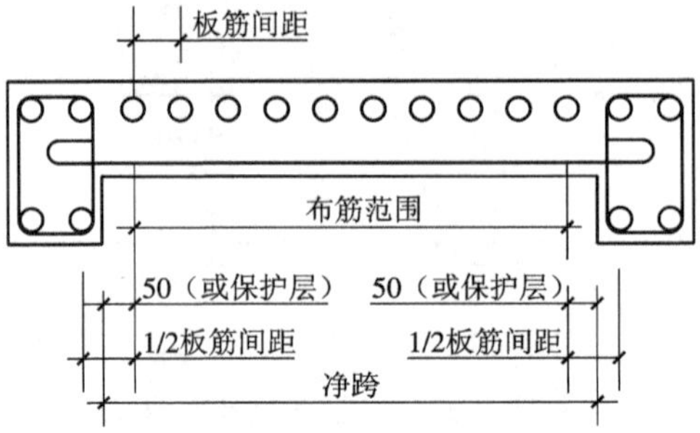

图 3. 1. 13　板端负筋根数计算图

端支座负筋根数 =（净跨 - 保护层 ×2）/板筋间距 +1

情况三：第一根钢筋距梁角筋为 1/2 板筋间距。

端支座负筋根数 =（净跨 + 保护层 ×2 + 左梁角筋 1/2 直径 + 右梁角筋 1/2 直径 - 板筋间距）/板筋间距 +1

(2)端支座负筋分布筋

①长度计算。负筋分布筋长度按图 3. 1. 14 计算。

情况一：分布筋和负筋参差 150 mm。

A. 分布筋带弯钩时，

分布筋长度 = 轴线(或净跨)长度 - 负筋标注长度 ×2 +150 ×2 + 弯钩 ×2

B. 分布筋不带弯钩时，

分布筋长度 = 轴线(或净跨)长度 - 负筋标注长度 ×2 +150 ×2

情况二：分布筋长度 = 轴线长度

A. 分布筋带弯钩时，

分布筋长度 = 轴线长度 + 弯钩 ×2

B. 分布筋不带弯钩时，

分布筋长度 = 轴线长度

情况三：分布筋长度按照负筋布置范围计算。

板端负筋根数计算图见图 3. 1. 15。

A. 分布筋带弯钩时，

分布筋长度 =（净跨 -50 ×2）+ 弯钩 ×2

B. 分布筋不带弯钩时，

分布筋长度 =（净跨 -50 ×2）

②根数计算。负筋分布筋根数按图 3. 1. 16 计算。

情况一：分布筋根数 = 负筋板内净长/分布筋间距

负筋分布筋根数 = 负筋板内净长/分布筋间距(向上取整)

情况二：分布筋根数 = 负筋板内净长/分布筋间距 +1

负筋分布筋根数 = 负筋板内净长/分布筋间距 +1(向上取整)

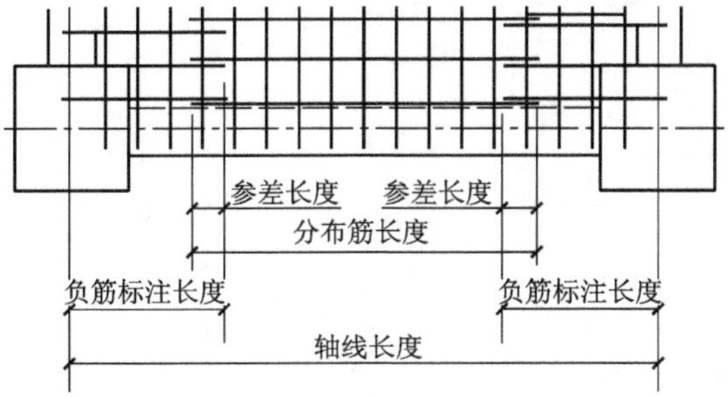

图 3.1.14　负筋分布筋长度计算图

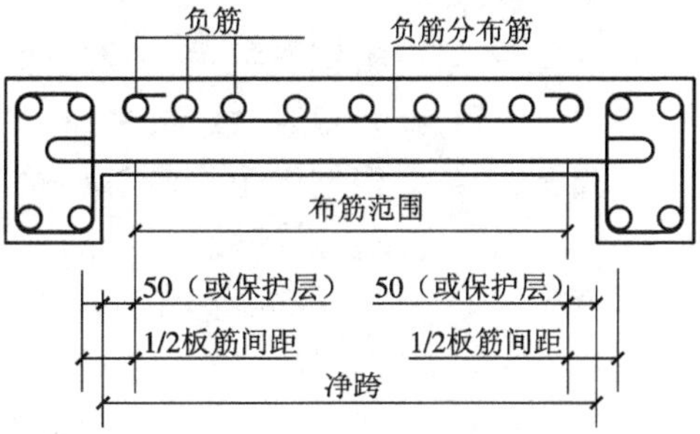

图 3.1.15　板端负筋根数计算图

(3)中间支座负筋

①长度计算。中间支座负筋长度按图 3.1.17 计算。

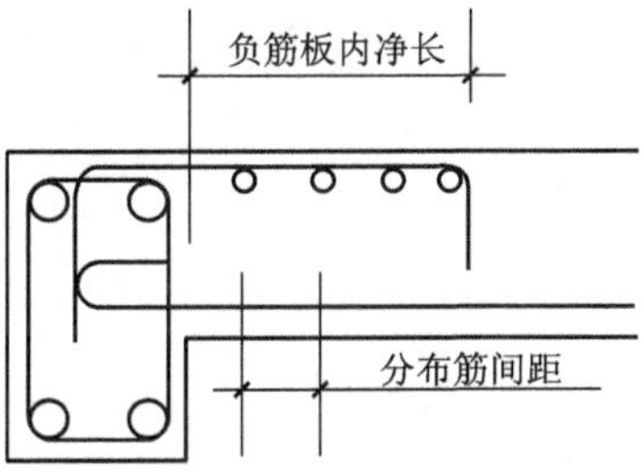

图 3.1.16　负筋分布筋根数图

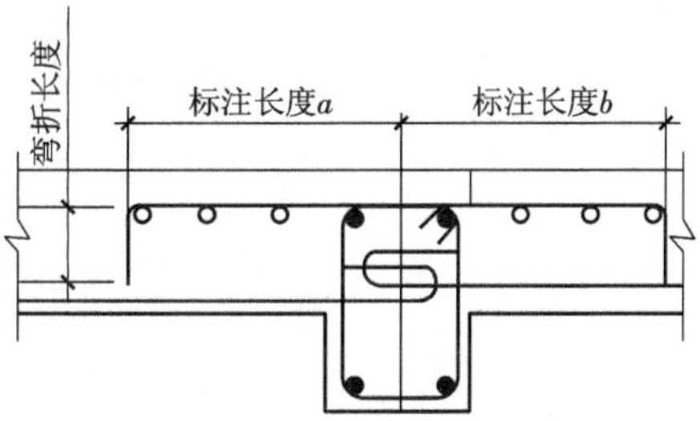

图 3.1.17　中间支座负筋长度计算图

中间支座负筋长度 = 标注长度 a + 标注长度 b + 弯折长度 ×2

情况一:标注尺寸到梁中心线(或者轴线)(见图 3.1.18)。

A. 当弯折长度 = 板厚 − 保护层 ×2 时,

中间支座负筋长度 = $a+b+$(板厚 − 保护层 ×2) ×2

B. 当弯折长度 = 板厚 − 保护层时,

中间支座负筋长度 = $a+b+$(板厚 − 保护层) ×2

情况二:标注尺寸到梁边线(见图 3.1.19)。

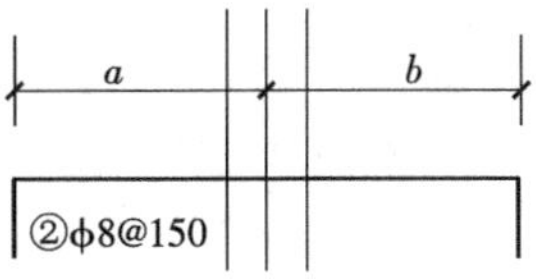

图 3.1.18　标注尺寸到梁中线示意图

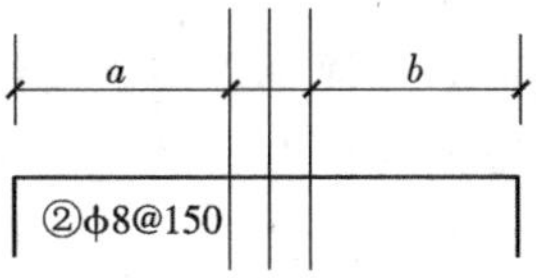

图 3.1.19　负筋尺寸标注到梁边示意图

A. 当弯折长度 = 板厚 − 保护层 ×2 时,

中间支座负筋长度 = $a+b+$ 支座宽 +(板厚 − 保护层 ×2) ×2

B. 当弯折长度 = 板厚 − 保护层时,

中间支座负筋长度 = $a+b+$ 支座宽 +(板厚 − 保护层) ×2

②根数计算。

情况一:第一根钢筋距梁(或墙)边 50 mm。

中间支座负筋根数 =(净跨 - 50 ×2)/板筋间距 +1

情况二:第一根钢筋距梁(或墙)边为一个保护层。

中间支座负筋根数 =(净跨 - 保护层 ×2)/板筋间距 +1

情况三:第一根钢筋距梁角筋为 1/2 板筋间距。

中间支座负筋根数 =(净跨 + 保护层 ×2 + 左梁角筋 1/2 直径 + 右梁角筋 1/2 直径 - 板筋间距)/板筋间距 +1

(4)中间支座负筋分布筋

①长度计算。中间支座负筋的分布筋长度计算同支座负筋。

②根数计算。中间支座负筋分布筋根数按图 3.1.20 计算。

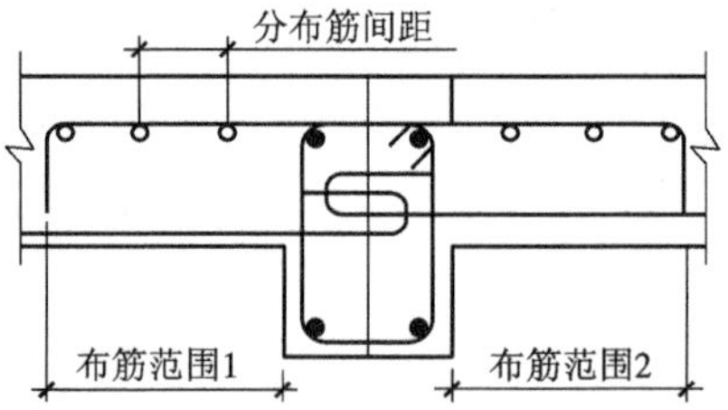

图 3.1.20　中间支座负筋分布筋根数计算图

情况一:根数 = 布筋范围/间距。

中间支座负筋分布筋根数 =(布筋范围 1/分布筋间距)+(布筋范围 2/分布筋间距)

情况二:根数 = 布筋范围/间距 +1。

中间支座负筋分布筋根数 =(布筋范围 1/分布筋间距 +1)+(布筋范围 2/分布筋间距 +1)

3. 温度筋的识读

为了防止板热胀冷缩产生裂缝,通常在板的上部负筋中间位置布置温度筋。

(1)温度筋长度计算

根据图 3.1.21 计算温度筋的长度。

①当负筋标注到支座中心线时,

温度筋长度 = 两支座中心线长度 - 负筋标注长度 ×2 + 参差长度 150 ×2 + 弯钩 ×2

②当负筋标注到支座边线时,

温度筋长度 = 两支座间净长 - 负筋标注长度 ×2 + 参差长度 150 ×2 + 弯钩 ×2

(2)温度筋根数

温度筋间距按图 3.1.22 计算。

①当负筋标注到支座中心线时,

温度筋根数 =(两支座中心线长度 - 负筋标注长度 ×2)/温度筋间距 - 1

②当负筋标注到支座边线时,

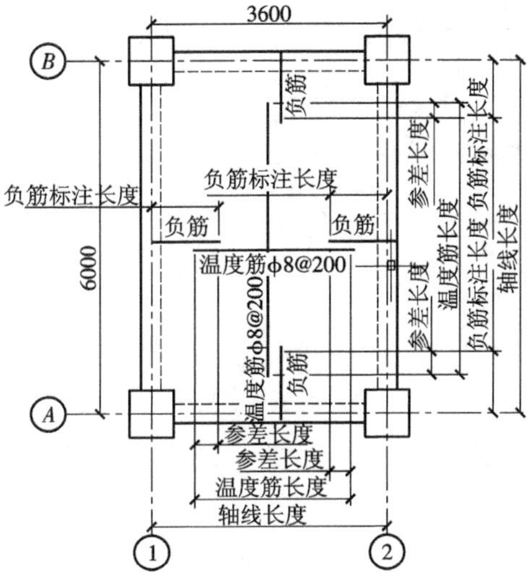

图 3.1.21　温度筋长度计算图

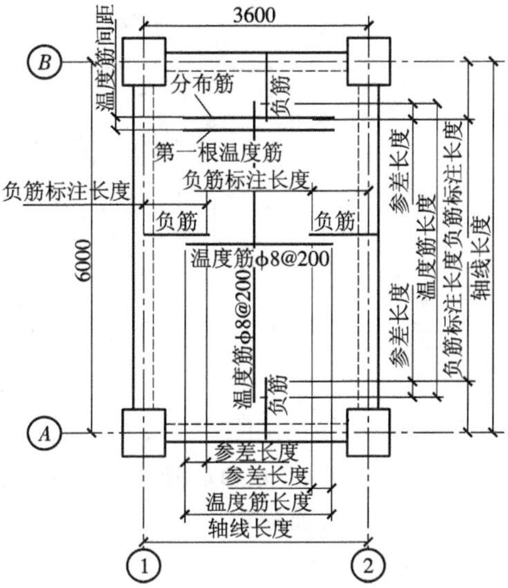

图 3.1.22　温度筋根数计算图

温度筋根数 =（两支座间净长 − 负筋标注长度 ×2）/温度筋间距 − 1

1.2.2　悬挑板的钢筋计算

悬挑板平法标注见图 3.1.23，悬挑板剖面图见图 3.1.24。

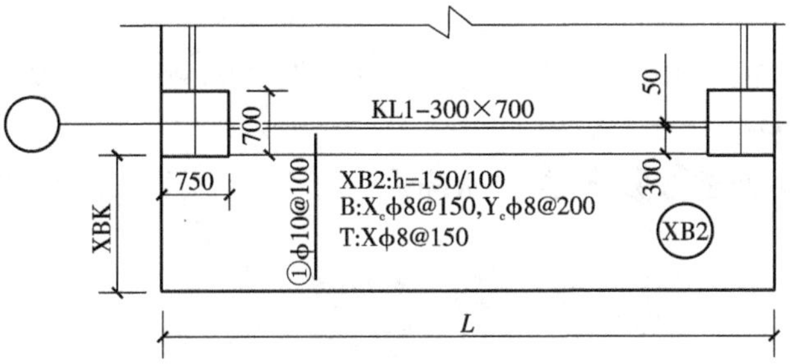

图 3.1.23　悬挑板平法标注

注：未注明分布筋间距为 ф8@150

1. 悬挑板上部钢筋计算

（1）上部受力钢筋长度

悬挑板上部受力钢筋长度 = 悬挑板净跨 XBK + 锚固长度 Max（L_{aE}，$0.6L_{aE}+15d$）+（h_1 − 保护层 ×2）+ 弯钩（二级钢筋不加）

（2）上部受力钢筋根数

悬挑板上部受力钢筋根数 =（悬挑板长度 L − 保护层 ×2）/上部受力钢筋间距 + 1

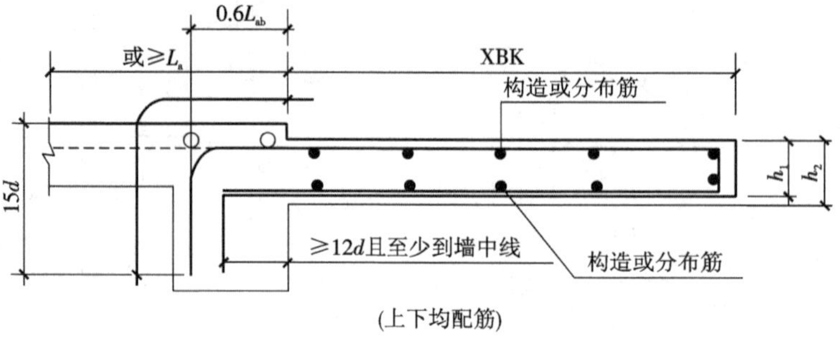

图 3.1.24　悬挑板剖面图

(3)上部分布筋长度

悬挑板上部分布筋长度 =(悬挑板长度 L - 保护层 ×2) + 弯钩 ×2(或不加弯钩)

(4)上部分布筋根数

悬挑板上部分布筋根数 =(悬挑板净跨 XBK - 保护层)/分布筋间距 +1

2. 悬挑板下部钢筋计算

(1)下部构造钢筋长度

悬挑板下部构造钢筋长度 =(悬挑板净跨 XBK - 保护层) + Max(支座宽/2,12d) + 弯钩 ×2(二级钢筋不加)

(2)下部构造钢筋根数

悬挑板下部构造钢筋根数 =(悬挑板长度 L - 保护层 ×2)/下部构造钢筋间距 +1

(3)下部分布筋长度

悬挑板下部分布筋长度 =(悬挑板长度 L - 保护层 ×2) + 弯钩 ×2(或不加弯钩)

(4)下部分布筋根数

悬挑板下部分布筋根数 =(悬挑板净跨 XBK - 保护层)/分布筋间距 +1

习　　题

1. 怎样计算板底部钢筋长度和根数?
2. 怎样计算板的端支座负筋和分布筋的长度和根数?
3. 怎样计算板的中间支座负筋和分布筋的长度和根数?
4. 怎样计算板的温度筋的长度和根数?
5. 怎样计算悬挑板负筋和分布筋的长度和根数?
6. 怎样计算悬挑板底部构造筋的长度和根数?

任务2　板的构造会审

2.1　现浇板的构造要求

2.1.1　板的厚度要求

(1)现浇板常用厚度

现浇单向板的常用厚度可参考表3.2.1。

表3.2.1　单向板厚度　mm

l_0/m $g+q$/kN·m^{-2}	多跨板										
	1.6	1.8	2.0	2.2	2.4	2.6	2.8	3.0	3.2	3.4	3.6
2.5											
3.0											
3.5	60~70										
4.0											
4.5								80~90			
5.0					70~80						
6.0									90~100		
7.0											
8.0											
9.0											
10.0											
	单跨板										
2.5											
3.0		60~70									
3.5											
4.0				70~80							
4.5											

续表

l_0/m $g+q$/kN · m^{-2}	单跨板										
	1.6	1.8	2.0	2.2	2.4	2.6	2.8	3.0	3.2	3.4	3.6
5.0								90 ~ 100			
6.0					80 ~ 90					100 ~ 110	
7.0											
8.0											
9.0											
10.0										110 ~ 120	

注:l_0 为板的计算跨度,$g+q$ 为作用于板上的总荷载(不包括板自重)设计值。

(2)按预埋管道直径确定现浇板的厚度

当现浇板内需要预埋管道(如电线套管等)时,在不显著有损板的强度和其他不良影响的前提下,可允许在板内预埋管道,此时板的最小厚度应大于3倍预埋管道外经;当有交叉管道预埋在板内时,板的最小厚度还需适当增加。预埋管道应放置在顶部和底部钢筋之间,且混凝土保护层不宜小于40 mm。在与预埋管道垂直的方向宜采取有效措施防止沿预埋管道产生裂缝(如加配防裂钢筋网等)。对住宅中的现浇板,当预埋单根电线套管直径为25 mm时板的最小厚度通常为100 mm,当板中有交叉套管(2 ⏀ 25)时,板的最小厚度通常为120 mm。

(3)按耐火等级确定现浇板的厚度

建筑物的耐火等级为一级和二级时,满足耐火极限需要的现浇整体式板的最小厚度见表3.2.2。

表3.2.2　满足建筑物耐火等级为一级和二级的现浇板最小厚度

与梁整浇板的最小厚度/mm	80		90	
混凝土保护层厚度/mm	10	20	10	20
耐火极限/h	1.4	1.5	1.75	1.85
能满足的建筑物最大耐火等级	二级	一级	一级	一级

2.1.2　现浇板的受力钢筋

1. 受力钢筋的直径

采用绑扎钢筋配筋时,板中受力钢筋的直径宜符合表3.2.3的规定。采用焊接网时,受力钢筋的直径不宜小于5 mm。

表 3.2.3　受力钢筋的直径

mm

项次	直径	支撑板			悬臂板	
		板厚			悬出长度	
		$h<100$	$100 \leqslant h \leqslant 150$	$h>150$	$l \leqslant 500$	$l>500$
1	最小	6	8	10	8	8
2	常用	6~10	8~12	10~16	8~10	8~12

2. 受力钢筋的间距

板中采用绑扎钢筋时，受力钢筋的间距宜符合表 3.2.4 的规定。

表 3.2.4　板的受力钢筋的间距

mm

项次	间距	板厚 $h \leqslant 150$	板厚 $h>150$
1	最大	200	$1.5h$ 及 250 mm 中较小值
2	最小	70	70

当采用钢筋焊接网时，受力钢筋的间距不宜大于 200 mm，伸入支座的下部纵向受力钢筋，其间距不应大于 400 mm，且其截面面积不应小于跨中受力钢筋截面面积的 1/3。

2.1.3　受力钢筋的锚固

(1)上部钢筋

采用绑扎钢筋的板，上部钢筋伸入支座内的长度 l 按下列规定确定。

嵌固在砌体墙内的简支板，板上部钢筋伸入支座的长度 $l=a-10$，如图 3.2.1(a)，a 为板在砌体墙上的支撑长度。

与边梁整浇的板，无论设计上在板与边梁相连处，板的支撑情况是按固结还是按简支假定，此时板的上部钢筋伸入边梁的长度 l 应不小于 l_a，l_a 应按相关规范规定确定，见图 3.2.1(b)。

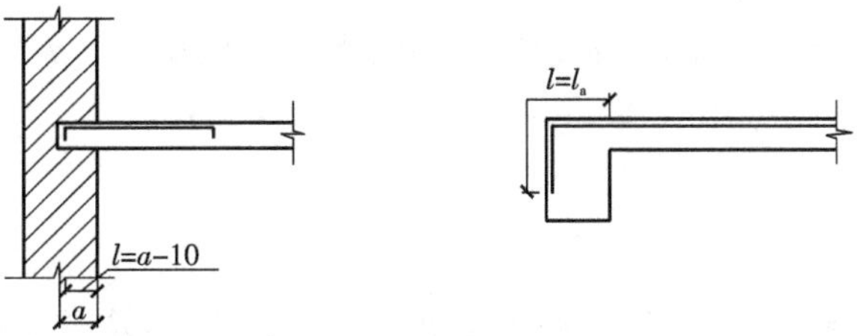

(a)　　(b)

图 3.2.1　上部受力筋的锚固长度

(a)嵌固于砌体墙内的简支板　(b)与边梁整浇按简支或固结计算的板

当采用钢筋焊接网时，对嵌固在砌体墙内的现浇板，其上部焊接网的钢筋伸入支座内的长度不宜小于110 mm，并在网端应有一根横向钢筋，如图3.2.2(a)，或将上部受力钢筋弯折，如图3.2.2(b)；对与混凝土梁相连的端跨板，当连接处按构造要求设置上部钢筋连接网时，其钢筋伸入梁内长度不应小于l_a，当梁的宽度较小时，应将上部钢筋弯折(图3.2.3)。

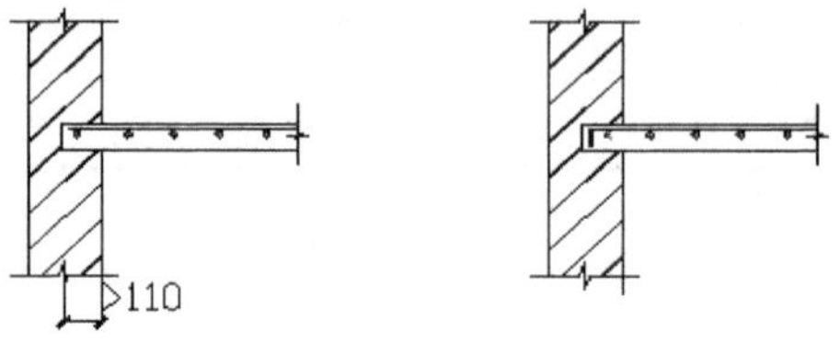

图3.2.2　嵌固在砌体墙内的简支板上部钢筋焊接网

(a)焊接网端有一根横向钢筋　(b)上部钢筋弯折

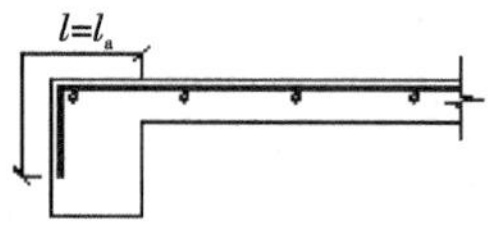

图3.2.3　板上部构造钢筋焊接网与混凝土梁的连接

(2)下部钢筋

当采用绑扎钢筋配筋且$V \leqslant 0.7 f_t b h_0$时，简支板或连续板的下部纵向受力钢筋伸入支座内的锚固长度l_a不应小于$5d$(d为受力钢筋直径)，如图3.2.4所示。板与梁整体浇筑或板与墙体浇筑时下部受力钢筋的锚固长度不应小于$5d$(d为受力钢筋直径)，如图3.2.5所示。当连续板内温度、收缩应力较大时，伸入支座的锚固长度宜适当增加。

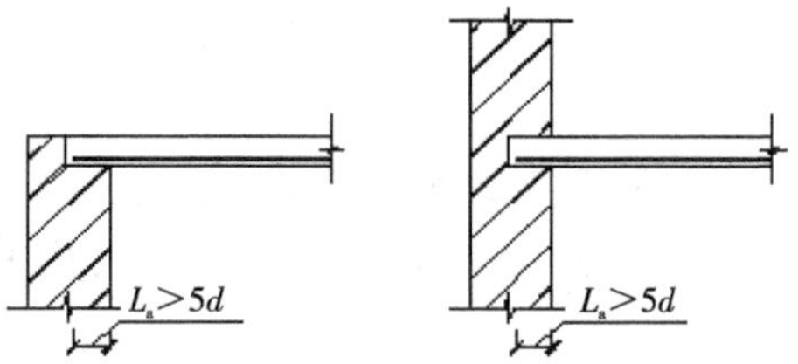

图3.2.4　简支板支座处下部受力钢筋的锚固长度

(a)简支于砌体墙上　(b)嵌固于砌体墙内

2.1.4　分布钢筋

板中分布钢筋的作用是：承受板上局部荷载产生的内力，在浇筑混凝土时固定受力钢筋的位置，抵抗混凝土收缩和温度变化产生的沿分布钢筋方向的拉应力。

单向板除沿受力方向布置受力钢筋外，尚应在垂直受力方向布置分布钢筋，单位长度上分

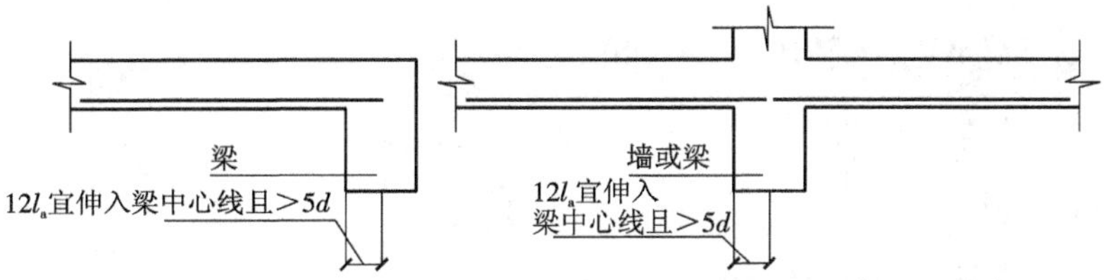

（a）　　　　　　　　　　（b）

图 3.2.5　板与梁整体浇筑或板与墙体浇筑时下部受力钢筋的锚固长度

（a）板与梁整体浇筑　（b）板与墙体整体浇筑

布钢筋的截面面积不宜小于单位宽度上受力钢筋截面面积的15%，且不宜小于该方向板截面面积的0.15%；分布钢筋的间距不宜大于250 mm，直径不宜小于6 mm（绑扎钢筋）或5 mm（焊接网）。

对集中荷载较大的情况，分布钢筋的截面面积应适当增加，其间距不宜大于200 mm。

当有实践经验或可靠措施时，预制单向板的分布钢筋可不受上述限制。

单向现浇板按受力钢筋配筋量确定的分布钢筋最小直径及最大间距如表3.2.5所示。

表 3.2.5　单向现浇板的分布钢筋最小直径及最大间距　　mm

项次	受力钢筋直径	受力钢筋间距													
		70	75	80	85	90	95	100	110	120	130	140	150	160	170～200
1	6～8	φ6@250													
2	10	φ6@150或φ8@250			φ6@200				φ6@250						
3	12	φ8@200			φ8@250						φ6@200				
4	14	φ8@150					φ8@200				φ8@250				φ6@200
5	16	φ10@150		φ10@200				φ10@250或φ8@150					φ8@250		

注：本表适用于绑扎方式配筋的板。

2.1.5　构造钢筋

1. 绑扎或焊接方式的现浇板构造钢筋

嵌固在砌体墙内的现浇混凝土板，采用绑扎钢筋或焊接钢筋网配筋时，在板的上部均应设置构造钢筋。

①构造钢筋应垂直于板的嵌固边缘配置并伸入板内。伸入板内的长度从墙边算起不宜小于板短边跨度的七分之一，见图3.2.6（a）。

②对两边嵌固于砌体墙内的板角部分，应配置双向上部构造钢筋，其伸入板内的长度从墙边算起不宜小于板短边跨度的四分之一，见图3.2.6（b）。

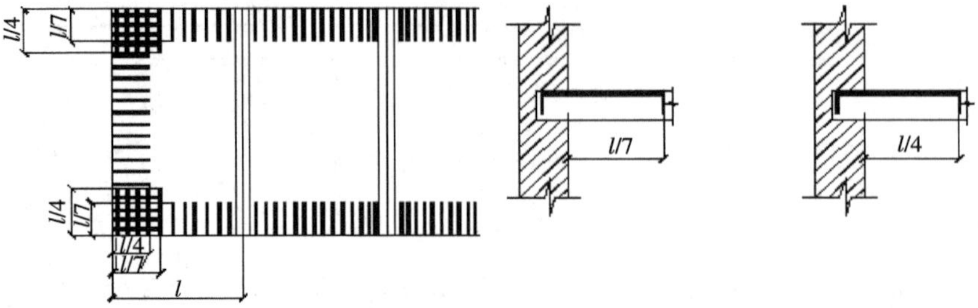

（a）　　　　　　　　（b）

图 3.2.6　嵌固在砌体墙内的板上部构造钢筋的配置(绑扎钢筋)

(a)其他嵌固处　(b)板角处

③沿板的受力方向配置的上部构造钢筋，其截面面积不宜小于该方向跨中受力钢筋截面面积的三分之一，沿非受力方向配置的上部构造钢筋，可根据经验适当减少。

④构造钢筋的直径不宜小于 8 mm，间距不宜大于 200 mm。

2. 与梁或墙整浇的现浇板构造钢筋

周边与梁或墙整体浇筑的单向板或双向板，应在板边上部配置垂直于板边的构造钢筋。

①构造钢筋的截面面积不宜小于板跨中相应方向纵向钢筋截面面积的三分之一。

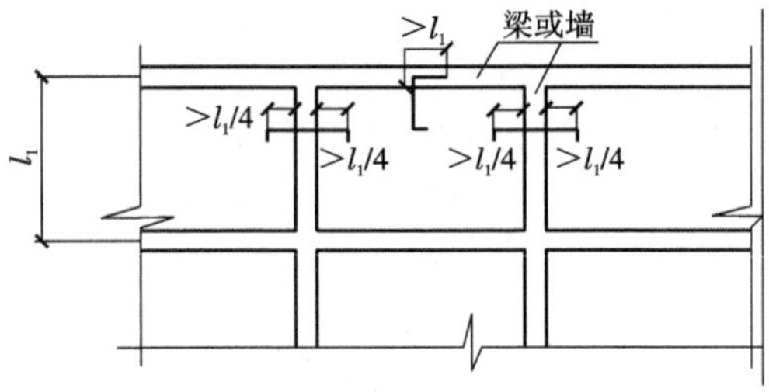

图 3.2.7　周边与梁整浇的单向板上部构造钢筋(边支座按简支计算)

注：l_1 短向计算跨度

②构造钢筋自梁边或墙边伸入板内的长度，在单向板中不宜小于受力方向板计算跨度的四分之一(图 3.2.7)，在双向板中不宜小于板短跨方向计算跨度的四分之一(图 3.2.8)。

③在板角处构造钢筋应沿两个垂直方向布置或按放射状布置。当墙的柱角或阳角突出到板内且尺寸较大时，应沿柱边或墙阳角边布置构造钢筋，该钢筋伸入板内的长度应从柱边或墙边算起(图 3.2.9)。

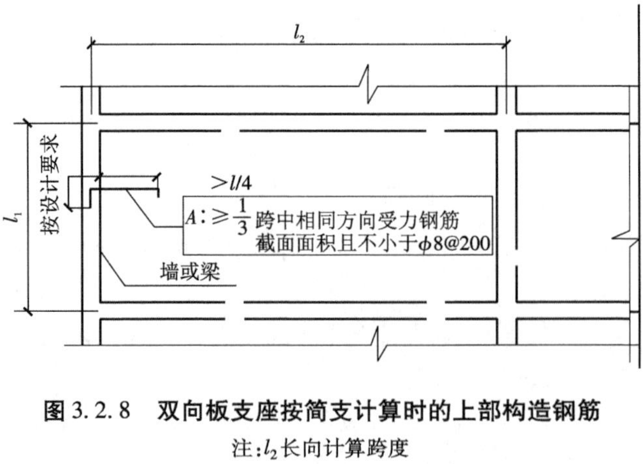

图 3.2.8　双向板支座按简支计算时的上部构造钢筋

注：l_2 长向计算跨度

④构造钢筋应按受拉钢筋锚固在梁内、墙内或柱内。

⑤构造钢筋的直径不宜小于 8 mm，间距不宜大于200 mm。

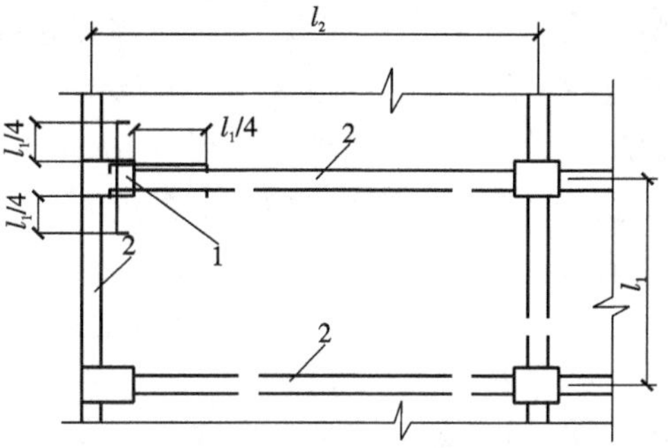

图 3.2.9　双向板在柱角处的上部构造钢筋（$l_1 < l_2$）

1—柱；2—墙或梁

2.1.6　板的支承长度

①板的支承长度应满足下部受力钢筋在支座内的锚固长度 l_{as} 的要求。

②现浇板搁置在砌体墙上时，其支承长度 a 一般不小于板的厚度，且不小于 120 mm，见图 3.2.10（a）。

③预制板的支承长度：搁置在砌体墙上时，当钢筋混凝土圈梁未设在板的同一标高时，板在外墙的支承长度 a 不应小于 120 mm，在内墙的支承长度 a 不宜小于 100 mm，且不应小于 80 mm，见图 3.2.10（a）；搁置在钢屋架上时，板的支承长度 a 不应小于 60 mm，见图 3.2.10（b）；搁置在钢筋混凝土梁及屋架上时，板的支承长度 a 不应小于 80 mm，见图 3.2.10（c）。

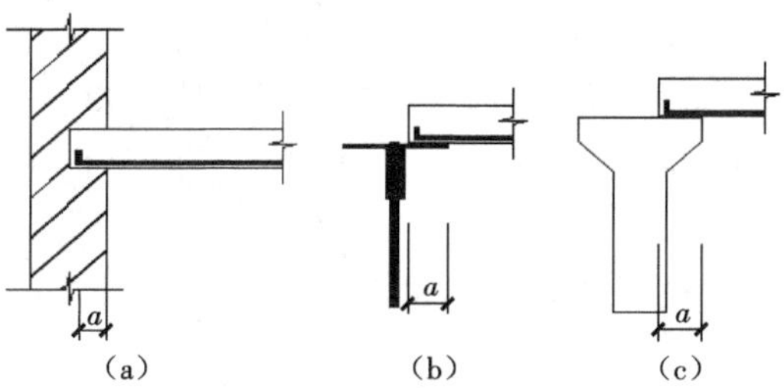

图 3.2.10　板的支承长度

（a）搁置于砌体墙　（b）搁置于钢屋架　（c）搁置于钢筋混凝土梁

2.2　板的技术交底的方法

2.2.1　技术交底的方法

技术交底应以书面形式交底为主，班前会口头交底为辅。重要部位或较复杂部位，应另附翻样图纸，必要时结合实际操作进行交代。最后，填写技术交底记录表（单），由交底人及被交底人签字，并存档一份。

2.2.2　技术交底注意事项

①因为工地的各项技术活动，均是以执行和实现施工组织设计的各项要求为目的，因此，技术交底也应以施工组织设计为主导内容。

②对技术交底要有针对性，即要根据各方面的特点，有要点、有预见性、有预防措施。

③交底要有针对性，即要根据各方面的特点，有针对性地提出操作要点与措施。这里所谓的特点包括：工程状况、地质条件、气候情况（冬、雨季或旱季）、周围环境（如场地窄小、运输困难、周围对降噪防尘的要求等）、操作场地（如高空、深基、立体交叉作业、工序反搭接等）以及施工队伍素质特点（在哪方面技术薄弱）等。

④要明确指出哪些是关键部位或关键项目。关键部位包括：结构或装修重要部位、质量上易出问题部位、施工难度较大的部位、对总进度（或创造工作面）起决定作用的部位以及新材料、新工艺、新技术项目等。

⑤此外，凡是设计图纸上有变动的项目，一定要将设计变更洽商内容及时向有关工长班组进行交底。

2.2.3 板的技术交底

1. 砼浇筑的交底

1）材料要求、主要机具、作业条件等内容见学习情境1中柱的交底。

2）操作工艺。

操作工艺如下：作业准备→混凝土搅拌→混凝土运输→板混凝土浇筑与振捣→养护。

3）浇筑板混凝土的虚铺厚度应略大于板厚，用平板振捣器垂直于浇筑方向来回振捣，厚板可用插入式振捣器顺浇筑方向托拉振捣，并用铁插尺检查混凝土厚度，振捣完毕后用长木抹子抹平。施工缝处或有预埋件及插筋处用木抹子找平。浇筑板混凝土时不允许用振捣棒铺摊混凝土。

4）养护要求、冬期施工、质量标准、成品保护等内容见学习情境1中柱的交底。

2. 板钢筋工程交底

1）原材料进场及堆放、钢筋加工、质量标准、成品保护等内容见学习情境1中柱的交底。

2）钢筋绑扎。

①准备工作：核对半成品钢筋的规格、尺寸和数量等是否与料单相符，准备好绑扎的铁丝、工具保护层等。

②底板钢筋。绑扎顺序：电梯井→承台→梁筋→板筋。地基梁按受力关系，确定好梁筋的绑扎顺序，基础梁纵筋伸入承台内的长度必须符合图纸要求。底板钢筋绑扎前，在砼垫层上弹出钢筋位。

③为保证钢筋的位置正确，板底筋保护层用垫块垫，上筋和负弯矩筋用 ϕ20 钢筋马凳支撑，以保证钢筋不移位。

④钢筋连接：按设计及抗震规范要求，当钢筋直径小于18 mm时采用搭接或焊接接头，当钢筋直径大于等于20 mm以上时钢筋接头必须采用剥肋直螺纹连接接头。施工操作人员必须培训合格后持证上岗。

⑤对于现浇板，上层钢筋网的下筋与交叉梁的上层纵筋在一个平面，现浇板上层钢筋网上筋与交叉梁上层箍筋在同一个层面。只有这样才能确保板面上层钢筋标高不超。

⑥盖筋（扒锯筋）交叉处，稍不注意即形成三层或四层筋，从而导致板面砼超厚。现规定

为双向布置方法，与上层板筋相同。

习　　题

1. 现浇板钢筋的构造规定有哪些?
2. 板与柱、梁的技术交底内容有何异同点?

任务3　板的人机料计划编制

板的人机料计划编制方法及步骤均与柱的人机料计划编制相同，也是先计算出板的工程量，再查取相应的定额，利用定额算出相应的人机料用量。

任　务　单

院(系):　　　　　　　　班级:　　　　　　　　年　　月　　日

学习领域	钢筋混凝土主体结构施工			
学习情境	3　板的施工			
子情境	3.3　板的人机料计划编制			
任务名称	板的人机料计划编制			
目　　的	在限定时间内，根据给定的图纸完成人机料用量的计算及安排等工作。学生应在柱人机料计划编制的基础上，利用所学知识、定额、经验等进行板的人机料计划编制			
完成时间	20 min			
工作步骤	资讯	分析、识读图纸	小组讨论	2 min
	决策	确定所用定额	小组讨论	1 min
	计划	制订计算步骤	小组讨论	1 min
	实施	计算并安排	独立完成	10 min
	检查	填检查单	分组完成	3 min
	评价	填评价单	分组完成	3 min
工具 参考资料	1. 实施单、检查单、评价单 2. 教材 3. 定额			

实　施　单

院(系)：　　　　　　　　　　　　班级：　　　　　　　　　　　年　　月　　日

任务责任人		完成时间	
学习领域	钢筋混凝土主体结构施工		
学习情境	3　板的施工		
子情境	3.3　板的人机料计划编制		
任务名称	板的人机料计划编制		
人机料计算	请学生按照 11G101—4 中 p41：15.870—26.670 板平法施工图，计算板的工程量，然后套用相应定额，计算出人机料的用量。也可由教师提供其他建筑物的板平法施工图，学生照图计算，完成该项任务		

检　查　单

院(系)：　　　　　　　　　　　　班级：　　　　　　　　　　　年　　月　　日

任务责任人			
学习领域	钢筋混凝土主体结构施工		
学习情境	3　板的施工		
子情境	3.3　板的人机料计划编制		
任务名称	板的人机料计划编制		
检查内容	对	错	不清楚
图纸识读			
定额选用			
工程量计算			
套用定额			
经验值参考			
计划表绘制			
小组长			
组员			

评 价 单

院(系)：　　　　　　　　　　　班级：　　　　　　　　　　年　　　月　　　日

任务责任人				总评分	
学习领域	钢筋混凝土主体结构施工				
学习情境	3　板的施工				
子情境	3.3　板的人机料计划编制				
任务名称	板的人机料计划编制				
评价内容		分值	自评(20%)	组评(30%)	教师评价(50%)
决策	分析、识读图纸	10			
计划	确定所用定额	10			
实施	工程量计算	30			
	套用定额	20			
	经验值参考	10			
	计划表绘制	10			
检查	检查单填写	10			
合　计		100			
小组长					
组员					

注意：施工现场在进行板的施工时，通常是先支脚手架→铺梁底模→扎梁钢筋→关梁侧模→铺板底模→扎板钢筋→浇梁板砼。因此，在计算板的人机料用量时，板与梁常合并计算。

任务4　板的测量施工

通常主体结构中板的边线即是梁的边线，一般情况下均不用单独测量板的边线。楼板的高度分为顶面及底面，顶面标高控制通常用仪器将高程放到该楼面层柱筋上，以便控制在楼板上现浇混凝土的高度。楼板底层标高控制与梁底标高控制相同。

任　务　单

院(系)：　　　　　　　　　　　班级：　　　　　　　　　　年　　　月　　　日

学习领域		钢筋混凝土主体结构施工		
学习情境		3　板的施工		
子情境		3.4　板的测量施工		
任务名称		板的抄平放线		
目　　的		在限定的时间内,在实训基地进行板的抄平放线工作。学生应在柱、梁的测量施工的基础上,利用所学知识、工具进行板的抄平放线工作		
完成时间		20 min		
工作步骤	资讯	确定测量控制点	小组讨论	2 min
	决策	确定测量步骤	小组讨论	1 min
	计划	制订具体实施计划	小组讨论	1 min
	实施	测量操作	独立完成	10 min
	检查	填检查单	分组完成	3 min
	评价	填评价单	分组完成	3 min
工具 参考资料		1. 实施单、检查单、评价单 2. 教材		

实　施　单

院(系)：　　　　　　　　　　　班级：　　　　　　　　　　年　　　月　　　日

任务责任人		完成时间	
学习领域	钢筋混凝土主体结构施工		
学习情境	3　板的施工		
子情境	3.4　板的测量施工		
任务名称	板的抄平放线		
测量操作	根据各院校提供的具体实训条件,板的测量施工应控制其标高情况,如下图所示:  在实训场所指定一处梁板(如上图所示),测量其标高。		

检　查　单

院(系)：　　　　　　　　　　班级：　　　　　　　　　　年　　　月　　　日

任务责任人			
学习领域	钢筋混凝土主体结构施工		
学习情境	3　板的施工		
子情境	3.4　板的测量施工		
任务名称	板的抄平放线		
检查内容	对	错	不清楚
控制点			
仪器架设			
柱中心线			
柱(梁)边线			
底层楼面标高			
板底标高			
小组长			
组员			

评　价　单

院(系)：　　　　　　　　　　班级：　　　　　　　　　　年　　　月　　　日

任务责任人			总评分	
学习领域	钢筋混凝土主体结构施工			
学习情境	3　板的施工			
子情境	3.4　板的测量施工			
任务名称	板的抄平放线			

评价内容		分值	自评(20%)	组评(30%)	教师评价(50%)
决策	确定测量步骤	10			
计划	实施步骤	10			
实施	控制点选择	10			
	仪器架设	20			
	柱中心线位置	10			
	柱(梁)边线位置	10			

实施	底层楼面标高位置	10			
	板底标高位置	10			
检查	检查单填写	10			
合　计		100			
小组长					
组员					

任务5　板的脚手架搭设

板的脚手架搭设见学习情境1中扣件式钢管脚手架和里脚手架搭设情况。

任　务　单

院(系)：　　　　班级：　　　　年　　月　　日

学习领域		钢筋混凝土主体结构施工		
学习情境		3　板的施工		
子情境		3.5　板的脚手架搭设		
任务名称		板的脚手架搭设		
目　　的		在限定的时间内，在实训基地进行板的脚手架搭设工作。学生应在梁的脚手架搭设施工的基础上，利用所学知识、工具进行板的脚手架搭设工作		
完成时间		120 min		
工作步骤	资讯	测量放线、准备材料	小组实施	20 min
	决策	确定搭设顺序	小组实施	5 min
	计划	制订具体实施计划	小组讨论	5 min
	实施	脚手架搭设操作	小组实施	80 min
	检查	填检查单	分组完成	5 min
	评价	填评价单	分组完成	5 min
工　　具 参考资料		1. 实施单、检查单、评价单 2. 教材		

实 施 单

院(系)：　　　　　　　　　　　　班级：　　　　　　　　　　　年　　　月　　　日

任务责任人		完成时间	
学习领域	钢筋混凝土主体结构施工		
学习情境	3　板的施工		
子情境	3.5　板的脚手架搭设		
任务名称	板的脚手架搭设		
实施操作	根据各院校提供的具体实训条件,结合板模板施工,搭设板脚手架。提供的样图如下： 		

检 查 单

院(系)：　　　　　　　　　　　　班级：　　　　　　　　　　　年　　　月　　　日

任务责任人			
学习领域	钢筋混凝土主体结构施工		
学习情境	3　板的施工		
子情境	3.5　板的脚手架搭设		
任务名称	板的脚手架搭设		
检查内容	对	错	不清楚
放线			
连接			
扫地杆			
立杆			
横杆			
道木			
小组长			
组员			

评 价 单

院(系)：　　　　　　　　　　班级：　　　　　　　　　　年　　　月　　　日

任务责任人		总评分	
学习领域	钢筋混凝土主体结构施工		
学习情境	3　板的施工		
子情境	3.5　板的脚手架搭设		
任务名称	板的脚手架搭设		

评价内容		允许误差	分值	自评(20%)	组评(30%)	教师评价(50%)
决策	确定测量步骤		5			
	材料用量		5			
计划	实施步骤		5			
实施	定位		10			
	连接		10			
	扫地杆位置		10			
	立杆位置	±20	10			
	横杆位置	±10	5			
	步架宽度	±20	10			
	步架高度	±20	10			
	安全生产		8			
	文明施工		7			
检查	检查单填写		5			
合　计			100			

小组长			
组员			

任务6　板的钢筋施工

6.1　板钢筋施工的工艺流程

板钢筋施工的工艺流程:清理模板 →板底筋画线、板筋布料→板底筋绑扎→安装预埋及吊模(板底垫块)→板面筋→马凳安装(砼垫座)→校正→自检→验收→混凝土浇筑养护。

6.2　板钢筋施工的质量要求

板、次梁受拉钢筋绑扎搭接长度如表3.6.1所示。

表3.6.1　绑扎搭接长度

钢筋类型	混凝土强度等级	
	C20	≥C30
Ⅰ级钢筋	36d	25d
Ⅱ级钢筋(d≤25 mm)	42d	36d

注:在任何情况下,受拉钢筋搭接长度均不应小于300 mm,当受力钢筋直径≥22 mm时,应采用焊接接头。

楼层板负筋应等配管安装完毕后,再进行绑扎,楼板负筋绑扎应加ϕ12以上钢筋马凳(图3.6.1所示)或加砼垫座,纵横间距宜不大于0.8 m;负筋绑扎好后,严禁在上面踩踏,以保证负筋位置的正确。板钢筋除靠近外围两行相交点全部扎牢外,中间部分的相交点可间隔交错扎牢,但必须保证受力钢筋不移位,双向受力的钢筋须全部扎牢。

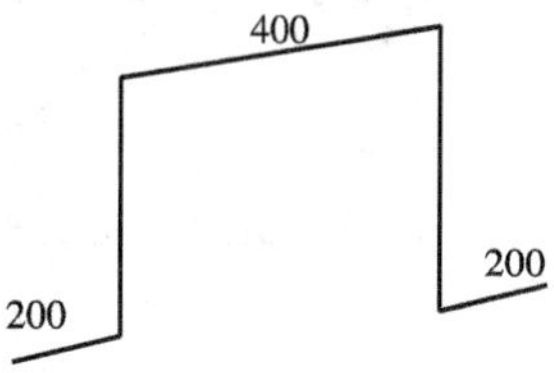

图3.6.1　钢筋马凳示意图

实训项目:在建筑工程实训基地进行板钢筋施工的实训。

任务7　板的模板施工

楼板模板工程是混凝土主体结构工程施工中一个比较重要的分项工程，楼板模板是现浇楼板成型的重要模具，是保证混凝土楼板施工质量的重要工具。本节将对主体结构施工中常用的楼板模板进行讨论。

7.1　楼板模板的特点

在现浇钢筋混凝土结构中，楼板具有面积大而厚度比较薄，其所受侧向压力小的特点。在施工过程中楼板模板及其支架系统，主要承受混凝土的自重和其他施工荷载，因此楼板模板及其支撑系统须具有足够的强度、刚度和稳定性，以保证现浇楼板能够安全可靠地施工。

7.2　楼板胶合板模板的配板过程

采用竹（木）胶合板作楼板模板时，一般采用整张（1 200 mm×2 400 mm×8 mm）铺设、局部小块拼补的方法，模板拼缝应设置在龙骨上。主龙骨一般采用100 mm×100 mm的木枋，次龙骨一般采用100 mm×50 mm木枋（立放），间距300～400 mm为宜，其跨度由大龙骨间距决定（见图3.7.1、图3.7.2）。楼板模板支撑体系采用满堂架式脚手架。在施工现场进行模板加工时，模板应满足情境1中表1.7.1的要求。

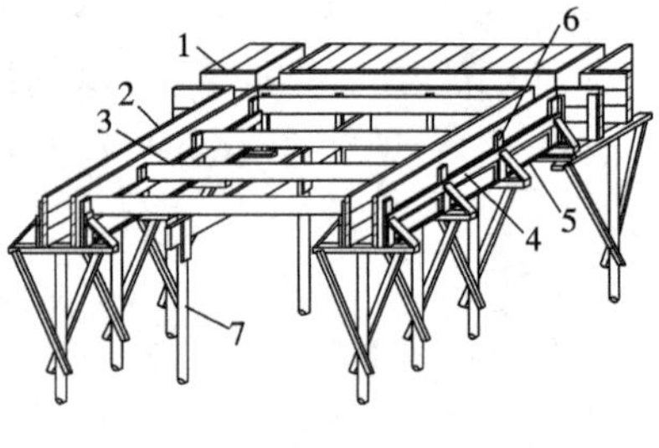

图3.7.1　梁板模板及其支撑系统示意图

1—楼板模板；2—梁侧模；3—次龙骨；
4，6—梁侧模加固件；5—梁底模；
7—板模板竖向支撑

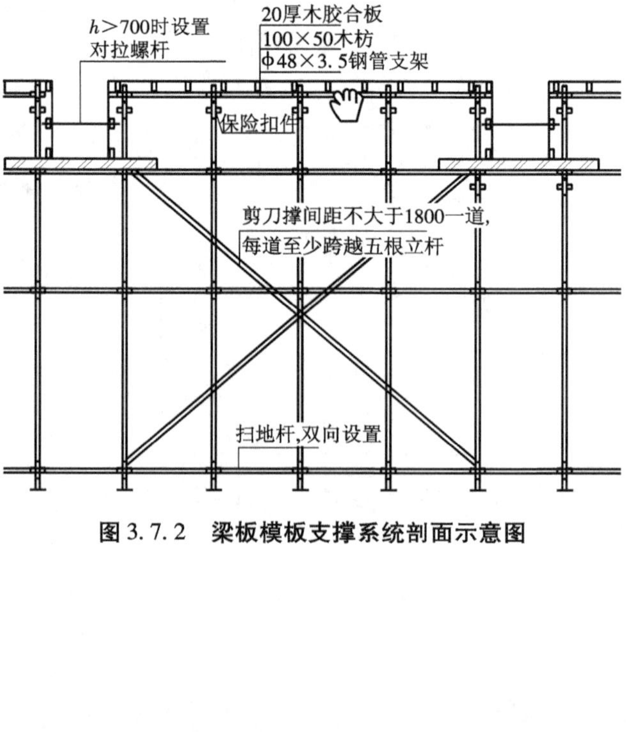

图3.7.2　梁板模板支撑系统剖面示意图

7.3 楼板模板施工方法与规范要求

7.3.1 楼板模板施工工艺流程

地面夯实→支立柱→安大小龙骨→铺模板→校正标高→加立杆的水平拉杆→办预检。

7.3.2 楼板模板的安装步骤

①底层地面应夯实，并垫通长脚手板，楼层地面立支柱前也应垫通长脚手板，采用多层支架支模时，支柱应垂直，上下层支柱应在同一竖向中心线上。

②从边跨一侧开始安装，先安第一排龙骨和支柱，临时固定在梁上，再安第二排龙骨和支柱，依次逐层安装。支柱与龙骨间距应根据模板设计规范设计规定。一般支柱间距为 80～120 cm，大龙骨间距为 60～120 cm，小龙骨间距为 40～60 cm。

③调节支柱高度，将大龙骨找平。

④平台板铺完后，用水平仪测量模板标高，进行校正，并用靠尺找平。

⑤标高校完后，支柱之间应加水平拉杆。根据支柱高度决定水平拉杆设几道。一般情况下离地面 20～30 cm 处一道，往上纵横方向每隔 1.6 m 左右一道，并应经常检查，保证完整牢固。

⑥将模板内杂物清理干净，办预检。

7.3.3 梁模板施工时的注意事项

①在施工过程中，板模板容易产生的问题是板中部下挠。所以在施工过程中应采取以下防治办法：板模板应通过设计确定龙骨、支柱的尺寸及间距，使模板支撑系统有足够强度及刚度，防止浇混凝土时模板变形；板模板支柱的底部应支在坚实地面上，垫通长脚手板防止支柱下沉，梁模板应按设计要求起拱，防止挠度过大。

②采用钢桁架作支撑结构时，一般应预先支好梁、墙模板，然后将钢桁架按模板设计要求支设在梁侧模板通长的型钢或方木上，调平固定后再铺设楼板模板。

③采用钢管式脚手架作支撑架，应配备可调底座以及可调托撑；在施工过程中，如果在梁下方横杆长度不符合模数时，则用钢管扣件代替（见图 3.7.3）。

7.3.4 楼板模板的拆除

①应先拆梁侧模，再拆除楼板模板，楼板模板拆模时先拆掉水平拉杆，然后拆除支柱，每根龙骨留 1～2 根支柱暂不拆。拆模要掌握时机，应使混凝土达到必要的强度，混凝土的强度以同条件养护试块的抗压强度为准。侧模的拆除以不损坏梁的棱角为准，底模拆除时，混凝土强度应满足表 3.7.1 的要求。

②操作人员站在已拆除的空隙，拆去近旁余下的支柱使其龙骨自由坠落。

③用钩子将模板钩下，等该段的模板全部脱模后，集中运出，集中堆放。

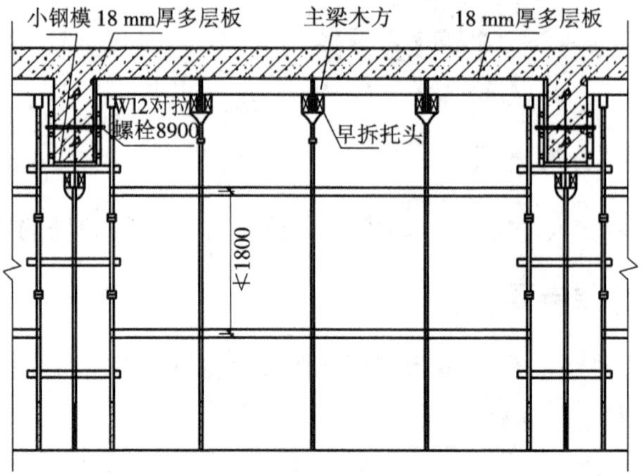

图 3. 7. 3　梁板支撑示意图

表 3. 7. 1　底模拆除时的混凝土强度要求

构件类型	构件跨度/m	达到设计的混凝土立方体抗压强度标准值的百分率/%
板	≤2	≥50
	>2,≤8	≥75
	>8	≥100

④楼层较高,支模采用双层排架时,先拆上层排架,使龙骨和模板落在底层排架上,上层钢模全部运出后,再拆底层排架。

⑤拆除模板的顺序和方法,应按照模板设计的规定进行。模板拆除的原则一般是:先拆非承重部分模板,后拆承重部分模板;先支的后拆,后支的先拆;自上而下拆除模板。

实训项目:在实训基地完成柱、梁、板的脚手架、模板、钢筋实训。

习　　题

1. 楼板模板的支撑体系应采用(　　)。

A. 双排脚手架　　B. 单排脚手架　　C. 满堂脚手架　　D. 灯笼架

2. 某工程钢筋混凝土现浇楼板的模板根据该工程模板施工的专项技术方案,采用胶合板模板,并由专业作业工人在施工现场进行加工,加工完毕后,项目部相关人员对模板加工质量进行了检查。请问项目部相关人员对模板加工质量检查的内容包括哪些?

3. 请简述现浇楼板模板施工工艺流程。

任务8　板的砼施工

8.1　板砼施工工艺流程

板砼施工工艺流程:施工缝处理→钢筋隐蔽验收→模板验收→砼浇筑许可证审批→标高控制→模板清洁润湿→浇筑、养护砼。

8.2　板施工缝的留置

单向板的施工缝可留置在平行于板的短边的任何位置。

双向受力板、大体积砼结构、拱、穹拱、薄壳、蓄水池、斗仓、多层钢架及其他结构复杂的工程,施工缝的位置应按设计要求留置。板的施工缝应与板面垂直,不得留斜茬。

8.3　板砼施工要求

板施工前准备工作见学习情境1中柱砼的施工准备。板振捣可采用平面振动器或振动棒,振捣要求见学习情境1。

为避免浇筑砼的过程中,施工人员踩坏楼板钢筋,必须铺设好操作平台,并设专人看护并修复钢筋。

严格控制楼板面高程。利用仪器(全站仪、水准仪)将控制点分别投到柱、墙插筋上,利用拉线法进行控制。

砼上表面用抹子压实抹光,砼浇筑12 h内,覆盖草袋浇水养护不少于七天。

在底板砼浇筑时,底板与外墙施工缝留在底板上300 mm处。施工缝处安装钢止水板。

实训项目:到施工现场观摩板的砼浇筑过程。

任务9　板的质量及安全控制

9.1　板的质量控制

9.1.1　板的质量控制要点

1. 施工方案的制订

板施工中主要涉及模板方案的选择、混凝土浇筑方案的选择等。模板方案中主要是模板材料的选定、支撑系统的搭设方式。混凝土浇筑方案中主要是浇筑顺序的确定，浇筑作业平台的搭设、成品保护的措施等。这些方案的制订是板施工质量的重要保证。

2. 施工过程的监管

板施工过程的监管内容主要是板钢筋的规格、级别、间距、负弯矩筋位置等，模板的底面标高、平整度、支撑加固措施、起拱高度，混凝土的配合比、浇筑工艺及养护情况等。

9.1.2　质量记录资料

质量记录资料参见学习情境1中任务9的内容。

9.1.3　常见质量事故的处理

1. 支架系统失稳

模板的支架材料质量不合格，刚度不够，支柱太细或支木接头过多，且连接不牢固，有的支撑系统缺少必要的斜撑和剪刀撑，因支撑系统失稳造成结构倒塌或产生严重变形。

(1)原因分析

支撑前不进行设计，无切实可行的技术方案。模板上的荷载大小、支架用料粗细、支架高低长短及其间距大小，直接决定着支架构件截面所受应力的情况，如果该应力值超过支架所能承担的极限应力值，则支架就会发生变形失稳而倒塌。

(2)处理方法

设计模板的支撑系统时，要根据模板的荷载大小、钢筋的荷载大小、板面混凝土的荷载大小、施工荷载大小和板面施工中临时堆放物的截面大小来进行受力计算，根据受力情况选择支柱及支撑系统，选择合理的间距和加固体系。钢筋支架体系一般宜扣成整体排架式，其立柱纵横间距控制在1 m左右，同时应加设斜撑及剪刀撑。问题出现后，视其大小进行加固或拆除重新搭设模板及支撑体系。

2. 模板拆除过早

提前拆除板的底模,会造成结构因强度不足而产生裂缝或坍塌。

(1)原因分析

施工人员不懂规范、不熟悉操作规程,盲目地为了周转模板降低成本,赶工期进度。尤其在冬季施工时,气温较低,混凝土强度增长速度缓慢,提前拆模会使梁、板产生变形、开裂,严重时坍塌。

(2)处理方法

根据具体情况进行补强处理或拆除重做。底模拆除时混凝土强度必须符合设计要求,当无具体设计要求时,应按照《混凝土结构工程施工质量验收规范》(GB 50204—2011)中底模拆除时的混凝土强度要求进行操作。

9.2　板的安全控制

板模支设应进行专项模板方案设计,搭设的支撑脚手架应具有足够的强度及刚度。操作工人在满堂脚手架上进行模板铺设操作时要站稳扶好。混凝土入模高度不宜太高,防止混凝土的冲击力对模板产生较大的动荷载。浇筑时及时将混凝土摊铺均匀,防止局部荷载超过模板支撑系统的承载能力。施工过程中,要派专人对模板系统的稳定情况进行监控,发现问题立即停止施工并采取措施进行加固。泵送混凝土施工时,应有让混凝土泵管自由活动的滚杠,不能将泵管与模板系统固定在一起,以防止泵管的冲击力对模板系统产生不利影响。

学习情境3综合思考题

某框架剪力墙结构,框架柱间距9 m,楼盖为梁板结构。第三层楼板施工当天气温为35℃,没有雨。施工单位制订了完整的施工方案,采用商品砼。钢筋现场加工,采用木模板,由木工制作好后直接拼装。其施工过程如下。

模板安装时用具有足够承载力和刚度的钢管作支撑,模板拼接整齐、严密。楼面模板安装完毕后,用水准仪抄平,保证整体在同一个平面上,不存在凹凸不平问题。

钢筋绑扎符合规范要求。但是,施工现场没有设计图纸中按最小配筋率要求的HPB300级钢筋(ϕ12@200),因而需要用其他钢筋代替。施工单位经与监理工程师及业主商议,决定用HRB335的钢筋代替,按等强度折算后为ϕ12@250,以保证整体受力不变。

钢筋验收后,将木模板中的垃圾清理干净,就开始浇筑砼。浇筑前首先根据要求取足够的试样,送试验室进行试验。之后开始浇筑砼,振捣密实。

10 d后经试验室试验,混凝土试块强度达到设计强度的80%,超过了75%,施工单位决定拆除模板。拆模后为保证结构的安全性,在梁的中部、雨篷外边缘、楼梯等处采用局部临时支撑。

拆模后发现:①梁板挠度过大,超过了规范要求;②混凝土局部有蜂窝、麻面现象,个别部位形成空洞;③楼面混凝土局部有开裂现象。

请回答以下问题。

(1)对跨度为9 m的现浇钢筋混凝土梁、板,其模板应按设计要求起拱;当设计无具体要求时,跨中起拱高度可为(　　)。

A. 2 mm　　B. 5 mm　　C. 15 mm　　D. 30 mm

(2)当构件按最小配筋率配筋时,应按钢筋代换前后(　　)相等的原则进行代换。

A. 强度　　B. 刚度　　C. 面积　　D. 根数

(3)钢筋代换时应征得(　　)的同意,相应费用按有关合同规定并办理相应手续。

A. 建设单位　　B. 监理单位　　C. 设计单位　　D. 加工单位

(4)对跨度为9 m的现浇钢筋混凝土梁、板,底模及支架拆除时的混凝土强度应达到设计的混凝土立方体抗压强度标准值的(　　)。

A. 25%　　B. 50%　　C. 75%　　D. 100%

(5)产生拆模后三种现象的原因是什么?

学习情境3小结

建筑物荷载传递的主要途径是(屋面、楼面)板→梁→柱→基础,因此板是承受荷载的第一构件。本学习情境主要从读图、会审、人机料计划编制等9个任务入手,介绍了板施工中所涉及的知识点和技能,同时通过架子工、钢筋工、模板工等实训项目的设计实现学生"边学、边做、边互动"。对于与柱施工相同的知识点和技能不再作介绍,选择性地采用了任务单方式实施"任务引导式"教学。由于板抄平放线、脚手架搭设、钢筋施工、模板施工、砼施工等任务在实施过程及结束后,均须对质量、安全进行检查和控制,所以任务9的内容与其他任务的内容有所交叉和重叠。

教学评估表

学习情境名称:______________班级:______________姓名:______________日期:______________

1. 本表主要用于对课程授课情况的调查,可以自愿选择署名或匿名方式填写问卷。根据自己的情况在相应的栏目打"√"。

评估等级 / 评估项目	非常赞成	赞 成	不赞成	非常不赞成	无可奉告
(1)我对本学习情境的学习很感兴趣					
(2)教师的教学设计好,有准备并能阐述清楚					
(3)教师因材施教,运用了各种教学方法来帮助我的学习					
(4)学习内容能提升我的平法读图技能					
(5)有实物、图片、音像等材料,能帮助我更好地理解学习内容					
(6)教师知识丰富,能结合施工现场进行讲解					
(7)教师善于活跃课堂气氛,设计各种学习活动,利于学习					

续表

评估等级 评估项目	非常赞成	赞 成	不赞成	非常不赞成	无可奉告
(8)教师批阅、讲评作业认真、仔细，有利于我的学习					
(9)我能理解并应用所学知识和技能					
(10)授课方式适合我的学习风格					
(11)我喜欢这门课中的各种学习活动					
(12)学习活动有利于我学习该课程					
(13)我有机会参与学习活动					
(14)每个活动结束都有归纳与总结					
(15)教材编排版式新颖，有利于我学习					
(16)教材使用的文字、语言通俗易懂，有对专业词汇的解释、提示和注意事项，利于我自学					
(17)教材为我完成学习任务提供了足够信息，并提供了查找资料的渠道					
(18)教材通过讲练结合使我技能增强了					
(19)教学内容难易程度合适，紧密结合施工现场，符合我的需求					
(20)我对完成今后的典型工作任务更有信心					

2. 您认为教学活动使用的视听教学设备：

合适 □　　太多 □　　太少 □

3. 教师安排边学、边做、边互动的比例：

讲太多 □　　练习太多 □　　活动太多 □　　恰到好处 □

4. 教学进度：

太快 □　　正合适 □　　太慢 □

5. 活动安排的时间长短：

太长 □　　正合适 □　　太短 □

6. 我最喜欢本学习情境的教学活动是：

7. 我最不喜欢本学习情境的教学活动是：

8. 本学习情境我最需要的帮助是：

9. 我对本学习情境改进教学活动的建议是：

学习情境4　剪力墙的施工

【学习目标】

知识目标	能力目标	权重
能正确表述剪力墙的平面整体表示方法及制图规则	能正确识读剪力墙的结构施工图(平法表示)	0.10
能基本熟练表述剪力墙的构造标准	根据剪力墙的构造标准,能进行剪力墙施工图的会审和技术交底	0.15
能正确表述钢筋混凝土主体结构施工进度表中剪力墙的施工内容	能较正确提出剪力墙施工的人机料计划,正确选择所需施工机具	0.10
能够熟练表述用水准仪、经纬仪对剪力墙进行定位放线时的操作步骤及方法	能正确操作水准仪、经纬仪,正确进行剪力墙的定位、放线及轴线的引测	0.10
能熟练表述剪力墙施工脚手架的种类及特点、脚手架的搭设要求及搭设步骤	能正确选用剪力墙施工时所需脚手架及支架的类型,指导脚手架及支架的施工(包括搭设和检查)	0.10
能正确表述剪力墙钢筋下料单的编制方法、剪力墙钢筋的施工方法及施工规范等	能正确编制剪力墙钢筋的下料单,能指导剪力墙钢筋的施工(包括钢筋的成型、连接、安装及检查)	0.13
能正确表述剪力墙模板的类型及特点、模板的配板过程、模板的施工方法及施工规范等	能正确选用剪力墙模板的种类及规格,进行剪力墙模板的配板设计,指导剪力墙模板的施工(包括模板的定位、安装、检查)	0.10
能正确表述浇筑剪力墙混凝土的抽样检查内容及步骤、混凝土工程的施工方法及施工规范等	能进行混凝土的抽样检查,指导剪力墙的泵送混凝土施工(包括泵站的选择、管道的支设、混凝土的浇筑、检查)	0.10
能正确表述剪力墙施工质量的检查方法及质量控制过程,质量安全事故等级划分及处理程序,剪力墙施工的安全技术措施,剪力墙施工常见的质量事故及其原因	能在剪力墙施工过程中正确进行安全控制、质量控制,分析并处理常见质量问题和安全事故	0.12
合　计		1.00

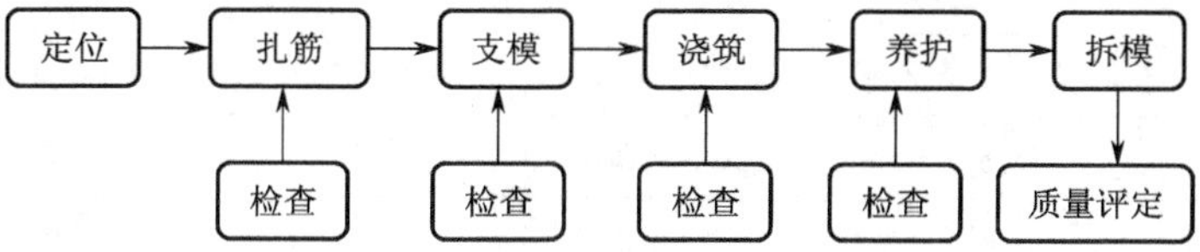

钢筋混凝土剪力墙施工的流程框图

【教学准备】

准备各工种(测量工、架子工、钢筋工、混凝土工等)的视频资料(各院校可自行拍摄或向相关出版机构购买),实训基地、水准仪、全站仪、钢管、模板、钢筋等实训场地、机具及材料。

【教学方法建议】

集中讲授、小组讨论方案、制订方案、观看视频、读图正误对比、下料长度计算、基地实训、现场观摩、拓展训练。

【建议学时】

12 学时

任务1　剪力墙施工图的识读

1.1　剪力墙的平面表示方法

剪力墙的平面表示方法有两种:列表注写方式和截面注写方式。

1.1.1　列表注写方式

列表注写方式,是指分别在剪力墙梁表、剪力墙身表和剪力墙柱表中,对应于剪力墙平面布置图上的编号,用绘制截面配筋图并注写几何尺寸与配筋具体数值的方式,来表示剪力墙平法施工图,如图4.1.1和表4.1.1、表4.1.2、表4.1.3。

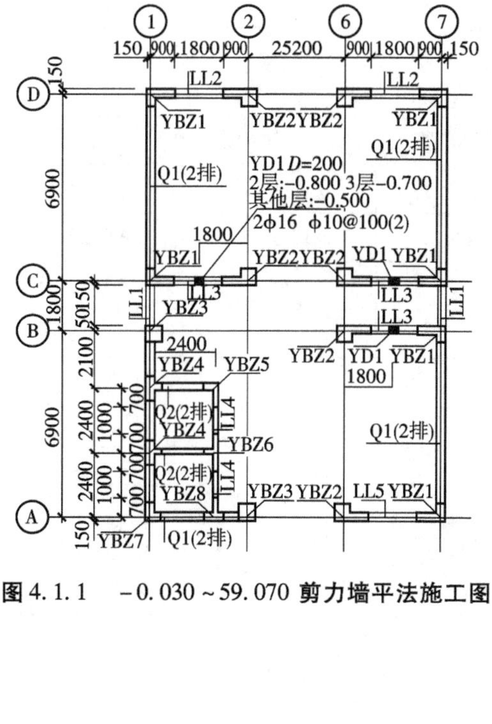

图4.1.1　-0.030~59.070 剪力墙平法施工图

表 4.1.1　剪力墙梁表

编号	所在楼层号	梁顶相对标高高差	梁截面 $b\times h$	上部纵筋	下部纵筋	箍筋
LL1	2～9	0.8	300×2 000	4Φ22	4Φ22	φ10@100(2)
	10～16	0.8	250×2 000	4Φ20	4Φ20	φ10@100(2)
	屋面 1		250×1 200	4Φ20	4Φ20	φ10@100(2)
LL2	3	−1.2	300×2 520	4Φ22	4Φ22	φ10@150(2)
	4	−0.9	300×2 070	4Φ22	4Φ22	φ10@150(2)
	5～9	−0.9	300×1 770	4Φ22	4Φ22	φ10@150(2)
	10～屋面 1	−0.9	250×1 770	3Φ22	3Φ22	φ10@150(2)
LL3	2		300×2 070	4Φ22	4Φ22	φ10@100(2)
	3		300×1 770	4Φ22	4Φ22	φ10@100(2)
	4～9		300×1 170	4Φ22	4Φ22	φ10@100(2)
	10～屋面 1		250×1 170	3Φ22	3Φ22	φ10@100(2)
LL4	2		250×2 070	3Φ20	3Φ20	φ10@120(2)
	3		250×1 170	3Φ20	3Φ20	φ10@120(2)
	4～屋面 1		250×1 170	3Φ20	3Φ20	φ10@120(2)
暗梁、边框梁表						
AL1	2～9		300×600	3Φ20	3Φ20	φ8@150(2)
	10～16		250×500	3Φ18	3Φ18	φ8@150(2)
BKL1	屋面 1		500×750	4Φ22	4Φ22	φ10@150(2)

表 4.1.2　剪力墙身表

编号	标高	墙厚	水平分布筋	垂直分布筋	拉筋
Q1(2 排)	−0.030～30.270	300	φ12@250	φ12@250	φ6@500
	30.270～59.070	250	φ10@250	φ10@250	φ6@500
Q2(2 排)	−0.030～30.270	250	φ10@250	φ10@250	φ6@500
	30.270～59.070	200	φ10@250	φ10@250	φ6@500

表 4.1.3　剪力墙柱表

截面	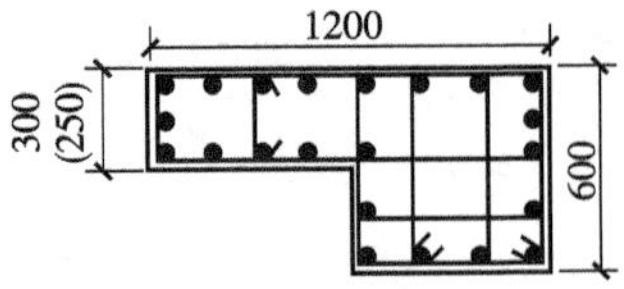	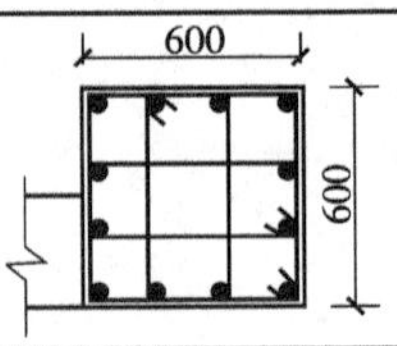	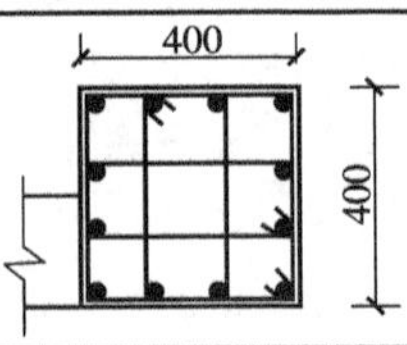

续表

编号	YBZ2	YBZ3	
标高	−0.030～8.670 8.670～30.270 (30.270～59.070)	−0.030～8.670 8.670～30.270	59.070～65.670
纵筋	22 Φ 22 22 Φ 20 (22 Φ 18)	12 Φ 25 12 Φ 22	12 Φ 20
箍筋	ϕ10@100 ϕ10@100/200 (ϕ10@100/200)	ϕ10@100 ϕ10@100/200	ϕ10@100/200
截面	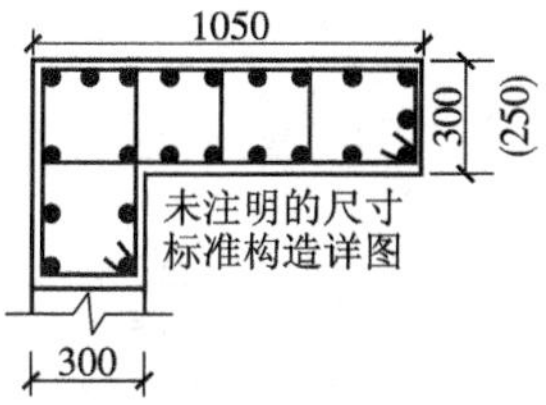	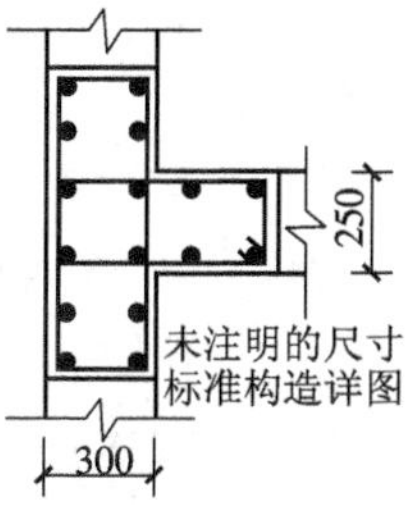	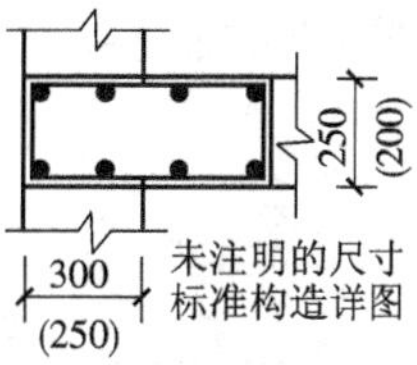
编号	YBZ1	YBZ4	
标高	−0.030～8.670 8.670～30.270 (30.270～59.070)	−0.030～8.670	8.670～30.270 (30.270～59.070)
纵筋	24 Φ 20 24 Φ 18 (24 Φ 16)	20 Φ 20	10 Φ 18 (10 Φ 18)
箍筋	ϕ10@100 ϕ10@150 (ϕ10@150)	ϕ10@100/200	ϕ10@150 (ϕ10@150)
截面	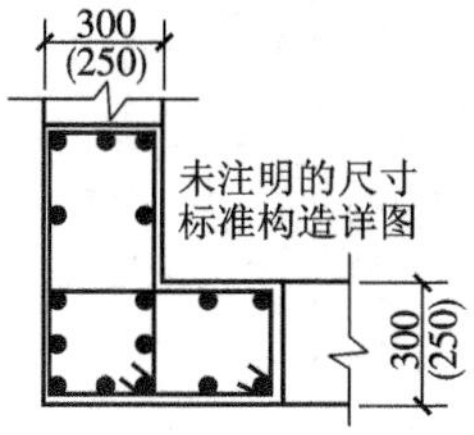	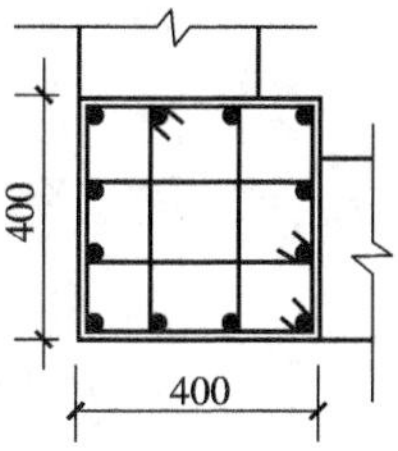	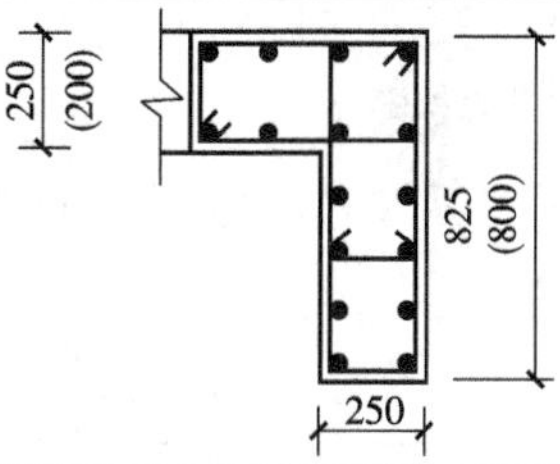
编号	YBZ7		YBZ5
标高	−0.030～8.670 8.670～30.270 (30.270～59.070)	59.070～65.670	−0.030～8.670 8.670～30.270 (30.270～59.070)

续表

编号	YBZ7		YBZ5
纵筋	16 Φ 22 16 Φ 20 (16 Φ 18)	12 Φ 18	20 Φ 20 20 Φ 18 (20 Φ 18)
箍筋	ϕ10@100 ϕ10@150 (ϕ10@150)	ϕ8@100	ϕ10@100 ϕ10@150 (ϕ10@150)

1. 墙柱编号

墙柱编号见表4.1.4。

表4.1.4　墙柱编号

墙柱类型	代号	序号
约束边缘构件	YBZ	××
构造边缘构件	GBZ	××
非边缘暗柱	AZ	××
扶壁柱	FBZ	××

注:约束边缘构件包括约束边缘暗柱、约束边缘端柱、约束边缘翼墙和约束边缘转角墙四种。构造边缘构件包括构造边缘暗柱、构造边缘端柱、构造边缘翼墙和构造边缘转角墙四种。

2. 墙身编号

墙身编号由墙身代号、序号以及墙身所配置的水平与竖向分布钢筋的排数组成,其中,排数注写在括号内。表达形式为:Q××(×排)。

3. 墙梁编号

墙梁编号由墙梁类型代号和序号组成,表达形式见表4.1.5。

表4.1.5　墙梁编号

墙梁类型	代号	序号
连梁	LL	××
连梁(对角暗撑配筋)	LL(JC)	××
连梁(交叉斜筋配筋)	LL(JX)	××

续表

墙梁类型	代号	序号
连梁(集中对角斜筋配筋)	LL(DX)	××
暗梁	AL	××
边框梁	BKL	××

注:在具体工程中,当某些墙身需设置暗梁或边框梁时,宜在剪力墙平法施工图中绘制暗梁或边框梁的平面置图并编号,以明确其具体位置。

1.1.2　截面注写方式

截面注写方式是在剪力墙平面布置图上,在相同的编号中选择一根墙柱、一道墙身、一根墙梁,放大到适当的比例,直接注写墙柱、墙身、墙梁的截面尺寸和配筋具体数值。剪力墙平法施工图如图4.1.2所示。

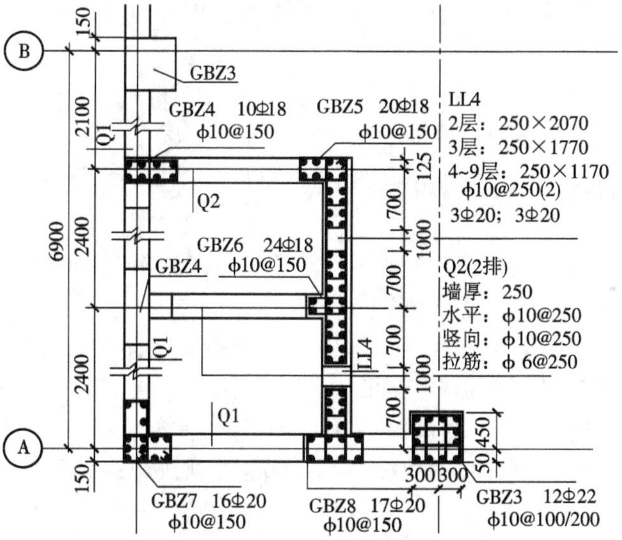

图4.1.2　剪力墙截面注写方式示例图

1.1.3　剪力墙洞口的表示方法

在剪力墙平面图上绘制洞口示意,并标注洞口中心的平面定位尺寸。

在洞口中心位置引注:洞口编号、洞口几何尺寸、洞口中心相对标高、洞口每边补强钢筋等四项内容。具体规定如下。

①洞口编号:矩形洞口为JD××(××为序号),圆形洞口为YD××(××为序号)。

②洞口几何尺寸:矩形洞口为洞宽×洞高($b\times h$),圆形洞口为洞口直径D。

③洞口中心相对标高,是相对于结构楼(地)面标高的洞口中心高度。当其高于结构层楼

面时为正值,低于结构层楼面时为负值。

④洞口每边补强钢筋,分以下几种不同情况。

a. 当矩形洞口的洞宽、洞高均不大于 800 时,如果设置构造补强纵筋,即洞口每边加钢筋≥2ф12,其不小于同向被切断钢筋总面积的 50%,本项免注,如图 4. 1. 3。

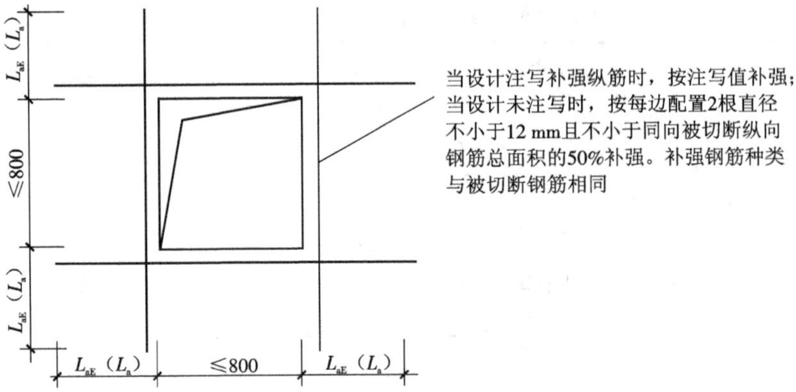

图 4. 1. 3　矩形洞口洞宽和洞高均不大于 800 时洞口补强纵筋构造

注:括号内标注用于非抗震时

例 1. 1　JD3 400 × 300, + 3. 100,表示 3 号矩形洞口,洞宽 400,洞高 300,洞口中心距本结构层楼面 3 100,洞口每边钢筋按构造配置。

b. 当矩形洞口的洞宽、洞高均不大于 800 时,如果设置补强纵筋大于构造纵筋,此时注写洞口每边补强钢筋的数值。

例 1. 2　JD2 400 × 300, + 3. 100,3 ⌽ 14,表示 2 号矩形洞口,洞宽 400,洞高 300,洞口中心距本结构层楼面 3 100,洞口每边补强钢筋为 3 根⌽ 14。

c. 当矩形洞口的宽度大于 800 时,在洞口的上、下须设置补强暗梁,此项注写为洞口上、下每边暗梁的纵筋与箍筋的具体数值(在标准构造详图中,补强暗梁梁高一律定为 400,施工时按标准构造详图取值,设计不注。当设计者采用与该构造详图不同的做法时,应另行注明);当洞口上、下边为剪力墙连梁时,此项免注;洞口竖向两侧按边缘构件配筋,亦不在此项表达,见图 4. 1. 4。

例 1. 3　JD5 1 800 × 2 100, + 1. 800,6 ⌽ 20,ф8@ 150,表示 5 号矩形洞口,洞宽 1 800,洞高 2 100,洞口中心距本结构层楼面 1 800,洞口上下设补强暗梁,每边暗梁纵筋为 6 ⌽ 20,箍筋为 ф8@ 150。

d. 当圆形洞口设置在连梁中部 1/3 范围(且圆洞直径不大于 1/3 梁高)时,需注写在圆洞上、下水平设置的每边补强纵筋与箍筋,如图 4. 1. 5 所示。

e. 当圆形洞口设置在墙身或暗梁、边框梁位置,且洞口直径不大于 300 时,此项注写洞口上、下、左、右每边布置的补强纵筋的数值,如图 4. 1. 6 所示。

f. 当圆形洞口直径大于 300,但不大于 800 时,其补强钢筋在标准构造详图中是按照圆外切正六边形的边长方向布置,设计仅需注写六边形中一边补强钢筋的具体数值,如图 4. 1. 7 所示。

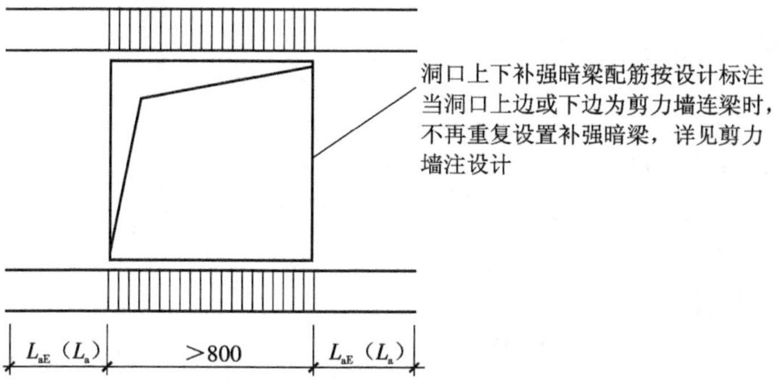

图 4.1.4　矩形洞口洞宽和洞高均大于 800 时，洞口补强暗梁构造

注:括号内标注用于非抗震时

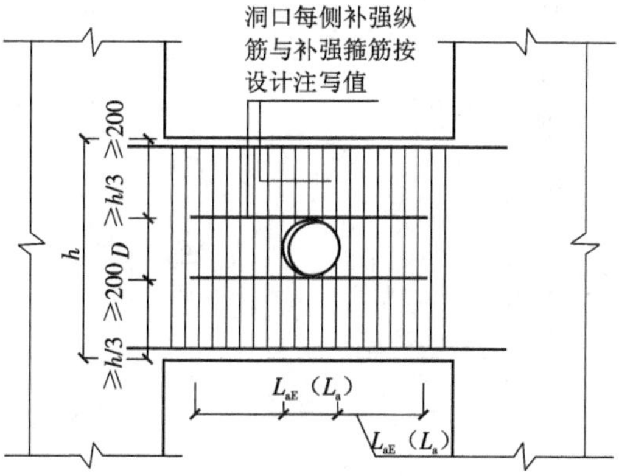

图 4.1.5　连梁中部圆形洞口补强钢筋构造

注:圆形洞口预埋钢筋套管，括号内标注用于非抗震时

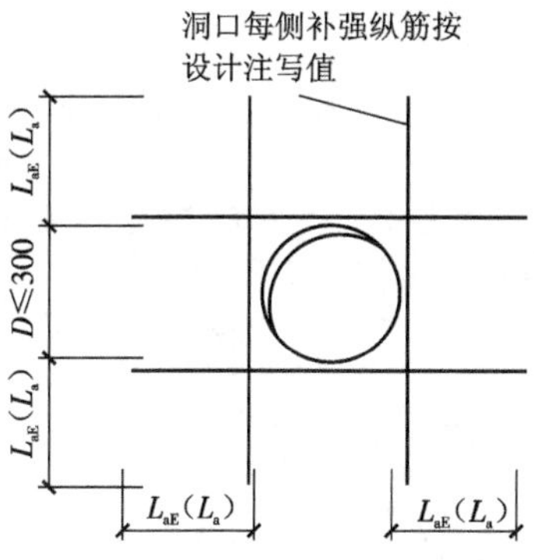

图 4.1.6　剪力墙圆形洞口直径不大于 300 时补强钢筋构造

注:括号内标注用于非抗震时

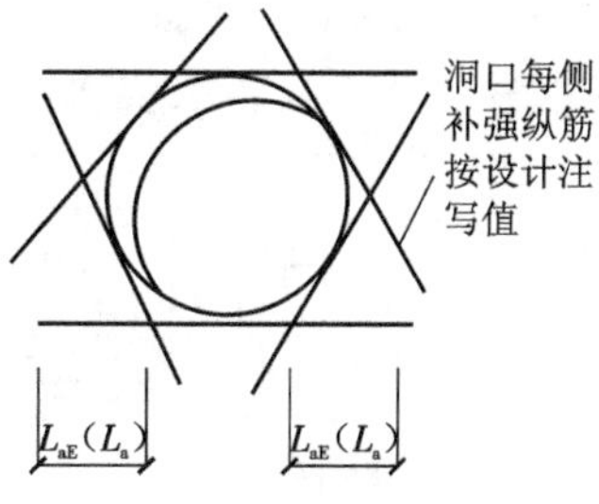

图 4.1.7　剪力墙圆形洞口直径大于 300 时补强钢筋构造

注:括号内标注用于非抗震时

1.2 剪力墙钢筋的识读

1.2.1 基础层剪力墙钢筋的识读

1. 基础层剪力墙插筋的识读

(1)插筋长度的计算

剪力墙插筋长度根据图 4.1.8 计算。根据图 4.1.8,剪力墙插筋长度按下式计算:

剪力墙插筋长度 = 弯折长度 a + 锚固竖直长度 h_1 + 搭接长度 $1.2L_{aE}$

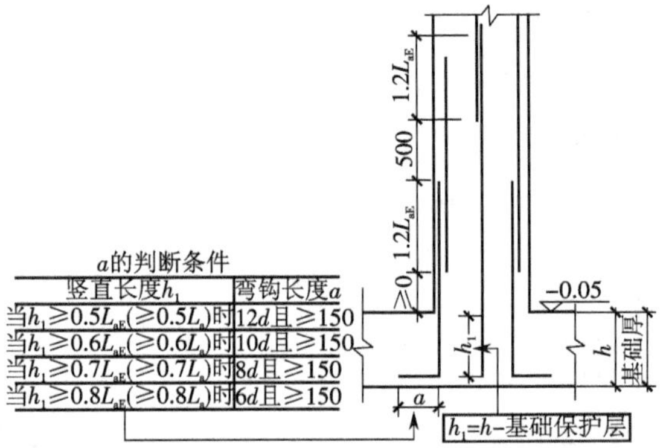

图 4.1.8 剪力墙插筋连接构造

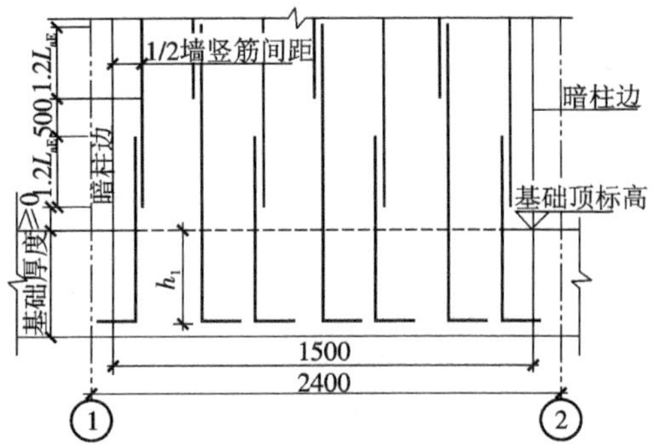

图 4.1.9 剪力墙插筋根数计算图

(2)插筋根数计算

插筋根数根据图 4.1.9 计算。

根据图 4.1.9,剪力墙插筋根数计算如下:

根数 = [(剪力墙净长 - 插筋间距)/插筋间距 + 1] × 排数

2. 基础层剪力墙水平筋的识读

(1)水平筋长度的计算

1)剪力墙水平外侧筋连续通过的情况:剪力墙水平外侧筋连续通过时按图 4.1.10 计算。

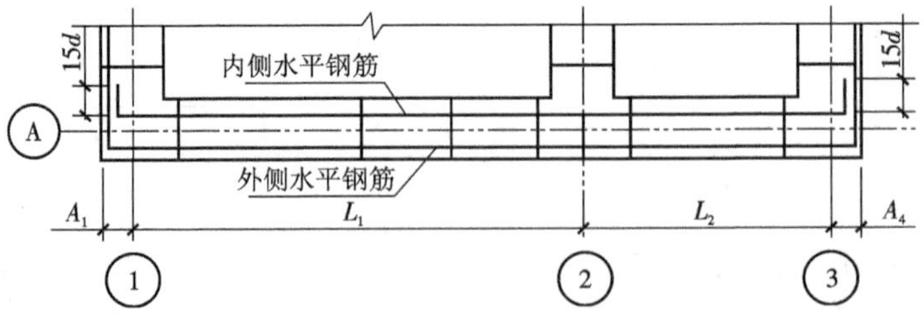

图 4.1.10 基础层剪力墙水平筋长度计算图(外侧筋连续通过)

外侧水平筋长度 = 墙外侧长度($A_1+L_1+L_2+A_4$) - 保护层 ×2

内侧水平筋长度 = 墙外侧长度($A_1+L_1+L_2+A_4$) - 保护层 ×2 + 弯折 $15d\times2$

2)剪力墙水平外侧筋相互搭接的情况:剪力墙水平外侧筋相互搭接时按图 4.1.11 计算。

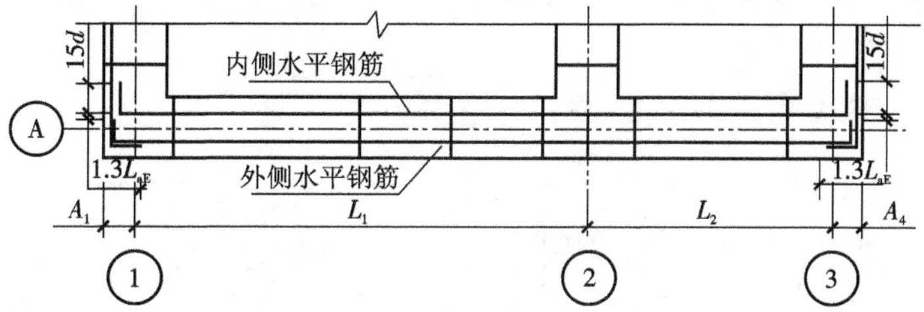

图 4.1.11　基础层剪力墙水平筋长度计算图(外侧筋相互搭接)

外侧水平筋长度 = 墙外侧长度($A_1+L_1+L_2+A_4$) - 保护层 ×2 + 0.65 $L_{aE}\times2$

内侧水平筋长度 = 墙外侧长度($A_1+L_1+L_2+A_4$) - 保护层 ×2 + 弯折 $15d\times2$

(2)水平筋根数计算

基础层水平筋根数按图 4.1.12 计算。

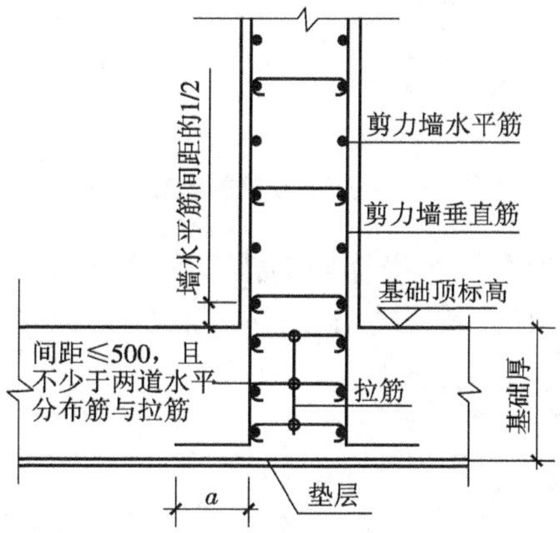

图 4.1.12　基础层剪力墙水平筋根数计算图

根据图 4.1.12,基础层水平筋根数有以下三种算法。

第一种算法:基础上下两端不布置水平筋。

基础层水平筋根数 1 = [(基础高度 - 基础保护层)/间距 - 1] × 排数

第二种算法:基础上或下一端布置水平筋。

基础层水平筋根数 2 = [(基础高度 - 基础保护层)/间距] × 排数

第三种算法:基础上下两端均布置水平筋。

基础层水平筋根数 3 = [(基础高度 - 基础保护层)/间距 + 1] × 排数

3. 基础层剪力墙拉筋的识读

(1)拉筋的长度计算

与学习情境 2 中梁的拉筋计算类似。

①当拉筋同时钩住主筋和箍筋时：

拉筋长度 = (h - 保护层 ×2) + $2d$ + $1.9d$ ×2 + Max($10d$,75 mm) ×2

②当拉筋只钩住主筋时：

拉筋长度 = (h - 保护层 ×2) + $1.9d$ ×2 + Max($10d$,75 mm) ×2

(2)拉筋根数计算

基础层拉筋根数根据图 4.1.13 计算。

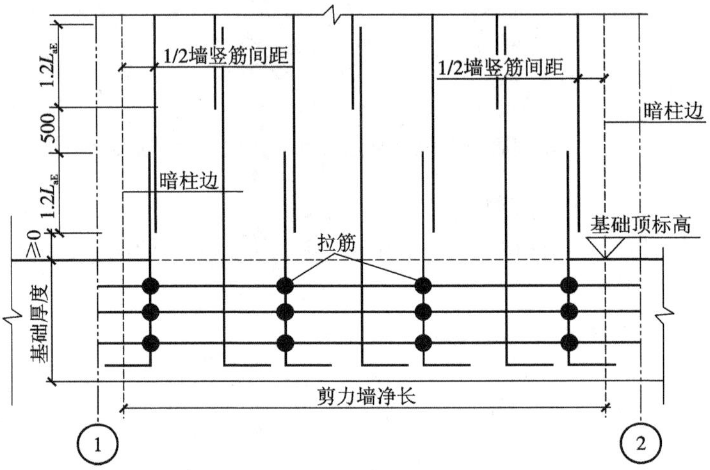

图 4.1.13　基础层拉筋根数计算图

由上图可知，基础层拉筋根数和水平钢筋的排数有关，公式如下：

基础层拉筋根数 = [(墙净长 - 剪力墙竖向筋间距)/拉筋间距 +1] ×基础水平筋排数

1.2.2　中间层剪力墙钢筋的识读

1. 中间层剪力墙垂直筋的识读

(1)垂直筋的长度计算

①纯剪力墙中间层垂直筋长度按图 4.1.14 计算。

根据图 4.1.14 推导出剪力墙垂直筋长度计算公式如下：

中间层垂直筋长度 = 中间层层高 + $1.2L_{aE}$

②剪力墙垂直筋遇到洞口，在洞口边垂直筋弯折 $15d$，如图 4.1.15 所示。

(2)垂直筋根数计算

中间层垂直筋根数计算公式如下：

中间层垂直筋根数 = [(剪力墙净长 - 垂直筋间距)/垂直筋间距 +1] ×垂直筋排数

2. 中间层剪力墙水平筋的识读

(1)水平筋的长度计算

①剪力墙无洞口时，剪力墙水平筋长度计算与基础层一样。

②剪力墙水平筋遇到洞口时，按图 4.1.16 情况处理。

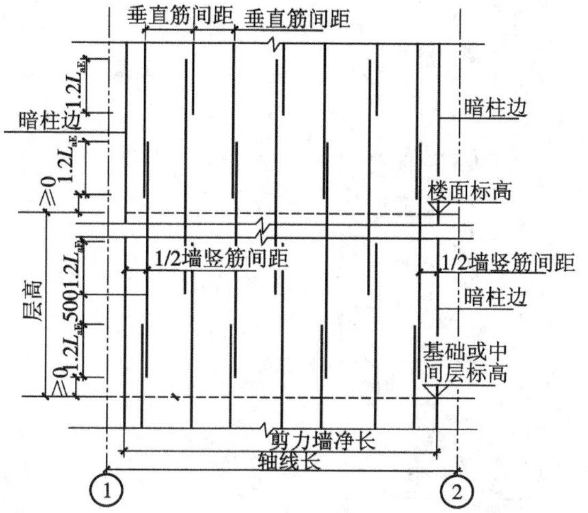

图 4.1.14　中间层剪力墙竖向筋布置图

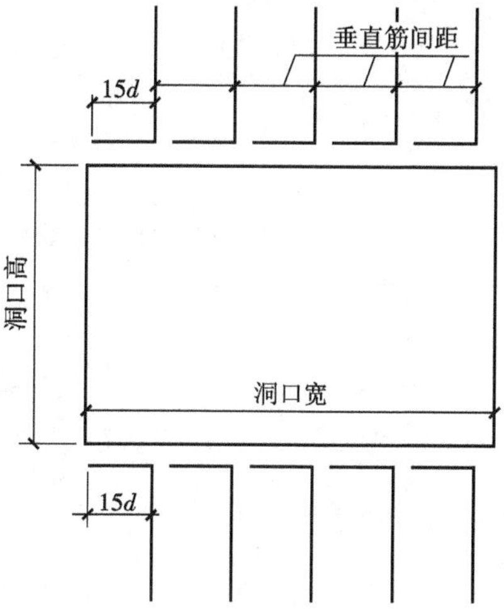

图 4.1.15　剪力墙洞口垂直筋构造

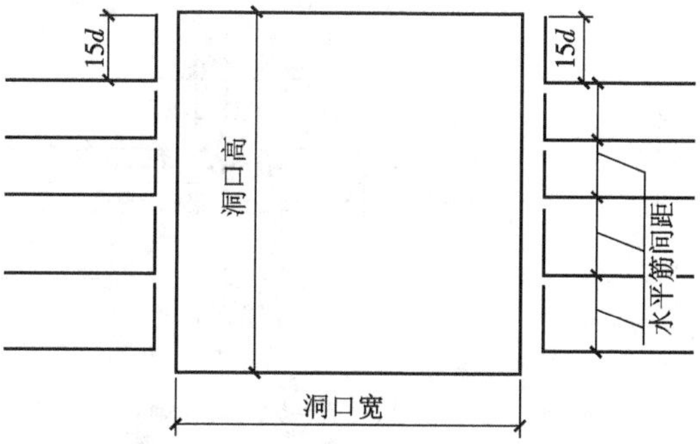

图 4.1.16　剪力墙洞口水平筋构造

剪力墙水平筋遇到洞口分多种情况，以下面的例子说明水平筋长度计算方法。

例 1.4　某工程某层水平筋布置图见图 4.1.17（立面解剖图）。

1 号水平筋平面布置图见图 4.1.18。根据图 4.1.18 推导水平筋长度计算公式如下：

外侧水平筋长度 = 墙外侧长度($A_1+L_1+L_2+A_4$) − 保护层 ×2

内侧水平筋长度 = 墙外侧长度($A_1+L_1+L_2+A_4$) − 保护层 ×2 + 弯折 $15d\times2$

2 号水平筋平面布置图见图 4.1.19。根据图 4.1.19 推导水平筋长度计算公式如下：

外侧水平筋长度 = 墙外侧长度($L_1+L_2+A_4-A_2$ − 洞宽 1) − 保护层 ×2 + 弯折 $15d$

内侧水平筋长度 = 墙外侧长度($L_1+L_2+A_4-A_2$ − 洞宽 1) − 保护层 ×2 + 弯折 $15d\times2$

（2）水平筋的根数计算

1 号水平筋根数按图 4.1.20 计算。

1 号水平筋根数 =（1 号筋布筋范围 − 墙保护层）/墙水平筋间距 +1

2 号水平筋根数按图 4.1.21 计算。

2 号水平筋根数 =（2 号筋布筋范围 − 墙保护层）/墙水平筋间距 +1

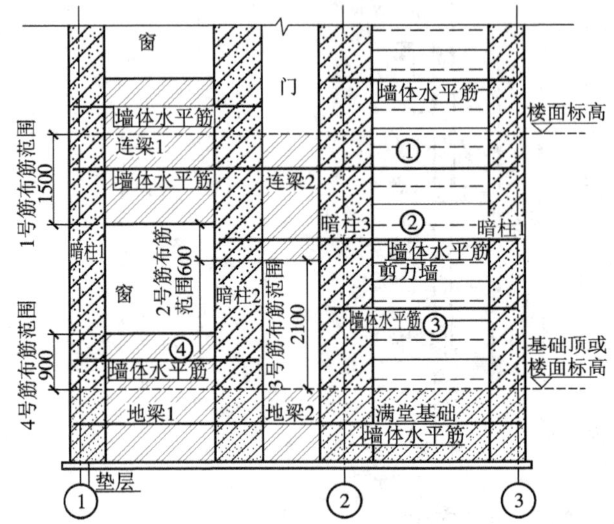

图 4. 1. 17　某层剪力墙水平钢筋配置图

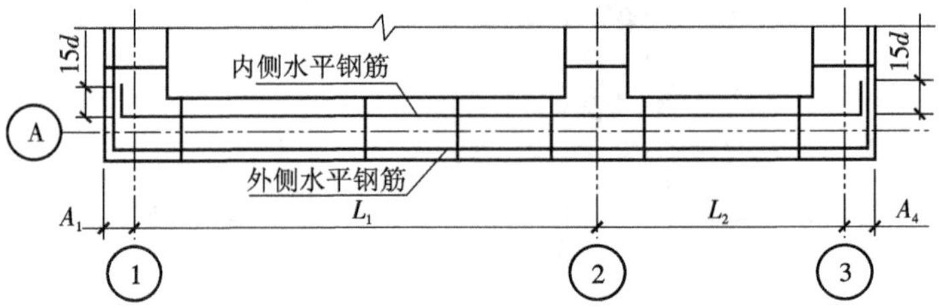

图 4. 1. 18　1 号水平筋长度计算图

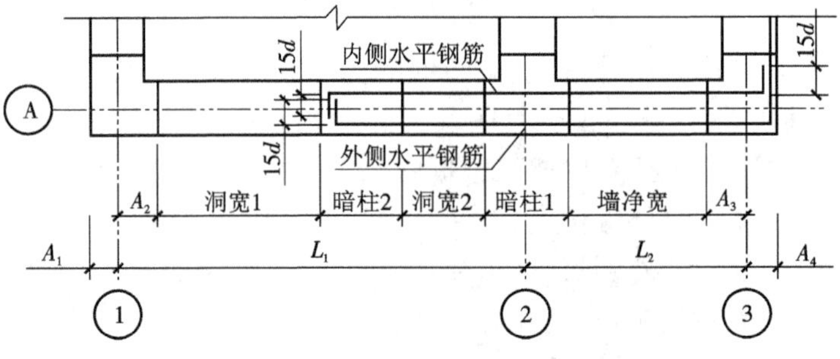

图 4. 1. 19　2 号筋平面图

注意:计算根数时与其他水平筋一起考虑加 1 或不加 1,根据实际情况判断。

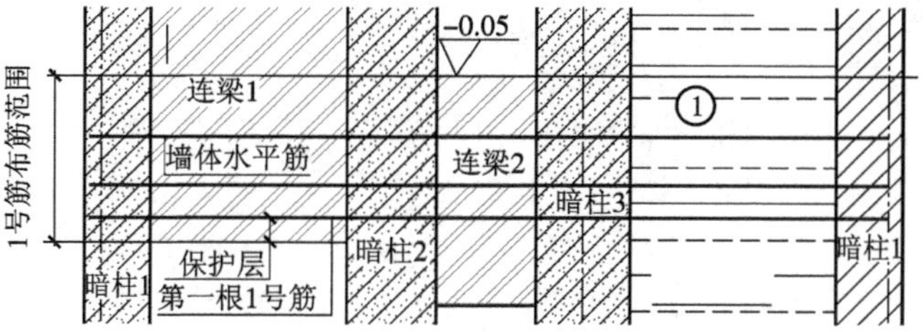

图 4.1.20　1 号水平筋根数计算图

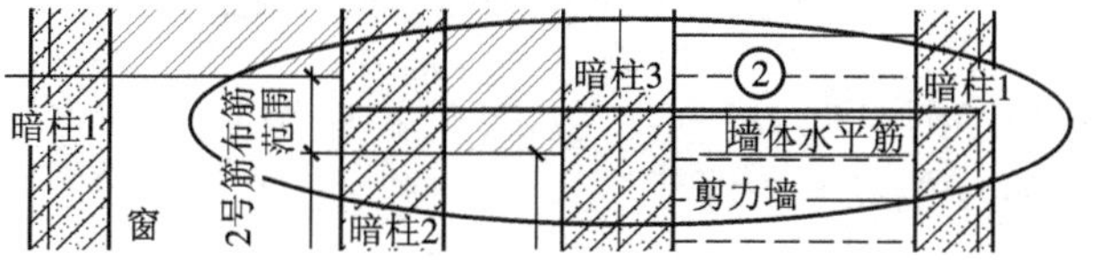

图 4.1.21　2 号水平筋根数计算图

3. 中间层剪力墙拉筋的识读

(1)拉筋的长度计算

与前面一样,这里不再说明。

(2)拉筋根数计算

剪力墙拉筋根数根据图 4.1.22 计算。

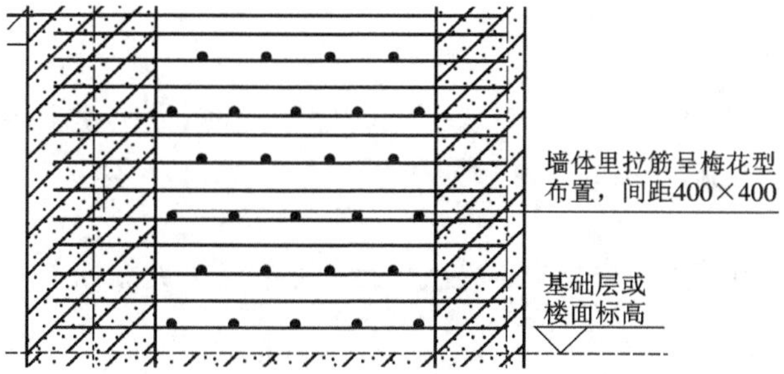

图 4.1.22　剪力墙拉筋根数计算图

根据图 4.1.22 推导拉筋根数计算公式如下:

拉筋根数 1 = (墙总面积 - 门洞面积 - 窗洞面积 - 窗下面积 - 连梁面积 - 暗柱面积)/(横向间距 × 纵向间距)

拉筋根数 2 = 净墙面积/(横向间距 × 纵向间距)

1.2.3　顶层剪力墙钢筋的识读

1. 顶层剪力墙垂直筋的识读

(1)垂直筋的长度计算

顶层垂直筋的长度按图 4.1.23 计算。

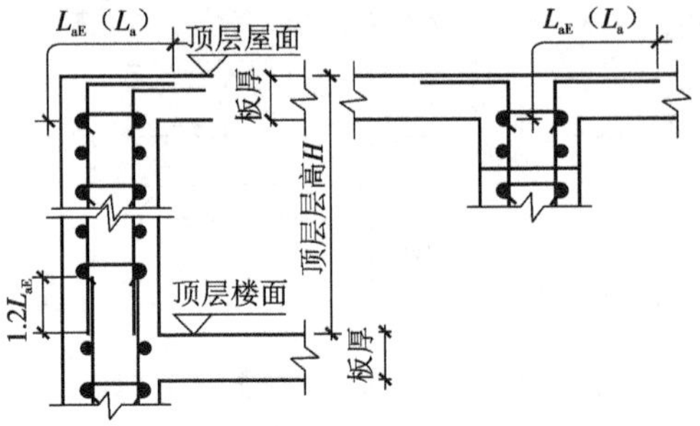

图 4. 1. 23　**剪力墙竖向筋顶部构造**

根据图 4. 1. 23 推导出顶层剪力墙垂直筋长度计算式如下：

顶层垂直筋长度 = 层高 − 板厚 + L_{aE}

(2)垂直筋根数计算

顶层垂直筋根数 = [(剪力墙净长 − 垂直筋间距)/垂直筋间距 + 1] × 垂直筋排数

2. 顶层剪力墙水平筋的识读

其计算方法同中间层一样。

3. 顶层剪力墙拉筋的识读

其计算方法同中间层一样。

1. 2. 4　剪力墙变截面钢筋计算

1. 变截面情况纵筋计算

1)当 $C/$(板厚 + 水平间距) < 1/6 时，变截面纵筋布置图见图 4. 1. 24。由图 4. 1. 24 可知：

变截面处纵筋长度 = 层高 + 斜度延伸值 + 搭接长度 1. $2L_{aE}$

根数根据图纸数出。

2)当 $C/$(板厚 + 水平间距) ≥ 1/6 时，变截面纵筋布置图见图 4. 1. 25。由图 4. 1. 25 可知：

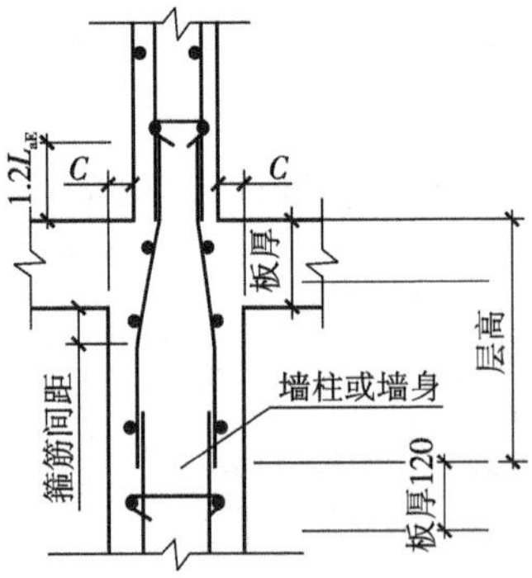

图 4. 1. 24　**剪力墙垂直筋斜插上层示意图**

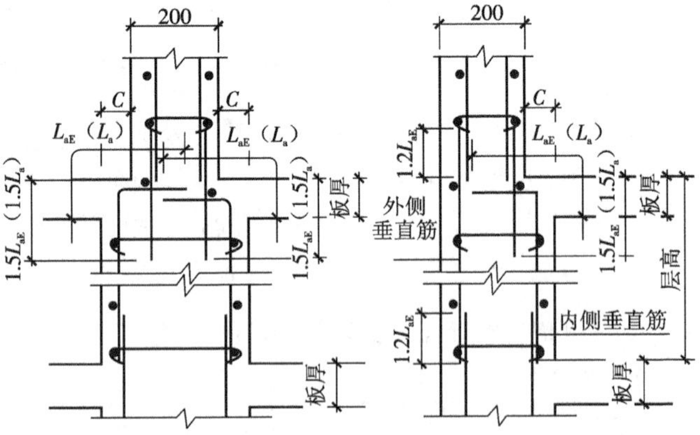

图 4. 1. 25　**剪力墙截面变化处垂直筋构造**

变截面处纵筋长度 = 层高 − 板厚 + 锚固长度 L_{aE}

变截面处插筋长度 = 锚固长度 $1.5L_{aE}$ + 搭接长度 $1.2L_{aE}$

变截面纵筋根数和插筋根数根据图纸判断。

习　题

1. 剪力墙配筋表里给出了哪些信息?
2. 列表信息里连梁“所在楼层号”指的是当前楼层的底还是顶?
3. 墙柱分为几类? 编号分别是什么?
4. 墙的列表注写方式与截面注写方式的区别是什么?
5. 墙的矩形、圆形洞如何标注?
6. 洞口加筋如何标注?
7. 剪力墙的基础插筋长度和根数如何计算?
8. 怎样计算剪力墙的外侧水平筋和内侧水平筋的长度?
9. 剪力墙在遇到洞口时其水平筋长度如何计算?
10. 怎样计算剪力墙中间层垂直筋的长度?
11. 怎样计算剪力墙的拉筋?

任务2　剪力墙的构造会审

2.1　剪力墙的构造要求

2.1.1　结构一般要求

1)对于有抗震要求的剪力墙结构,为了提高剪力墙的变形能力,长度较长的剪力墙宜结合洞口设置弱连梁,弱连梁跨高比宜大于6。如图4.2.1所示,将剪力墙分成若干均匀的墙段,使每个墙肢的总高宽比不小于2。墙肢截面长度不宜大于8 m,且不宜小于$5b_w$(b_w为墙厚)。

2)有抗震要求的剪力墙结构,墙肢截面的长度沿结构全高不宜有突变。

3)抗震设计剪力墙结构底部加强部位的高度取墙肢总高度的1/8和底部层高二者的较大值,且不大于15 m;当剪力墙高度超过150 m时,其底部加强部位的高度取墙肢总高度的1/10。

4)剪力墙宜采用开洞剪力墙,且上下各层洞口宜对齐,形成联肢剪力墙,依靠连梁耗散地震能量,以避免或减轻墙肢的破坏。

5)一、二、三级抗震等级剪力墙的底部加强部位不宜采用错洞墙;一、二、三级抗震等级的

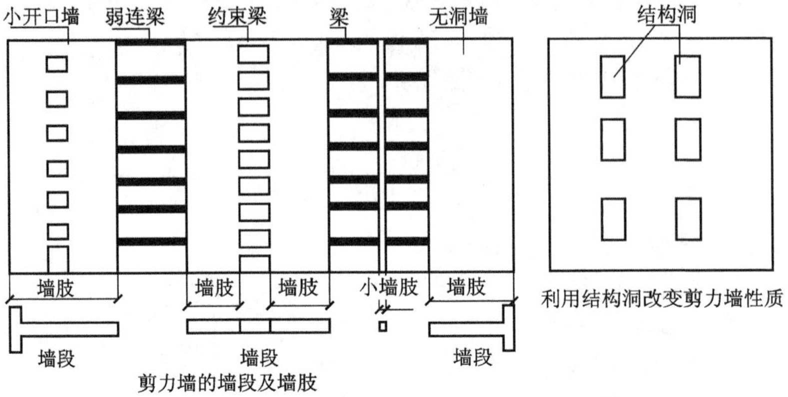

图 4.2.1　较长的剪力墙墙段划分及结构洞口的利用

剪力墙均不宜采用叠合错洞墙。

6）无抗震要求的剪力墙的混凝土强度等级不应低于 C20。

7）无抗震要求和抗震等级为三、四级的钢筋混凝土剪力墙的厚度不应小于 140 mm，且不应小于楼层高度的 1/25。

一、二级抗震剪力墙的厚度不应小于 160 mm，且不应小于楼层高度的 1/20；剪力墙底部加强部位的墙肢厚度不宜小于 200 mm，且不宜小于层高的 1/16。一、二级抗震等级底部加强部位的剪力墙无端柱或无翼墙时，墙厚度不应小于层高的 1/12；其他部位不应小于层高的 1/15，且不应小于 180 mm。

当采用预制楼板时，剪力墙的厚度尚应考虑预制楼板在墙上的搁置长度，剪力墙上、下层竖向钢筋贯通的要求。

2.1.2　剪力墙配筋与构造要求

1）无抗震要求的剪力墙水平和竖向分布钢筋的配筋率应满足设计要求。剪力墙分布钢筋的间距不应大于 300 mm，直径不应小于 8 mm。

2）有抗震要求的剪力墙结构，为保证裂缝出现后仍有足够的承载力和延性，剪力墙的水平和竖向分布钢筋的配筋率应满足设计要求。当建筑平面超长时，根据外墙和屋顶的保温情况，外墙及顶部的纵墙应按设计要求适当提高水平分布钢筋的配筋率。

3）无抗震要求的剪力墙厚大于 160 mm，有抗震要求的剪力墙厚大于 140 mm 时，分布钢筋应采用双排钢筋。剪力墙双排分布钢筋之间应采用拉筋联系，拉筋直径不应小于 6 mm，间距不宜大于 600 mm，有抗震要求的剪力墙底部加强部位，边缘部构件以外的拉筋间距应适当加密。

4）剪力墙的重要部位和薄弱部位的钢筋配筋率应满足设计要求。此外，为控制温度和混凝土收缩裂缝的产生，剪力墙结构的顶部以及长矩形平面建筑的端部山墙、楼梯间和电梯间、端开间的内纵墙等部位的分布钢筋的配筋率应按设计要求，配筋率不应小于 0.25%，分布钢筋间距不应小于 200 mm。

5）剪力墙厚度 >400 mm，且≤700 mm 时，分布钢筋可分三排设置，宜将大于总面积的 2/3

的竖向分布钢筋设置在截面两外侧。对承受垂直于墙面荷载的剪力墙，竖向分布钢筋还应满足相应的设计要求。

6）剪力墙水平分布钢筋的搭接、锚固及连接如图4.2.2所示。无抗震要求的剪力墙竖向分布钢筋可在同一截面搭接，搭接长度应满足相关规范要求，且不应小于300 mm。当分布钢筋直径大于28 mm时，不宜采用搭接接头。有抗震要求的剪力墙竖向分布钢筋连接构造应按抗震等级区别对待，钢筋连接要求如图4.2.3所示。

7）楼板与剪力墙的连接部位宜按图4.2.4设置构造配筋，现浇钢筋混凝土楼板锚入剪力墙的配筋构造应符合相关规范要求。

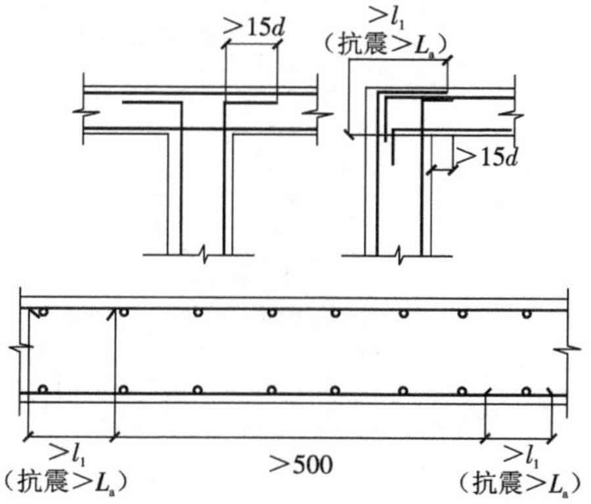

图4.2.2　剪力墙水平分布钢筋的连接构造

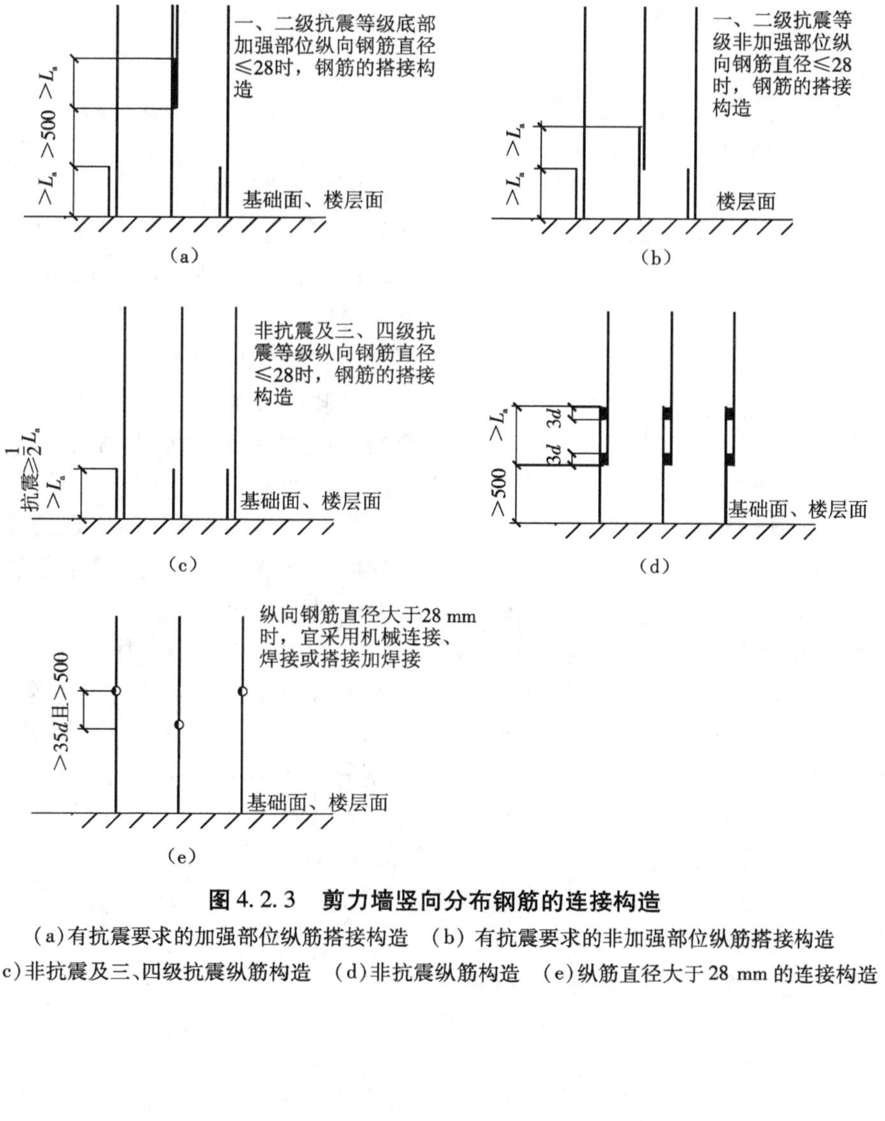

图4.2.3　剪力墙竖向分布钢筋的连接构造

（a）有抗震要求的加强部位纵筋搭接构造　（b）有抗震要求的非加强部位纵筋搭接构造

（c）非抗震及三、四级抗震纵筋构造　（d）非抗震纵筋构造　（e）纵筋直径大于28 mm的连接构造

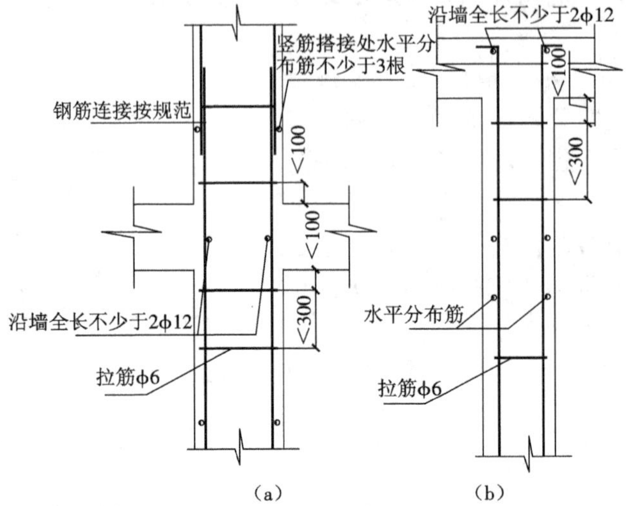

图 4.2.4　楼板与剪力墙连接部位配筋构造

(a)楼层　(b)顶层

8)当剪力墙有小洞口,且各边长度不大于 800 mm 时,应将洞口被截断的分布钢筋集中配置在洞口四边,其构造如图 4.2.5 所示。

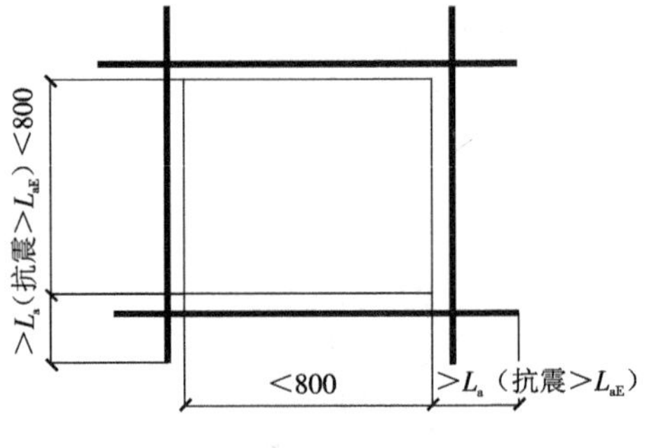

图 4.2.5　剪力墙洞口补强构造

9)房屋高度不超过 50 m 时,6、7 度抗震设计的框架剪力墙结构,也可采用有配筋的整浇层预制楼板,整浇层厚度不应小于 50 mm,当楼盖或屋盖有较大洞口需设置边缘构件时整浇层厚度不宜小于 75 mm。整浇层的配筋应能保证楼盖和屋盖与剪力墙之间的剪力传递,在整浇层内应双向配置钢筋网,直径取 6 ~ 8 mm、间距取 150 ~ 200 mm,钢筋应锚固在剪力墙内。

采用预制楼板时,墙的厚度还应考虑预制板在墙上的搁置长度及墙内竖向钢筋贯通的要求。

10)框架 - 剪力墙结构高度超过 50 m 时,应采用现浇楼盖和屋盖。

11)框架 - 剪力墙结构的剪力墙基础应有良好的整体性和抗转动能力。

12)框架 - 剪力墙结构的框架梁、柱和节点,一级抗震等级时,混凝土强度等级不应低于 C30;二、三级抗震等级时,混凝土强度等级不应低于 C20。无抗震要求时,混凝土强度等级不宜低于 C20。框架 - 剪力墙结构的剪力墙混凝土强度等级与边框端柱相同。

13)一、二、三级抗震等级剪力墙结构不宜采用叠合错洞墙;一、二、三级抗震等级的剪力墙底部加强部位也不宜采用错洞墙。此外,还应采取构造措施使洞口周边形成暗框架,以增强受力薄弱部位,其配筋构造及有关要求如图 4.2.6 所示。当底层局部开洞时,可参照图 4.2.7 所示配筋构造,将门洞口暗柱内纵向钢筋锚入下层。

14)当剪力墙的连梁有洞口时,洞口上、下有效高度不应小于梁高的 1/3,且不小于

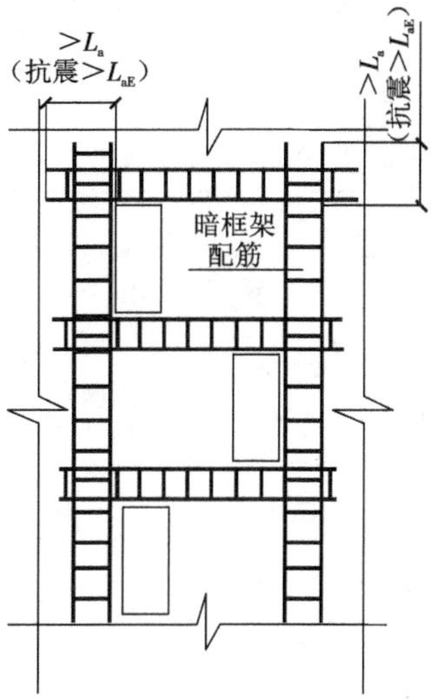

图 4.2.6　错洞剪力墙洞口配筋构造

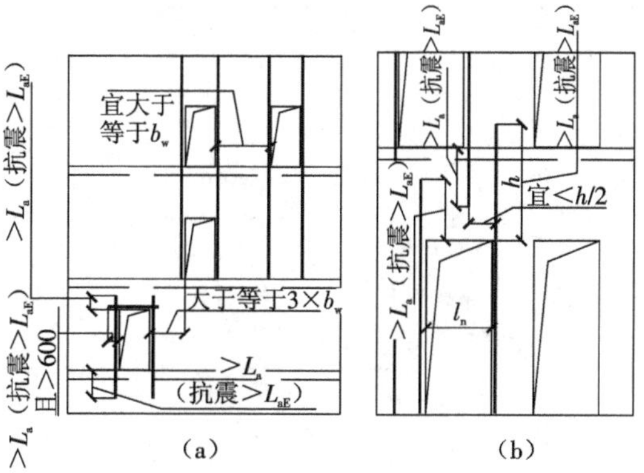

图 4.2.7　错洞剪力墙构造要求

（a）局部错动墙门洞配筋构造

（b）局部叠合错洞墙门洞边缘构件的配筋搭接长度要求

200 mm,洞口处应配置补强钢筋,其构造做法如图 4.2.8 所示。

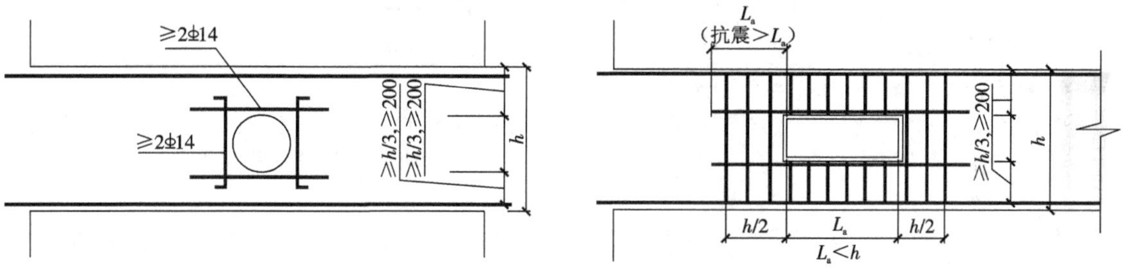

图 4.2.8　剪力墙连梁洞口补强构造

2.1.3　有抗震要求的剪力墙边缘构件构造要求

1）有抗震要求的剪力墙边缘构件构造要求:A 级高度一、二级抗震等级的剪力墙底部加强部位轴压比超过限定值时,墙肢两端及洞口两侧应设置约束边缘构件。

2）B 级高度剪力墙结构的剪力墙底部加强部位及其上一层剪力墙墙肢端部应设置约束边缘构件。

3）A 级高度剪力墙结构一、二级抗震等级剪力墙加强部位的底部,在重力荷载代表值作用下平均轴压比大于规范限定值时〔且轴压比一级（9 度）不宜超过 0.4,一级（8 度）不宜超过 0.5,二级不宜超过 0.6〕,底部加强部位及其上一层剪力墙墙肢截面端部应设置约束边缘构件,约束边缘构件按设计要求。

4）约束边缘构件的纵向钢筋面积除应满足设计要求外,一级抗震等级不少于 6 根直径 16 mm的钢筋;二级抗震等级不少于 6 根直径 14 mm 的钢筋。

5)A 级高度剪力墙结构墙肢构造边缘构件的纵向钢筋除应满足设计要求外,尚不应小于表 4.2.1 的构造要求。

表 4.2.1　A 级高度剪力墙结构构造边缘构件的构造配筋要求

抗震等级	底部加强部位			其他部位		
	纵向钢筋最小配筋量	箍筋		纵向钢筋最小配筋量	箍筋、拉筋	
		最小直径/mm	沿竖向最大间距/mm		最小直径/mm	沿竖向最大间距/mm
一	$0.01A_c$ 和 6 根直径 16 mm 钢筋中的较大值	8	100	$0.008A_c$ 和 6 根直径 14 mm 钢筋中的较大值	8	150
二	$0.008A_c$ 和 6 根直径 14 mm 钢筋中的较大值	8	150	$0.006A_c$ 和 6 根直径 12 mm 钢筋中的较大值	8	200
三	$0.005A_c$ 和 4 根直径 12 mm 钢筋中的较大值	6	150	$0.004A_c$ 和 4 根直径 12 mm 钢筋中的较大值	6	200
四	$0.005A_c$ 和 4 根直径 12 mm 钢筋中的较大值	6	200	$0.004A_c$ 和 4 根直径 12 mm 钢筋中的较大值	6	200

注:①A_c 为构造边缘构件面积,按图中涂黑部分选取。

②除底部加强部位及其上一层外的其他部位,拉筋的水平间距不应大于纵筋间距的 2 倍,角墙宜用箍筋。

③当端柱承受集中荷载时,其纵向钢筋、箍筋直径和间距应满足框架柱配筋的相应要求。

6)A 级高度一、二级抗震等级加强部位底部平均轴压比小于表 4.2.1 规定值的剪力墙,以及三、四级抗震等级剪力墙的底部加强部位及其上一层,可按图 4.2.9 的要求设置构造边缘构件。

7)剪力墙其他部位的构造边缘构件可按图 4.2.9 要求设置配筋。

8)抗震设计 B 级高度剪力墙结构的剪力墙底部加强部位及其上一层,一、二级抗震等级应按设计要求设置约束边缘构件,其他部位按图 4.2.10 要求设置构造边缘构件。

9)剪力墙边缘构件纵筋的连接可采用机械连接接头、焊接接头,直径≤28 mm 的纵筋也可采用搭接接头,同一截面内纵向钢筋接头不宜超过全部纵筋总面积的 50%,当边缘构件纵筋为 4 根时,可在同一截面连接。

10)剪力墙端柱箍筋不应少于 ϕ6@200,并应满足框架柱配筋的有关构造要求。

11)无抗震要求的剪力墙洞口边缘两侧应设置不少于 4ϕ12 mm 的纵向构造钢筋。

12)有抗震要求的框架－剪力墙结构特一级、一级、二级和三级抗震等级底部加强部位及其上一层剪力墙端柱和洞口应设置约束边缘构件。

13)有抗震要求的剪力墙当洞口紧贴端柱设置时,剪力墙端柱宜按相应抗震等级框架柱箍筋加密区要求沿端柱全高设置加密钢筋。

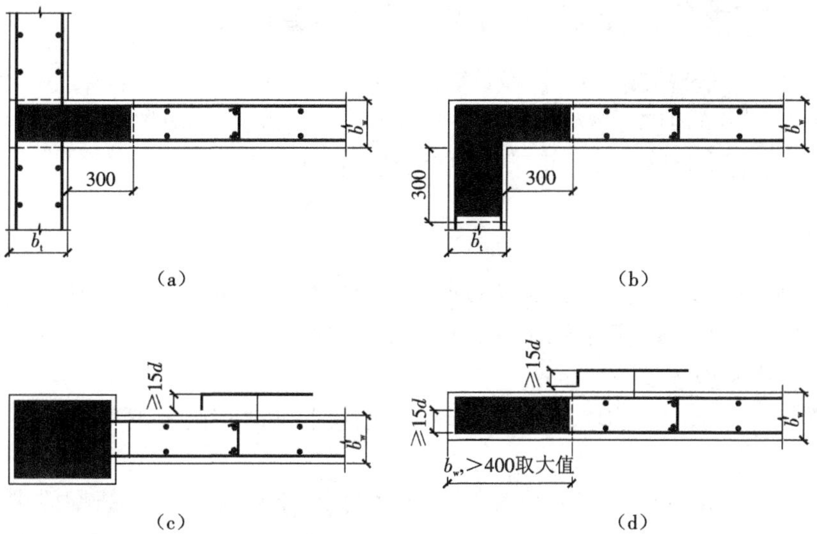

图 4.2.9　抗震设计剪力墙底部加强部位构造边缘构件配筋构造

(a)翼墙　(b)角墙　(c)端柱　(d)墙端暗柱

注:1. 边缘构件宜采用箍筋,箍筋的无肢长度不应大于 300 mm,超过时应设拉筋;
2. 图(a)(b)水平分布筋应符合规范规定。

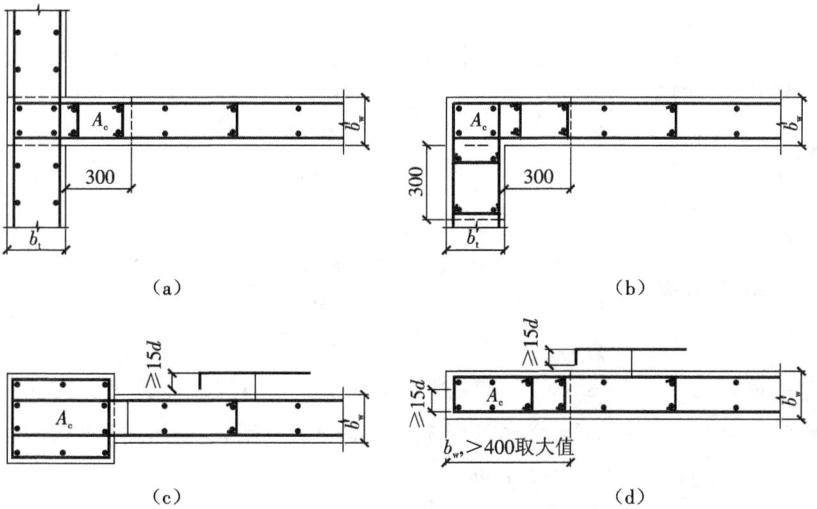

图 4.2.10　抗震设计剪力墙底部非加强部位构造边缘构件配筋构造

(a)翼墙　(b)角墙　(c)端柱　(d)墙端暗柱

注:1. 端柱和角墙边缘构件宜采用箍筋;2. 图(a)、(b)水平分布筋应符合规范规定。

14)底部加强部位剪力墙端柱的箍筋宜沿柱全高按加密区要求设置。

2.1.4　无抗震要求的剪力墙构造边缘构件的构造要求

非抗震设计剪力墙墙肢端部应按设计要求配筋。构造边缘构件纵向钢筋不少于4根直径12 mm或2根16 mm的钢筋，箍筋或拉筋直径应≥6 mm；端柱与角墙边缘构件宜采用箍筋，箍筋间距≤250 mm；翼墙和墙端暗柱可采用拉筋，拉筋间距≤250 mm。

2.1.5　其他要求

1）框架－剪力墙结构中剪力墙部位的水平和竖向分布钢筋配筋率应满足设计要求，分布钢筋间距不应大于300 mm，直径不应小于8 mm。双排分布钢筋之间应设置拉筋，拉筋直径不应小于6 mm，间距不应大于600 mm。

2）无抗震设计要求的剪力墙边框梁或暗梁的上、下纵向钢筋配筋率应满足设计要求，箍筋不应少于ϕ6@200。

3）有抗震设计要求的框架剪力墙横梁或暗梁的上、下纵向钢筋配筋率应满足设计要求，箍筋也应按相应抗震等级设置。

4）剪力墙边框端柱的纵向钢筋直径>28 mm时，宜采用机械连接或焊接连接。直径≤28 mm的纵筋采用搭接接头时，搭接长度范围内的箍筋间距不应大于100 mm且不应大于纵筋较小直径的5倍。

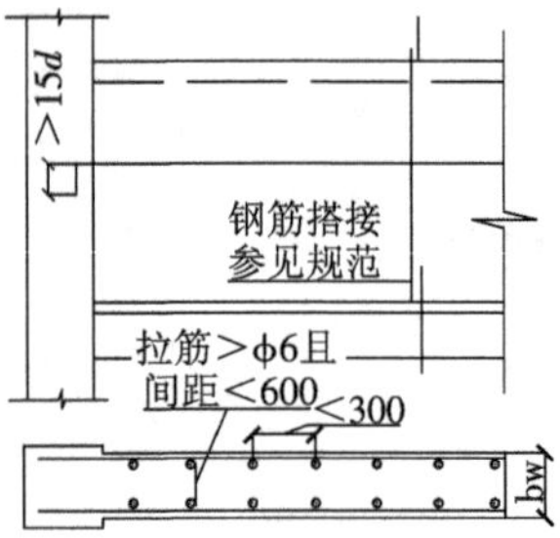

图4.2.11　有边框剪力墙的配筋构造

5）剪力墙水平分布钢筋与边框端柱的连接构造，如图4.2.11所示。

6）剪力墙需要开设洞口时应满足图4.2.12的构造要求。

2.1.6　剪力墙连梁构造要求

1）剪力墙结构的连梁，一般情况下跨高比较小、剪切变形较大，连梁箍筋及腰筋的设置应妥善处理。连梁高度 $h>700$ mm时，沿连梁高度两侧应设置水平分布腰筋，腰筋直径应≥10 mm，间距≤200 mm，剪力墙水平分布钢筋宜作为连梁腰筋连通设置。剪力墙开设不同门洞时，连梁配筋按照设计要求。

2）有抗震要求的剪力墙连梁的箍筋按设计要求设置。顶层连梁伸入墙肢内的纵向钢筋应设置间距不大于150 mm的构造箍筋，箍筋直径同连梁箍筋。无抗震要求的剪力墙连梁箍筋直径不小于6 mm，间距不大于150 mm。

3）当采用现浇楼板时，连梁配筋构造可按图4.2.13设置。

4）按一、二级抗震等级设计的剪力墙结构，连梁跨高比小于等于2，且连梁截面宽度不小于200 mm时，除设置纵向钢筋和箍筋外，宜设置斜向交叉的构造配筋。斜向交叉钢筋直径大于等于14 mm，与连梁箍筋绑扎固定。

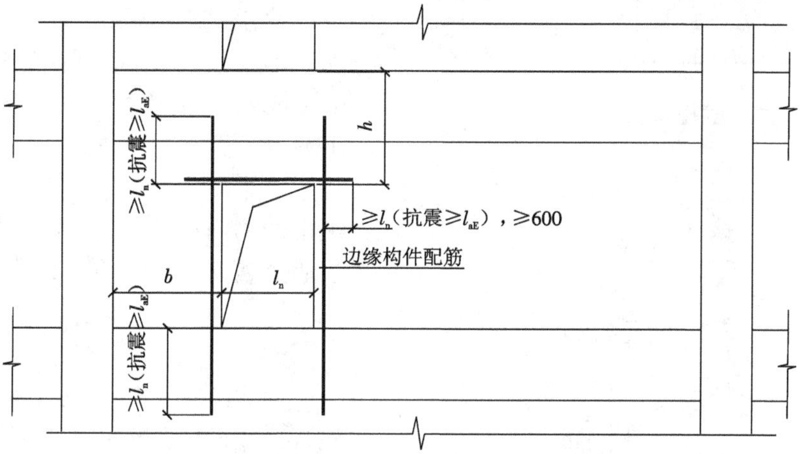

图 4. 2. 12 有边框剪力墙的洞口要求及配筋构造

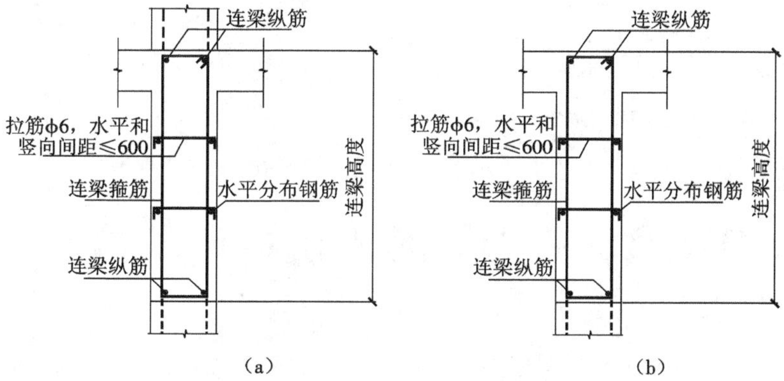

图 4. 2. 13　剪力墙连梁配筋构造

(a)用于楼层剪力墙连梁配筋　(b)用于顶层剪力墙连梁配筋

2. 2　剪力墙技术交底的方法

2. 2. 1　技术交底的方法、内容及注意事项

相同点参见学习情境 1 中的任务 2,其不同点如下。

2. 2. 2　剪力墙混凝土浇筑

1)如柱、墙的混凝土强度等级相同时,可以同时浇筑,反之宜先浇筑柱混凝土,预埋剪力墙锚固筋,待拆柱模后,再绑剪力墙钢筋、支模、浇筑混凝土。

2)剪力墙浇筑混凝土前,先在底部均匀浇筑 5 cm 厚与墙体混凝土成分相同的水泥砂浆,并用铁锹入模,不应用料斗直接灌入模内。

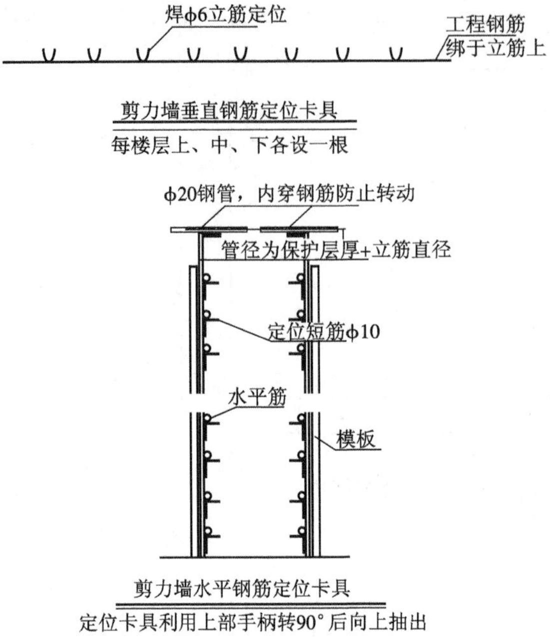

图 4.2.14　剪力墙钢筋的定位方法

3)浇筑墙体混凝土应连续进行,间隔时间不应超过 2 h,每层浇筑厚度控制在 60 cm 左右,因此必须预先安排好混凝土下料点位置和振捣器操作人员数量。

4)混凝土墙体浇筑完毕之后,将上口甩出的钢筋加以整理,用木抹子按标高线将墙上表面混凝土找平。

2.2.3　剪力墙的钢筋绑扎

1)准备工作:核对半成品钢筋的规格、尺寸和数量等是否与料单相符,准备好绑扎的铁丝、工具保护层等。

2)剪力墙钢筋的定位方法如图 4.2.14 所示。

任务 3　剪力墙的人机料计划编制

剪力墙的人机料计划编制方法及步骤均与柱的人机料计划编制相同,也是先计算出剪力墙的工程量,再查取相应的定额,利用定额算出相应的人机料用量。

任　务　单

院(系):　　　　　　　　　　班级:　　　　　　　　　　年　　　月　　　日

学习领域	钢筋混凝土主体结构施工
学习情境	4　剪力墙的施工
子情境	4.3　剪力墙的人机料计划编制
任务名称	编制人机料计划
目　　的	在限定时间内,根据给定的图纸完成人机料用量的计算及安排等工作。学生应在柱人机料计划编制的基础上,利用所学知识、定额、经验等进行剪力墙的人机料计划编制
完成时间	20 min

工作步骤	资讯	分析、识读图纸	小组讨论	2 min
	决策	确定所用定额	小组讨论	1 min
	计划	制订计算步骤	小组讨论	1 min
	实施	计算并安排	独立完成	10 min
	检查	填检查单	分组完成	3 min
	评价	填评价单	分组完成	3 min
工　具 参考资料	1. 实施单、检查单、评价单 2. 教材 3. 定额			

实　施　单

院(系):　　　　　　　　　　班级:　　　　　　　　　　年　　月　　日

任务责任人		完成时间	
学习领域	钢筋混凝土主体结构施工		
学习情境	4　剪力墙的施工		
子情境	4.3　剪力墙的人机料计划编制		
任务名称	编制人机料计划		
人机料计算	请学生按照11G101—1中p21:剪力墙平法施工图截面注写方式示例,-0.030—12.270剪力墙平法施工图,计算剪力墙的工程量,然后套用相应定额,计算出人机料的用量。也可由教师提供其他建筑物的剪力墙平法施工图,学生照图计算,完成本项任务		

检　查　单

院(系):　　　　　　　　　　班级:　　　　　　　　　　年　　月　　日

任务责任人			
学习领域	钢筋混凝土主体结构施工		
学习情境	4　剪力墙的施工		
子情境	4.3　剪力墙的人机料计划编制		
任务名称	编制人机料计划		
检查内容	对	错	不清楚
图纸识读			
定额选用			

工程量计算			
套用定额			
经验值参考			
计划表绘制			
小组长			
组员			

评 价 单

院(系):　　　　　　　　　　　　班级:　　　　　　　　　　年　　　月　　　日

任务责任人			总评分		
学习领域	钢筋混凝土主体结构施工				
学习情境	4　剪力墙的施工				
子情境	4.3　剪力墙的人机料计划编制				
任务名称	编制人机料计划				
评价内容		分值	自评(20%)	组评(30%)	教师评价(50%)
决策	分析、识读图纸	10			
计划	确定所用定额	10			
实施	工程量计算	30			
	套用定额	20			
	经验值参考	10			
	计划表绘制	10			
检查	检查单填写	10			
合　计		100			

小组长			
组员			

任务4　剪力墙的测量施工

剪力墙的测量施工工艺流程如下：放剪力墙中线→弹线→剪力墙边线→弹线→复核。剪力墙测量方法与柱测量方法基本相同，只是剪力墙边线比较多，要注意测量齐全。

任　务　单

院(系)：　　　　　　　　　　　班级：　　　　　　　　　　　年　　月　　日

学习领域		钢筋混凝土主体结构施工		
学习情境		4　剪力墙的施工		
子情境		4.4　剪力墙的测量施工		
任务名称		剪力墙的抄平放线		
目的		在限定的时间内，在实训基地进行板剪力墙的抄平放线工作。学生应在柱的测量施工的基础上，利用所学知识、工具进行剪力墙的抄平放线工作		
完成时间		20 min		
工作步骤	资讯	确定测量控制点	小组讨论	2 min
	决策	确定测量步骤	小组讨论	1 min
	计划	制订具体实施计划	小组讨论	1 min
	实施	测量操作	独立完成	10 min
	检查	填检查单	分组完成	3 min
	评价	填评价单	分组完成	3 min
工　具 参考资料		1. 实施单、检查单、评价单 2. 教材		

实　施　单

院(系)：　　　　　　　　　　　班级：　　　　　　　　　　　年　　月　　日

任务责任人		完成时间	
学习领域	钢筋混凝土主体结构施工		
学习情境	4　剪力墙的施工		
子情境	4.4　剪力墙的测量施工		
任务名称	剪力墙的抄平放线		

<table>
<tr><td>测量操作</td><td>根据各院校提供的具体实训条件,剪力墙的测量施工应控制其轴线位置及垂直度情况,示意图如下:

在实训场所指定一处剪力墙,如上图所示,测量其轴线位置及标高。</td></tr>
</table>

检　查　单

院(系):　　　　　　　　　　　　班级:　　　　　　　　　　　　年　　月　　日

任务责任人			
学习领域	钢筋混凝土主体结构施工		
学习情境	4　剪力墙的施工		
子情境	4.4　剪力墙的测量施工		
任务名称	剪力墙的抄平放线		
检查内容	对	错	不清楚
控制点			
仪器架设			
剪力墙中心线			
剪力墙边线			
小组长			
组员			

评　价　单

院(系):　　　　　　　　　　　　班级:　　　　　　　　　　　　年　　月　　日

任务责任人		总评分	
学习领域	钢筋混凝土主体结构施工		
学习情境	4　剪力墙的施工		
子情境	4.4　剪力墙的测量施工		
任务名称	剪力墙的抄平放线		

评价内容		分值	自评(20%)	组评(30%)	教师评价(50%)
决策	确定测量步骤	10			
计划	实施步骤	10			
实施	控制点选择	10			
	仪器架设	20			
	剪力墙中心线	20			
	剪力墙边线	20			
检查	检查单填写	10			
合　计		100			

小组长			
组员			

任务 5　剪力墙的脚手架搭设

剪力墙的脚手架搭设见学习情境 1 中扣件式钢管脚手架和里脚手架搭设情况。

任　务　单

院(系)：　　　　　　　　班级：　　　　　　　　年　　月　　日

学习领域		钢筋混凝土主体结构施工		
学习情境		4　剪力墙的施工		
子情境		4.5　剪力墙的脚手架搭设		
任务名称		剪力墙的脚手架搭设		
目　　的		在限定的时间内,在实训基地进行剪力墙的脚手架搭设工作。学生应在柱的脚手架搭设施工的基础上,利用所学知识、工具进行剪力墙的脚手架搭设工作		
完成时间		120 min		
工作步骤	资讯	测量放线、准备材料	小组实施	20 min
	决策	确定搭设顺序	小组实施	5 min
	计划	制订具体实施计划	小组讨论	5 min
	实施	脚手架搭设操作	小组实施	80 min
	检查	填检查单	分组完成	5 min
	评价	填评价单	分组完成	5 min

工　　具 参考资料	1. 实施单、检查单、评价单 2. 教材

实　施　单

院(系):　　　　　　　　　　　　　班级:　　　　　　　　　　　　年　　　月　　　日

任务责任人		完成时间	
学习领域	钢筋混凝土主体结构施工		
学习情境	4　剪力墙的施工		
子情境	4.5 剪力墙的脚手架搭设		
任务名称	剪力墙的脚手架搭设		

实施操作

根据各院校提供的具体实训条件,结合模板施工,搭设剪力墙脚手架。提供样图如下:

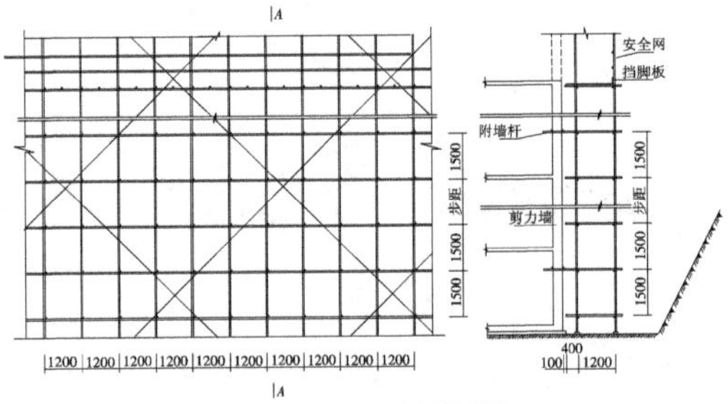

剪力墙结构脚手架拉结图

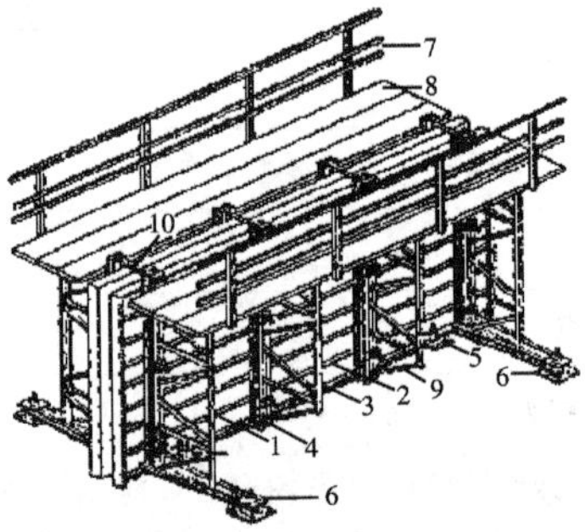

剪力墙大模板构造示意图

1—面板;2—次肋;3—支撑桁架;4—主肋;5—调整水平用的螺旋千斤顶;6—调整垂直用的螺旋千斤顶;7—栏杆;8—脚手板;9—穿墙螺栓;10—卡具

检　查　单

院(系)：　　　　　　　　　　　　　　班级：　　　　　　　　　　　年　　　月　　　日

任务责任人			
学习领域	钢筋混凝土主体结构施工		
学习情境	4　剪力墙的施工		
子情境	4.5　剪力墙的脚手架搭设		
任务名称	剪力墙的脚手架搭设		
检查内容	对	错	不清楚
放线			
连接			
扫地杆			
立杆			
横杆			
道木			
小组长			
组员			

评　价　单

院(系)：　　　　　　　　　　　　　　班级：　　　　　　　　　　　年　　　月　　　日

任务责任人			总评分			
学习领域	钢筋混凝土主体结构施工					
学习情境	4　剪力墙的施工					
子情境	4.5　剪力墙的脚手架搭设					
任务名称	剪力墙的脚手架搭设					

评价内容		允许误差/mm	分值	自评(20%)	组评(30%)	教师评价(50%)
决策	确定测量步骤		5			
	材料用量		5			
计划	实施步骤		5			

实施	实施定位		10			
	连接位置		10			
	扫地杆位置		10			
	立杆位置	±20	10			
	横杆位置	±10	5			
	步架宽度	±20	10			
	步架高度	±20	10			
	安全生产		8			
	文明施工		7			
检查	检查单填写		5			
合　计			100			

小组长			
组员			

任务6　剪力墙的钢筋施工

剪力墙的钢筋施工工艺流程如下：放线→钢筋位置、间距校正→套箍筋→竖筋焊接→竖焊接头检查→画线→竖向定位→水平筋绑扎→挂拉钩→挂垫块（安装预埋）→校正→自检→验收。

墙体钢筋定位：钢筋的绑扎严格按照图纸和规范的要求，在有门窗洞口的地方，钢筋切断后，应加上锁口筋。剪力墙竖向钢筋顶部增设一根Φ 16 及以上水平筋，与竖向钢筋按设计间距绑扎牢固，保证竖筋位置准确，墙体双层筋之间增设 φ12 及以上撑铁，高度为双层竖筋净距，纵横间距不宜大于 1 500 mm，双层钢筋之间按设计及规范要求设置拉结筋，以保证双层筋之间位置正确；下层钢筋砼浇完后，应清除钢筋上的水泥砂浆，并将偏移竖筋扳正，再与上层筋焊接或搭接绑扎。钢筋绑扎完后，对照图纸再一次检查，合格后绑扎垫块，穿上对拉夹具的钢管和内衬套，打扫干净杂物，然后进行模板的施工。

其余内容参见学习情境 1 中任务 6。

实训项目：去建筑工程实训基地进行剪力墙钢筋绑扎实训或施工现场参观剪力墙钢筋绑扎实训。

任务7　剪力墙的模板施工

7.1　剪力墙模板的类型和特点

剪力墙是钢筋混凝土主体结构中一个承受水平力和竖向力的重要构件，竖向尺寸及宽度较大，厚度相对较小。因此，在施工现场，剪力墙模板通常采用钢模板、组合钢模板或胶合板组成大面板，辅以支撑件和连接件组成剪力墙的成模系统。本节主要就剪力墙大模板的施工工艺进行讨论。

7.2　剪力墙模板的配板过程

剪力墙大模板由面板系统、支撑系统、操作平台系统及连接件等组成（见图4.7.1）。其组拼方式有组合式（图4.7.2）和整体式两种。目前工程中常用组合式大模板。

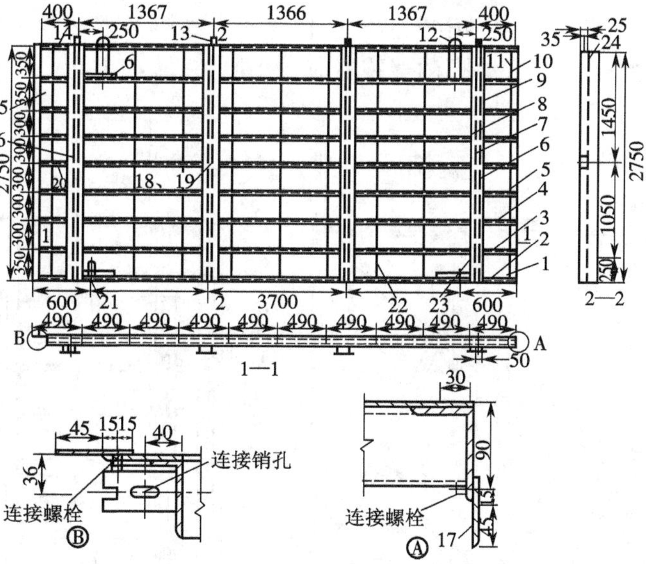

图4.7.1　组合式大模板板面系统构造

1—面板；2—底横肋（横龙骨）；3、4、5—横肋（横龙骨）；

6、7—竖肋（竖龙骨）；8、9、22、23、24—小肋（扁钢竖肋）；10、17—拼缝扁钢；11、15—角龙骨；

12—吊环；13—上卡板；14—顶横龙骨；16—撑板钢管；18—螺母；19—垫圈；20—沉头螺丝；21—地脚螺丝

1. 面板系统

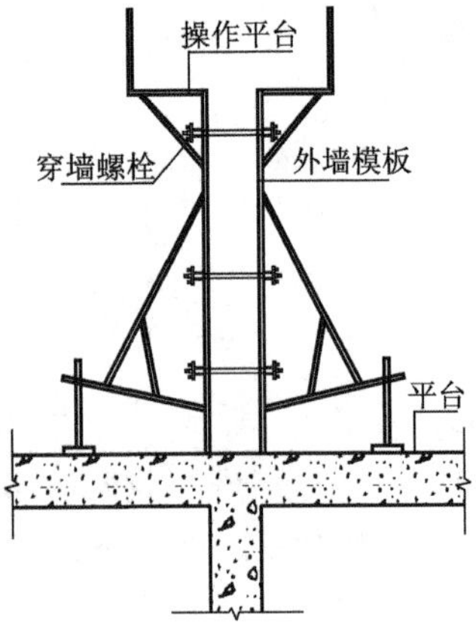

图 4.7.2 大模板组拼方式示意图

大模板面板系统常用材料有钢面板、组合钢模板、胶合板。其材料要求如下。

1) 全钢大模板的面板应选用厚度不小于 5 mm 的钢板制作,材质不应低于 Q235A 级钢的性能要求;钢木或钢竹大模板的面板必须选用双面覆膜的防水胶合板,其割口及孔洞必须作密封处理。

2) 胶合板的厚度须通过模板设计计算确定。并且胶合板的板面应平整光洁、边角整齐、防水耐磨、耐酸碱,且不得有脱胶、起层或翘曲变形等现象。

3) 大模板钢吊环应采用 Q235A 级钢制作并应具有足够的安全储备,严禁使用冷加工钢筋。焊接式钢吊环应合理选择焊条型号,焊缝长度和焊缝高度应符合设计要求;装配式吊环与大模板采用螺栓连接时必须采用双螺母。

4) 大模板对拉螺栓材质应采用不低于 Q235A 级钢制作,应有足够的强度承受施工荷载。

2. 支撑系统

大模板的支撑系统由支撑架和地脚螺栓组成(见图 4.7.3),其作用是承受风荷载和水平力,以防止模板倾覆,保持模板堆放和安装时的稳定性。地脚调整螺栓长度应满足调节模板安装垂直度和调整自稳角的需要,地脚调整装置应便于调整,转动灵活。

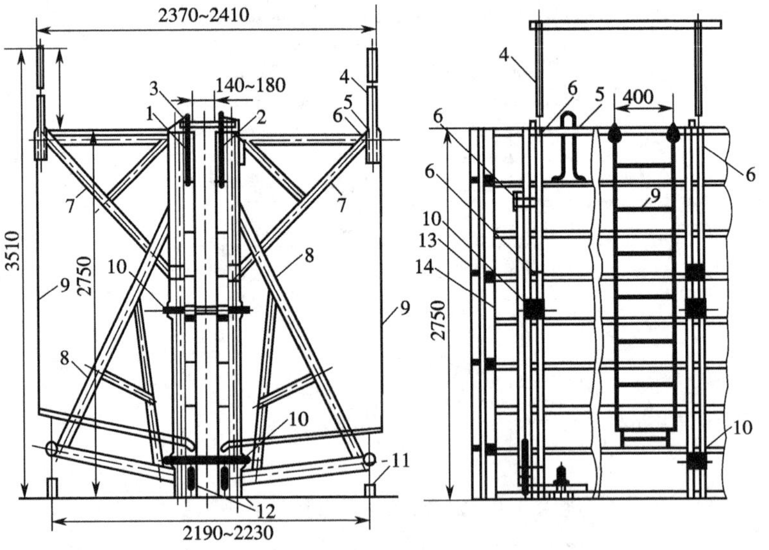

图 4.7.3 组合式大模板的构造

1—反向模板;2—正向模板;3—上口卡板;4—活动护身栏;5—爬梯横担;6—连接螺栓;7—操作平台三角挂架;8—三角支撑架;9—铁爬梯;10—穿墙螺栓;11—地脚螺栓;12—地面地脚螺栓;13—反活动角模;14—正活动角模

支撑架(图4.7.4)一般由型钢制成,每块大模板设2～4个支撑架。支撑架上端与大模板竖向龙骨用螺栓连接,下部横杆槽钢端部设有地脚螺栓,用以调节模板的垂直度。模板自稳角的大小与地脚螺栓的可调高度及下部横杆长度有关。

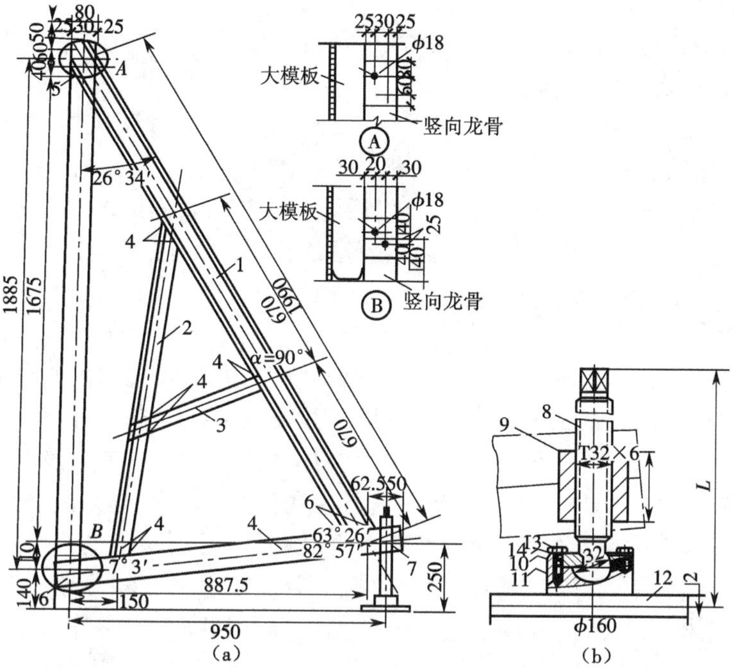

图4.7.4　支撑架及地脚螺栓

(a)支撑架　(b)地脚螺栓

1—槽钢;2、3—角钢;4—下部地脚螺栓;5—上加强板;6—下加强板;
7—地脚螺栓;8—螺杆;9—螺母;10—盖板;11—底座;12—底盘;13—螺钉;14—弹簧垫圈

3. 操作平台系统

操作平台系统由脚手架板和三脚架构成,附有铁爬梯及护身栏杆。三脚架插入竖向龙骨的套管内,组装以及拆除都比较方便。护身栏杆由钢管做成,上下可以活动,外挂安全网。每块大模板设置钢爬梯一个,如图4.7.3。

7.3　剪力墙模板施工方法与规范要求

7.3.1　剪力墙模板施工工艺流程

剪力墙模板施工工艺流程如下:定位弹线→按位置线安装门窗洞口模板→下预埋件木砖→将预先拼好的面模板按线就位→安装拉杆斜撑、穿墙螺栓→清扫墙内杂物→安装另一侧模、调整斜撑、拧紧穿墙螺栓。

7.3.2 剪力墙模板的安装

1)检查墙模板安装位置的定位基准线及墙模板的编号,符合模板设计图要求后,安装门窗洞口模板及预埋件等。

2)将一侧预拼装墙模板按位置线吊装就位,安装斜撑或使用其他工具式斜撑调整至模板与地面成75°,使其稳定坐落于基准面上。

3)安装穿墙螺栓,使螺栓杆端向上,套管套于螺杆上,清扫墙模内的杂物。

4)安装另一侧模板,使穿墙螺栓穿过模板并在螺栓杆端戴上扣件和螺母,然后调整两块模板的位置和垂直度,同时调整斜撑角度,合格后,固定斜撑,紧固全部穿墙螺栓。

5)模板安装完毕后,全面检查扣件、螺栓、斜撑是否紧固稳定,模板拼缝及下口是否严密。

7.3.3 剪力墙模板施工的注意事项

1)墙模拼装加固,墙体支模,先将模板组成单侧墙模,模板底边内侧与位置线重合。加设支撑的每个节间内做好斜撑,四角做好十字封撑,并按要求绑好扫地杆。墙模垂直方向每隔700 mm加设双根ϕ48 mm钢管做竖肋,高度为墙体通高;水平方向每隔600 mm加设双根ϕ48 mm钢管做横肋,内穿ϕ18 mm止水穿墙螺栓。单侧加固好后合另一侧模,合模前必须做好以下工作:请监理、建设单位验筋,做好隐蔽验收;检查预留预埋件是否准确无误;墙体内杂物是否清理干净。然后用同样方法合另一侧模板。经校核垂直度和位置后,与满堂红脚手架连成加固体系。墙模板拼装时,凡模板连接处要加一层自黏胶海绵条作为封条。模板底部抹水泥砂浆堵缝,以防止发生蜂窝露筋和烂根现象。模板表面必须彻底清理干净,并涂刷隔离剂。隔离剂应该使用水溶性的,以防止混凝土表面脱皮麻面。

2)墙体模板若采用胶合板,立带一般采用100 mm×100 mm和100 mm×50 mm的木枋,间距300 mm;水平带采用两根ϕ48 mm钢管,其间距,底部和顶部1/3范围内为600 mm,中部450 mm。墙体转角处和墙连柱加工成定型模板,非整块板设在墙的中部。

3)模板加固采用直径为12 mm的对拉螺栓,外墙设一道止水钢板,模板底部的固定利用基础底板混凝土施工时预埋钢筋头,以防止根部模板位移。

4)支撑采用钢管扣件和底撑或顶撑,支撑长度过大部分采用桁架体改变支撑长度,保证支撑有足够的强度和稳定性。

5)剪力墙模板安装质量以及剪力墙上预埋件和预留孔洞的允许偏差应满足规范要求(见表4.7.1)。

表4.7.1 模板安装和预埋件、预留孔洞的允许偏差

项目	允许偏差/mm		检查方法
	单层、多层	高层框架	
柱、墙、梁轴线位移	5	3	尺量检查

续表

项目		允许偏差/mm		检查方法
		单层、多层	高层框架	
标高		+5	+2 −5	用水准仪或拉线和尺量检查
墙、柱、梁截面尺寸		+4 −5	+2 −5	尺量检查
每层垂直度		3	3	用2 m托线板检查
相邻两板表面高低差		2	2	用直尺和尺量检查
表面平整度		5	5	用2 m靠尺和楔形塞尺检查
预埋钢板、预埋管、预留孔中心线位移		3	3	
预埋螺栓	中心线位移	2	2	拉线和尺量检查
	外露长度	+10 −0	+10 −0	
预留洞	中心线位移	10	10	
	截面内部尺寸	+10 −0	−0	

7.3.4　剪力墙模板的拆除要点

1）单块就位组拼墙模先拆除墙两边的接缝窄条模板，再拆除背楞和穿墙螺栓，然后依次向墙中心方向逐块拆除。

2）整体预组拼模板拆除时，先拆除穿墙螺栓，调节斜撑支腿丝杠，使地脚离开地面，再拆除组拼大模板端部接缝处的窄条模板，然后敲击大模板上部，使之脱离墙体，用撬棍撬动组拼大模板底边肋，使之全部脱离墙体，用塔吊将模板吊出。

习　　题

1. 剪力墙大模板系统包括哪几大部分？
2. 剪力墙大模板面板系统常用材料有钢面板、组合钢模板、胶合板，其材料要求是什么？
3. 剪力墙模板的安装步骤是什么？

任务8　剪力墙的砼施工

8.1　剪力墙砼施工工艺流程

剪力墙砼施工工艺流程如下:施工缝处理→钢筋隐蔽验收→模板验收→砼浇筑许可证审批→模板清洁润湿→浇筑、养护砼。

8.2　剪力墙施工缝的留置

剪力墙施工缝留置在基础的顶面、板面、门洞口过梁跨中1/3范围内,也可留在纵横墙的交接处。

8.3　剪力墙砼施工要求

在砼浇筑时,做好砼的取样,浇筑砼前,要先浇筑5~10 cm厚的同配合比的水泥砂浆,方可浇筑砼,砼可沿墙体某一处下料,然后向两面展开,每次下料厚度控制在30 cm左右,以利于振捣,振捣时一定要特别注意,因墙体较高不能漏振,棒与棒之间间距不能大于30 cm,棒要实行快插慢拔的方法。砼浇筑到顶面后,一定要注意检查上口的钢筋是否移位,保护层是否合格,边检查边校正钢筋,以保护预留钢筋的准确度,从而避免质量事故。

墙体拆模后2~3 h内派专人进行养护,内外墙体都要彻底淋湿、淋透,以保证砼的水化正常进行。

实训项目:到施工现场观摩剪力墙的砼浇筑工作。

任务9 剪力墙的质量及安全控制

9.1 剪力墙的质量控制

9.1.1 剪力墙的质量控制要点

1. 施工方案的制订

剪力墙的施工方案主要涉及模板方案的选择。剪力墙模板方案的选择直接关系到剪力墙的施工效率,混凝土的外观质量及项目的经济效益。常用的模板方案主要有散拼大模、全钢大模及普通钢模板。无论在哪一种方案的制订中都应有保证质量的措施。

2. 施工过程的监管

剪力墙施工过程的监管内容主要是根据拟定的施工方案来检查钢筋的规格、级别、间距,模板的位置,墙体的截面尺寸,支撑加固措施,模板的垂直度,混凝土的配合比、浇筑及养护情况等。

9.1.2 质量记录资料

参见学习情境1中任务9的内容。

9.1.3 常见质量事故的处理

1. 预留孔洞、埋件移位

剪力墙常设计有安装和装饰工程用的预留孔洞和埋件,如果位置预留不准或漏放、漏埋、放反方向,或盲目使用不合格预埋件,或预埋件固定不牢浇捣混凝土时产生位移,将给安装工作带来很大的困难甚至损失。

①原因分析。对预留孔洞、预埋件不够重视,质量检查不细致。

②处理方法。结构预埋件遗漏或错位严重时,可局部凿除混凝土(或钻孔)后补做预埋件,也可用角钢固定在构件上,或用射钉枪打入膨胀螺栓来代替预埋件;预留洞遗漏时也可补做,但应注意结构中的钢筋处理,洞口边长或直径≤500 mm时,应在洞口周围增加两根直径为12的封闭钢箍或环形钢筋,并应注意满足钢筋搭接长度的要求;洞口边长或直径>500 mm时,宜在洞口周围增加钢筋混凝土框。

2. 胀模

剪力墙浇捣过程中模板鼓出、偏移、爆裂甚至坍塌,出现胀模。

①原因分析。模板侧向支撑刚度不够,模板太薄强度不足,对拉钢片或螺杆间距过大,或

混凝土浇筑速度过快，随着侧压力的突然增大，最终导致胀模。

②预防措施。模板的支撑体系应经过严格的受力分析，对横竖肋的间距及对拉钢片或螺杆的强度和间距都应进行受力分析来确定。在混凝土浇筑过程中应该加强巡查，发现情况立即纠正处理。

9.2 剪力墙的安全控制

在外墙的模板就位及加固时应站在铺设有脚手板的外架上进行操作，外墙的模板不应与外架有任何连接。剪力墙混凝土浇筑前应搭设好操作平台，工人不能直接站在墙体的支撑钢管或模板上进行操作。

其余内容参见学习情境 1 中任务 9。

学习情境 4 案例题

某办公住宅综合楼工程，总建筑面积 1.8 万 m^2，地上 10 层，为框架 – 剪力墙结构，由某建筑施工企业负责施工。在工程施工过程中，发生了如下事情。

事件一：在基础施工过程中，由于场地狭窄，施工进度快，边坡留置时间较短，施工单位认为不会出现问题，因此未经监理许可即采用较陡的边坡，基坑挖土完毕的当天晚上，天降小雨，造成边坡大面积塌方。

事件二：在 1 层框架 – 剪力墙结构施工过程中，部分墙体外形尺寸、轴线偏差较大。

事件三：在 2 层框架 – 剪力墙结构施工过程中，发现部分墙表面出现蜂窝和孔洞。

问题：

(1)施工单位确定施工方案后未经监理审核擅自施工的做法是否妥当？为什么？

(2)对边坡塌方的质量问题应如何处理？

(3)梁混凝土产生蜂窝和孔洞的原因是什么？应如何处理？

学习情境 4 小结

剪力墙是高层建筑中承受竖向荷载、抵抗水平荷载最主要的构件，并且柱这一构件往往与剪力墙合二为一，增加了建筑的刚度。本学习情境主要从读图、会审、人机料计划编制等 9 个任务入手，介绍了剪力墙施工中所涉及的知识点和技能，同时通过架子工、钢筋工、模板工等实训项目的设计实现学生“边学、边做、边互动”。对于与柱施工相同的知识点和技能未作介绍，选择性地采用了任务单方式实施“任务引导式”教学。由于剪力墙抄平放线、脚手架搭设、钢筋施工、模板施工、砼施工等任务在实施过程及结束后，均须对质量、安全进行检查和控制，所以任务 9 的内容与其他任务的内容有所交叉和重叠。

教学评估表

学习情境名称:________________班级:________________姓名:________________日期:________________

1. 本表主要用于对课程授课情况的调查,可以自愿选择署名或匿名方式填写问卷。根据自己的情况在相应的栏目打"√"。

评估项目＼评估等级	非常赞成	赞 成	不赞成	非常不赞成	无可奉告
(1)我对本学习情境的学习很感兴趣					
(2)教师的教学设计好,有准备并能阐述清楚					
(3)教师因材施教,运用了各种教学方法来帮助我的学习					
(4)学习内容能提升我的平法读图技能					
(5)有实物、图片、音像等材料,能帮助我更好地理解学习内容					
(6)教师知识丰富,能结合施工现场进行讲解					
(7)教师善于活跃课堂气氛,设计各种学习活动,利于学习					
(8)教师批阅、讲评作业认真、仔细,有利于我的学习					
(9)我能理解并能应用所学知识和技能					
(10)授课方式适合我的学习风格					
(11)我喜欢这门课中的各种学习活动					
(12)学习活动有利于我学习该课程					
(13)我有机会参与学习活动					
(14)每个活动结束都有归纳与总结					
(15)教材编排版式新颖,有利于我学习					
(16)教材使用的文字、语言通俗易懂,有对专业词汇的解释、提示和注意事项,利于我自学					
(17)教材为我完成学习任务提供了足够信息,并提供了查找资料的渠道					
(18)教材通过讲练结合使我技能增强了					
(19)教学内容难易程度合适,紧密结合施工现场,符合我的需求					
(20)我对完成今后的典型工作任务更有信心					

2. 您认为教学活动使用的视听教学设备：

合适 □　　太多 □　　太少 □

3. 教师安排边学、边做、边互动的比例：

讲太多 □　　练习太多 □　　活动太多 □　　恰到好处 □

4. 教学进度：

太快 □　　正合适 □　　太慢 □

5. 活动安排的时间长短：

太长 □　　正合适 □　　太短 □

6. 我最喜欢本学习情境的教学活动是：

7. 我最不喜欢本学习情境的教学活动是：

8. 本学习情境我最需要的帮助是：

9. 我对本学习情境改进教学活动的建议是：

学习情境5　楼梯的施工

【学习目标】

知识目标	能力目标	权重
能正确表述楼梯的平面整体表示方法及制图规则	能正确识读楼梯的结构施工图(平法表示)	0.10
能正确表述楼梯的构造标准	根据楼梯的构造标准,能进行楼梯施工图的会审和技术交底	0.15
能正确表述钢筋混凝土主体结构施工进度表中楼梯的施工内容	能较正确提出楼梯施工的人机料计划,正确选择所需施工机具	0.10
能够熟练表述用水准仪、经纬仪对楼梯进行定位放线时的操作步骤及方法	能正确操作水准仪、经纬仪,正确进行楼梯的定位、放线及轴线的引测	0.10
能熟练表述楼梯施工脚手架的种类及特点、脚手架的搭设要求及搭设步骤	能正确选用楼梯施工时所需脚手架及支架的类型,指导脚手架及支架的施工(包括搭设和检查)	0.10
能正确表述楼梯钢筋下料单的编制方法、楼梯钢筋的施工方法及施工规范等	能正确编制楼梯钢筋的下料单,能指导楼梯钢筋的施工(包括钢筋的成型、连接、安装及检查)	0.13
能正确表述楼梯模板的类型及特点、模板的配板过程、模板的施工方法及施工规范等	能正确选用楼梯模板的种类及规格,进行楼梯模板的配板设计,指导楼梯模板的施工(包括模板的定位、安装、检查)	0.10
能正确表述浇筑楼梯混凝土的抽样检查内容及步骤、混凝土工程的施工方法及施工规范等	能进行混凝土的抽样检查,指导楼梯的泵送混凝土施工(包括泵站的选择、管道的支设、混凝土的浇筑、检查)	0.10
能正确表述楼梯施工质量的检查方法及质量控制过程,质量安全事故等级划分及处理程序,楼梯施工的安全技术措施,楼梯施工常见的质量事故及其原因	能在楼梯施工过程中正确进行安全控制、质量控制,分析并处理常见质量问题和安全事故	0.12
合　计		1.00

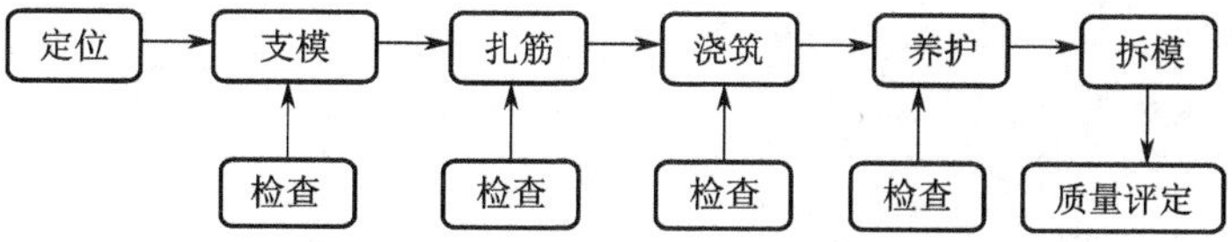

钢筋混凝土楼梯施工的流程框图

【教学准备】

准备楼梯施工中各工种(测量工、架子工、钢筋工、混凝土工等)的视频资料(各院校可自行拍摄或向相关出版机构购买),实训基地、水准仪、全站仪、钢管、模板、钢筋等实训场地、机具及材料。

【教学方法建议】

集中讲授、小组讨论方案、制订方案、观看视频、读图正误对比、下料长度计算、基地实训、现场观摩、拓展训练。

【建议学时】

12(8)学时

任务1　楼梯施工图的识读

目前常用的楼梯有梁式和板式两种,在现浇结构中多用板式楼梯。因此,楼梯的读图方法、读图步骤及读图内容与梁或板的读图相同。

前面已经介绍了梁、板施工图的识读,在此基础上,现给出一个楼梯的结构施工图,由学生正确识读出楼梯斜板的受力筋、分布筋(包括跨中和支座处),梯梁的钢筋。

学生照图完成以下任务(相关内容可填入钢筋下料单中)。

任　务　单

院(系):　　　　　　　　　　班级:　　　　　　　　　　年　　月　　日

学习领域		钢筋混凝土主体结构施工		
学习情境		5　楼梯的施工		
子情境		5.1　楼梯的读图		
任务名称		识读楼梯结施图		
目　　的		在限定时间内,根据给定的图纸完成楼梯结构施工图的识读		
完成时间		40 min		
工作步骤	资讯	分析、识读图纸	小组讨论	2 min
	决策	确定所用标准图集	小组讨论	1 min
	计划	制订读图步骤	小组讨论	1 min
	实施	读图并填写钢筋下料单	独立完成	28 min
	检查	填检查单	分组完成	5 min
	评价	填评价单	分组完成	3 min

工　　具 参考资料	1. 实施单、检查单、评价单 2. 教材 3. 定额

实　施　单

院(系):　　　　　　　　　　班级:　　　　　　　　　　年　　月　　日

任务责任人		完成时间	
学习领域	钢筋混凝土主体结构施工		
学习情境	5　楼梯的施工		
子情境	5.1　楼梯的读图		
任务名称	识读楼梯结施图		
实施操作	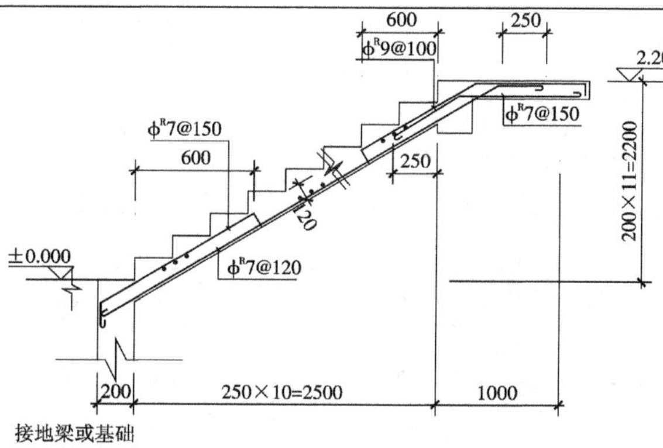 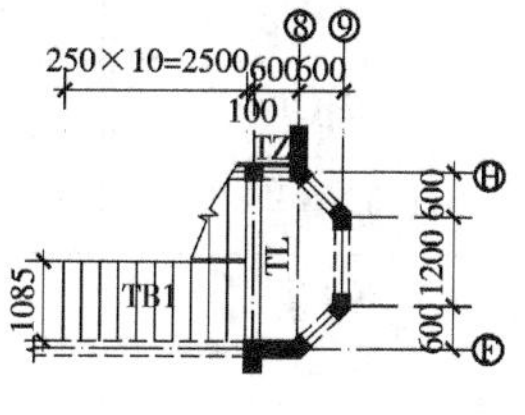 一层楼梯平面图 TB1 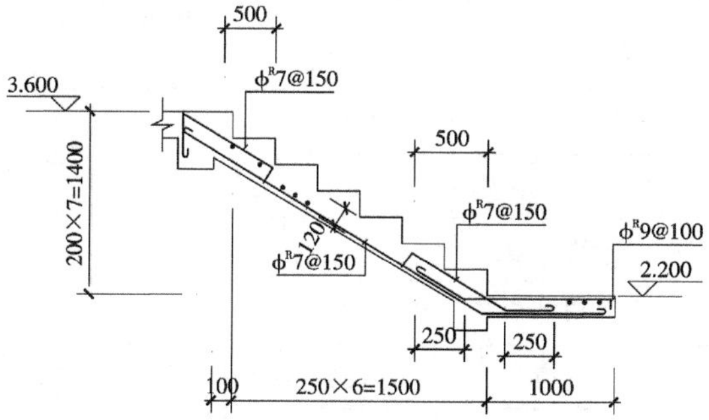 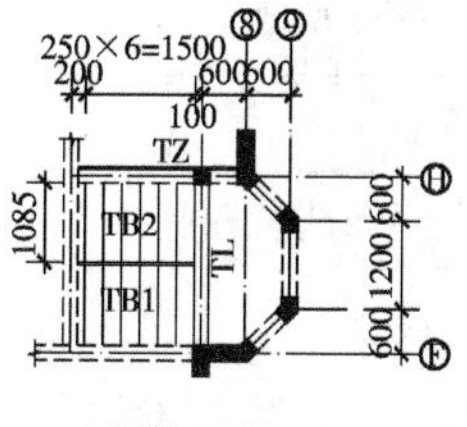 二层楼梯平面图 TB2 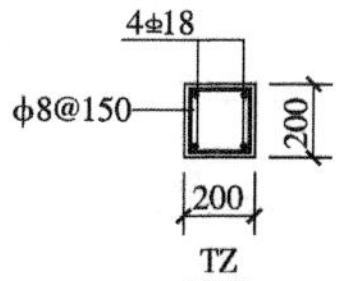 TZ 范围:基础~2.200 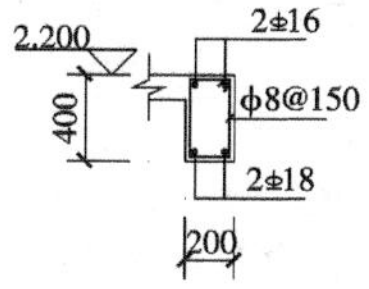 TL 说明:1.未注明的梁附加箍筋数量次梁两侧的主梁各3道箍筋。 2.未注板厚为100。 3.未注板面受力钢筋为$\phi^R7@180$ 。 4.未注板底受力钢筋为$\phi^R7@180$ 。 5.板分布钢筋为$\phi^R6@250$ 。		

检 查 单

院(系): 班级: 年 月 日

任务责任人			
学习领域	钢筋混凝土主体结构施工		
学习情境	5 楼梯的施工		
子情境	5.1 楼梯的读图		
任务名称	识读楼梯结施图		
检查内容	对	错	不清楚
钢筋直径			
钢筋编号			
钢筋形状			
钢筋根数			
钢筋长度			
钢筋级别			
小组长			
组员			

评 价 单

院(系): 班级: 年 月 日

任务责任人			总评分		
学习领域	钢筋混凝土主体结构施工				
学习情境	5 楼梯的施工				
子情境	5.1 楼梯的读图				
任务名称	识读楼梯结施图				
评价内容		分值	自评(20%)	组评(30%)	教师评价(50%)
决策	分析、识读图纸	5			
计划	确定所用标准图集	5			
实施	钢筋直径	10			
	钢筋编号	10			
	钢筋形状	20			
	钢筋根数	10			

实施	钢筋长度	25			
	钢筋级别	5			
检查	检查单填写	10			
合　计		100			
小组长					
组员					

注：教师也可提供另一张建筑物的楼梯图，交由学生完成。

任务2　楼梯的构造会审

2.1　楼梯的构造要求

2.1.1　板式楼梯

1）横向构造钢筋通常在每一踏步下放置1ϕ6或ϕ6@250。当梯板厚≥150 mm时，横向钢筋宜采用ϕ8@200。

2）板的跨中配筋按设计要求，支座配筋一般取配筋量的1/4，配筋范围为$L_n/4$，见图5.2.1，支座负筋也可在平台梁里锚固。

3）带有平台板的板式楼梯，当为上折板式时，在折角处应配置承受负弯矩的钢筋，其配筋范围可取$L_n/4$。其下部受力筋在折角处应伸入受压区锚固。

4）梯板板厚一般取$L_n/30 \sim L_n/25$。

5）当梯段的水平投影跨度不超过4 m，荷载不太大时，宜采用板式楼梯。

6）当板厚$t \geq 200$ mm时，纵向受力钢筋宜采用双层配筋。

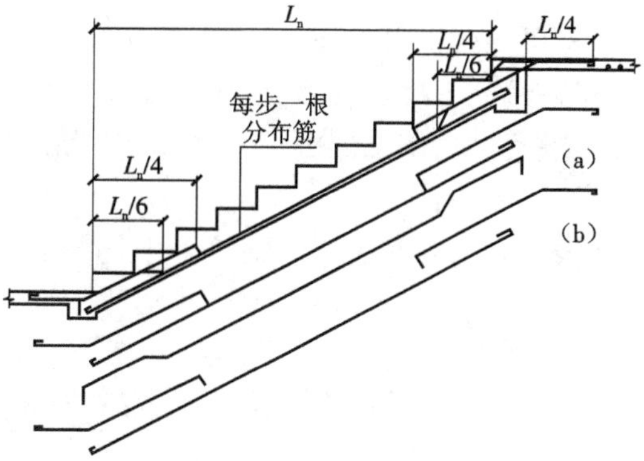

图5.2.1　板式楼梯配筋

(a)弯起式配筋　(b)分离式配筋

2.1.2 梁式楼梯

1) 双梁式梯段梁的高度一般为(1/18～1/12)L_n(L_n为梯段梁的水平投影的净距)，梯段板的厚度$t \geqslant 40$ mm。其厚度为从踏步凹角点至板底的法向距离。

2) 双梁式梯段板每一级踏步下配不少于2φ6的受力钢筋，为了承受支座处的负弯矩，板底受力筋伸入支座后，每2根中应弯上一根(图5.2.2)。分布筋常选用φ6@300。

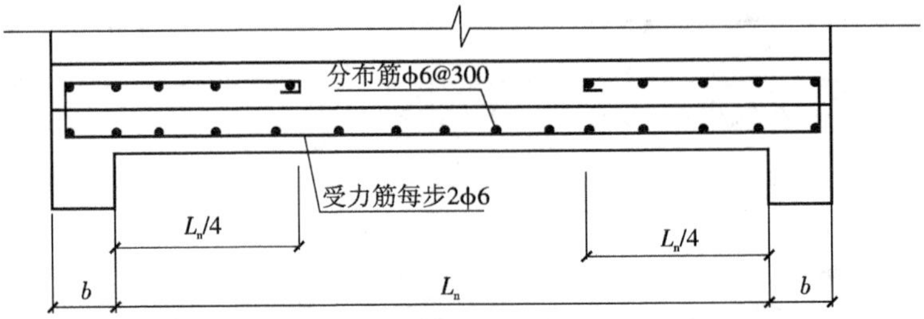

图5.2.2 双梁楼梯梯段配筋图

3) 单梁式梯段的高度一般为(1/15～1/12)L_n，厚度$t \geqslant 60$ mm。

4) 单梁式梯段梁应与两端的楼层梁整体连接。

2.2 楼梯技术交底的方法

1. 工艺流程

工艺流程如下：作业准备→混凝土搅拌→混凝土运输→楼梯混凝土浇筑与振捣→养护。

2. 楼梯段混凝土浇筑

楼梯段混凝土自下而上浇筑，先振实底板混凝土，达到踏步位置时再与踏步混凝土一起振捣，不断连续向上推进，并随时用木抹子(或塑料抹子)将踏步上表面抹平。

施工缝位置：楼梯混凝土宜连续浇筑完，多层楼梯的施工缝应留置在楼梯段三分之一的部位。

其余交底内容参见学习情境1中任务2。

任务3 楼梯的人机料计划编制

楼梯的人机料计划编制方法及步骤均与柱的人机料计划编制相同，也是先计算出楼梯的工程量，再查取相应的定额，利用定额算出相应的人机料用量。

任　务　单

院(系)：　　　　　　　　　班级：　　　　　　　　　年　　月　　日

学习领域		钢筋混凝土主体结构施工		
学习情境		5　楼梯的施工		
子情境		5.3　楼梯的人机料计划编制		
任务名称		编制人机料计划		
目　　的		在限定时间内，根据给定的图纸完成人机料用量的计算及安排等工作。学生应在柱人机料计划编制的基础上，利用所学知识、定额、经验等进行楼梯的人机料计划编制		
完成时间		20 min		
工作步骤	资讯	分析、识读图纸	小组讨论	2 min
	决策	确定所用定额	小组讨论	1 min
	计划	制订计算步骤	小组讨论	1 min
	实施	计算并安排	独立完成	10 min
	检查	填检查单	分组完成	3 min
	评价	填评价单	分组完成	3 min
工　　具 参考资料		1. 实施单、检查单、评价单 2. 教材 3. 定额		

实　施　单

院(系)：　　　　　　　　　班级：　　　　　　　　　年　　月　　日

任务责任人		完成时间	
学习领域	钢筋混凝土主体结构施工		
学习情境	5　楼梯的施工		
子情境	5.3　楼梯的人机料计划编制		
任务名称	编制人机料计划		
人机料计算	请学生按照 11G101—2 中 p23：3.570—5.170CT 型楼梯平面图，计算楼梯的工程量，然后套用相应定额，计算出人机料的用量。也可由教师提供其他建筑物的楼梯平法施工图，学生照图计算，完成该项任务		

检　查　单

院(系)：　　　　　　　　　　　　班级：　　　　　　　　　　年　　月　　日

任务责任人			
学习领域	钢筋混凝土主体结构施工		
学习情境	5　楼梯的施工		
子情境	5.3　楼梯的人机料计划编制		
任务名称	编制人机料计划		
检查内容	对	错	不清楚
图纸识读			
定额选用			
工程量计算			
套用定额			
经验值参考			
计划表绘制			
小组长			
组员			

评　价　单

院(系)：　　　　　　　　　　　　班级：　　　　　　　　　　年　　月　　日

任务责任人			总评分		
学习领域	钢筋混凝土主体结构施工				
学习情境	5　楼梯的施工				
子情境	5.3　楼梯的人机料计划编制				
任务名称	编制人机料计划				
评价内容		分值	自评(20%)	组评(30%)	教师评价(50%)
决策	分析、识读图纸	10			
计划	确定所用定额	10			
实施	工程量计算	30			
	套用定额	20			
	经验值参考	10			
	计划表绘制	10			

检查	检查单填写	10			
合　计		100			

小组长			
组员			

任务4　楼梯的测量施工

楼梯的测量施工工艺流程如下：楼梯放样→平台高程测量→复核。

楼梯的放样：根据楼梯步数及相邻两层高度确定楼梯步数及高度，注意休息平台及转脚平台的高程。

任　务　单

院(系)：　　　　　　班级：　　　　　　年　　月　　日

学习领域		钢筋混凝土主体结构施工		
学习情境		5　楼梯的施工		
子情境		5.4　楼梯的测量施工		
任务名称		楼梯的抄平放线		
目　　的		在限定的时间内，在实训基地进行楼梯的抄平放线工作。学生应在梁、板的测量施工的基础上，利用所学知识、仪器进行楼梯的抄平放线工作		
完成时间		20 min		
工作步骤	资讯	确定测量控制点	小组讨论	2 min
	决策	确定测量步骤	小组讨论	1 min
	计划	制订具体实施计划	小组讨论	1 min
	实施	测量操作	独立完成	10 min
	检查	填检查单	分组完成	3 min
	评价	填评价单	分组完成	3 min
工　　具 参考资料		1. 实施单、检查单、评价单 2. 教材		

实　施　单

院(系)：　　　　　　　　　　　　　　班级：　　　　　　　　　　　年　　　月　　　日

任务责任人		完成时间	
学习领域	钢筋混凝土主体结构施工		
学习情境	5　楼梯的施工		
子情境	5.4　楼梯的测量施工		
任务名称	楼梯的抄平放线		
测量操作	根据各院校提供的具体实训条件,楼梯的测量施工应控制其轴线偏差及标高情况,楼梯示意图如下：		

检　查　单

院(系)：　　　　　　　　　　　　　　班级：　　　　　　　　　　　年　　　月　　　日

任务责任人			
学习领域	钢筋混凝土主体结构施工		
学习情境	5　楼梯的施工		
子情境	5.4　楼梯的测量施工		
任务名称	楼梯的抄平放线		
检查内容	对	错	不清楚
水准控制点			
仪器架设			
平台标高(底)			
平台标高(面)			
楼梯步距			
楼梯步高			

楼梯端距			
小组长			
组员			

评　价　单

院（系）：　　　　　　　　　班级：　　　　　　　　年　　月　　日

任务责任人		总评分	
学习领域	钢筋混凝土主体结构施工		
学习情境	5　楼梯的施工		
子情境	5.4　楼梯的测量施工		
任务名称	楼梯的抄平放线		

评价内容		分值	自评（20%）	组评（30%）	教师评价（50%）
决策	确定测量步骤	10			
计划	确定实施步骤	10			
实施	水准控制点	10			
	仪器架设	10			
	平台标高（底）	10			
	平台标高（面）	10			
	楼梯步距	10			
	楼梯步高	10			
	楼梯端距	10			
检查	检查单填写	10			
合　计		100			

小组长			
组员			

任务5　楼梯的脚手架搭设

楼梯的脚手架搭设见学习情境1中扣件式钢管脚手架和里脚手架搭设情况。

任　务　单

院(系)：　　　　　　　　　班级：　　　　　　　　　年　　月　　日

学习领域		钢筋混凝土主体结构施工		
学习情境		5　楼梯的施工		
子情境		5.5　楼梯的脚手架搭设		
任务名称		楼梯的脚手架搭设		
目　　的		在限定的时间内,在实训基地进行楼梯的脚手架搭设工作。学生应在板的脚手架搭设施工的基础上,利用所学知识、工具进行楼梯的脚手架搭设工作		
完成时间		120 min		
工作步骤	资讯	测量放线、准备材料	小组实施	20 min
	决策	确定搭设顺序	小组实施	5 min
	计划	制订具体实施计划	小组讨论	5 min
	实施	脚手架搭设操作	小组实施	80 min
	检查	填检查单	分组完成	5 min
	评价	填评价单	分组完成	5 min
工　　具 参考资料		1. 实施单、检查单、评价单 2. 教材		

实　施　单

院(系)：　　　　　　　　　班级：　　　　　　　　　年　　月　　日

任务责任人		完成时间	
学习领域	钢筋混凝土主体结构施工		
学习情境	5　楼梯的施工		
子情境	5.5　楼梯的脚手架搭设		
任务名称	楼梯的脚手架搭设		

实施操作	根据各院校提供的具体实训条件，结合楼梯模板施工，搭设楼梯脚手架。提供样图如下： 

检　查　单

院(系)：　　　　　　　　　　班级：　　　　　　　　年　　月　　日

任务责任人			
学习领域	钢筋混凝土主体结构施工		
学习情境	5　楼梯的施工		
子情境	5.5　楼梯的脚手架搭设		
任务名称	楼梯的脚手架搭设		
检查内容	对	错	不清楚
放线			
连接			
扫地杆			
立杆			
横杆			
道木			
小组长			
组员			

评　价　单

院（系）：　　　　　　　　　　班级：　　　　　　　　年　　月　　日

任务责任人		总评分			
学习领域	钢筋混凝土主体结构施工				
学习情境	5　楼梯的施工				
子情境	5.5　楼梯的脚手架搭设				
任务名称	楼梯的脚手架搭设				

评价内容		允许误差/mm	分值	自评（20%）	组评（30%）	教师评价（50%）
决策	确定测量步骤		5			
	选择材料用量		5			
计划	实施步骤		5			
实施	定位		10			
	连接		10			
	扫地杆		10			
	立杆	±20	10			
	横杆	±10	5			
	步架宽度	±20	10			
	步架高度	±20	10			
	安全生产		8			
	文明施工		7			
检查	检查单填写		5			
合　计	100					
小组长						
组员						

任务6　楼梯的钢筋施工

楼梯钢筋施工的相关内容及要求详见学习情境1中和情境2中的任务6。钢筋安装位置的允许偏差及检验方法如表5.6.1所示。

表 5.6.1　钢筋安装位置的允许偏差及检验方法

项目			允许偏差/mm	检验方法
绑扎钢筋网	长、宽		±10	钢尺检查
	网眼尺寸		±20	钢尺量连续三档，取最大值
绑扎钢筋骨架	长		±10	钢尺检查
	宽、高		±5	钢尺检查
受力钢筋	间　距		±10	钢尺量两端、中间各一点，取最大值
	排　距		±5	
	保护层厚度	基础	±10	钢尺检查
		柱、梁	±5	钢尺检查
		板、墙、壳	±3	钢尺检查
绑扎箍筋、横向钢筋间距			±20	钢尺量连续三档，取最大值
钢筋弯起点位置			20	钢尺检查
预埋件	中心线位置		5	钢尺检查
	水平高差		+3,0	钢尺和塞尺检查

注：①检查预埋件中心线位置时，应沿纵、横两个方向测量，并取其中的较大值。

②表中梁、板类构件上部纵向受力钢筋保护层厚度的合格点率应达到90%及以上，且不得有超过表中数值1.5倍的尺寸偏差。

任务7　楼梯的模板施工

7.1　楼梯模板的类型及特点

在钢筋混凝土主体结构中，楼梯相对于梁、板、柱、剪力墙等构件来说，构件的形状不规则，变化较大。因此，在施工现场多采用胶合板原板加工成定型模板进行施工。

7.2　楼梯模板的配板过程

楼梯段底板一般采用双面覆膜胶合板模板，直接加工成楼梯宽度，使楼梯底模在楼梯宽度方向上没有拼缝，长度方向上的拼缝要粘贴胶条防止漏浆。底板模板的厚度须根据现场情况经模板设计计算确定。踏步侧模板和踏步挡板采用50 mm厚木板。对梯梁、梯板交界处也要加工定型模板。楼梯的配板示意如图5.7.1。在施工现场，模板的加工质量应满足情境1中

表1.7.1的要求,才能有效保证楼梯施工质量。

为保证楼梯能够安全有效地施工,楼梯模板的支撑系统一般采用满堂架式脚手架(构造同板模板支撑系统,参见学习情境3中图3.7.2),该架子具有结构简单、杆件力学性能好、工作安全可靠、拆装方便、零部件损耗低等优点。

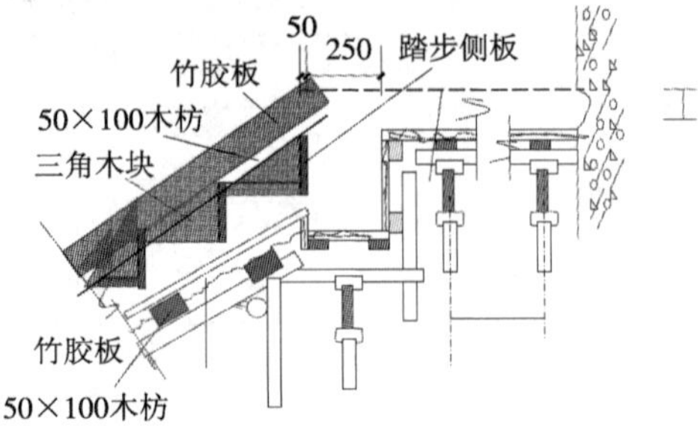

图5.7.1 楼梯模板的配板示意图

7.3 楼梯模板的施工方法与规范要求

7.3.1 楼梯模板的安装工艺

楼梯模板施工根据实际层高放样,先支设平台梁及平台模板,再支设楼梯段底模,然后支设已按图纸预制好的楼梯外帮侧模,外帮侧模应先在其内侧弹出底板厚度线,钉好固定侧板的挡木,在现场装订侧板。

靠墙一侧设置一道反楼梯侧板,以便吊装踏步侧板。梯步高度要均匀一致,特别是最下一步及最上一步的高度,必须考虑到地面装修层厚度,防止因装修层厚度的不同而使踏步高度不协调。

7.3.2 楼梯模板安装过程的注意事项

1)楼梯各点标高及各部分必须准确。

2)楼梯底板应平整,上下顺平。

3)整体楼梯模板必须牢固、稳定。

4)底板与侧板的拼缝应严密,防止漏浆。

7.3.3 楼梯模板的拆除

楼梯模板尽可能及时拆除,有利于模板的周转和加快工程进度。拆模要掌握时机,应使混凝土达到必要的强度。混凝土的强度以同条件养护试块的抗压强度为准。拆模具体要求如下。

①按设计、施工规范要求单独编制拆模技术交底,并实行拆模申请制度,经模板工长提出书面拆模申请,经技术负责人批准后方可拆模。

②模板的拆除时间根据天气温度控制,拆模时应保证楼梯棱角、表面不因拆除模板而受损坏。

③楼梯板模拆除,一般应保证混凝土强度达到设计强度的75%。

④拆除模板的顺序和方法,应按照模板设计的规定进行。模板拆除的原则一般是:先拆非承重模板,后拆承重部分模板;先支的后拆,后支的先拆;自上而下拆除模板。

⑤模板拆除后及时进行板面清理,涂刷隔离剂,防止粘连灰浆。拆下的模板和配件应分类堆放整齐。

习　　题

1.请简述楼梯胶合板模板的配板过程。

2. 请简述楼梯模板安装的施工工艺。

3. 模板拆除时要掌握时机，应使混凝土达到必要的强度，混凝土的强度以同条件养护试块的抗压强度为准。楼梯板模拆除时一般应保证混凝土强度达到设计强度的(　　)。

A. 100%　　B. 50%　　C. 80%　　D. 75%

任务 8　楼梯的砼施工

8.1　楼梯砼施工工艺流程

楼梯砼施工工艺流程如下:施工缝处理→钢筋隐蔽验收→模板验收→砼浇筑许可证审批→标高控制→模板清洁润湿→浇筑、养护砼。

8.2　楼梯施工缝的留置

楼梯施工缝留置在楼梯段 1/3 的部位。

8.3　楼梯砼施工要求

楼梯段砼自下而上浇筑,先振实底板砼,达到踏步位置时再与踏步砼一起浇筑,不断连续向上推进,并随时用木抹子将踏步表面抹平,楼梯随楼层浇筑。

其余内容参见学习情境 1 中任务 8。

实训项目:到施工现场观摩楼梯砼浇筑过程。

任务 9　楼梯的质量及安全控制

9.1　楼梯的质量控制

楼梯施工时的控制主要是层与层楼梯施工之间的施工缝的留置位置及留设方式,每一跑楼梯的踏步个数及踏步的宽度与高度。楼梯其实就是一块斜放着的板,其施工缝的留设也应满足前面任务所提及的留设要求。但考虑到施工的方便，一般留在第三步踏步的位置且缝应与板面垂直，绝不允许将施工缝留在楼梯梁的位置。

9.2 楼梯的安全控制

楼梯的混凝土浇筑一般在上一层梁板混凝土浇筑时进行，在浇筑时要采用溜槽或串筒降低其浇筑高度，以降低混凝土的冲击力可能对模板稳定的影响。工人操作时要注意楼梯踏步模板的牢固性，以免滑倒受伤。

其余内容参见学习情境1中任务9。

学习情境5小结

楼梯是建筑物上下层连接的构件，主要起垂直交通作用。本学习情境主要从读图、会审、人机料计划编制等9个任务入手，介绍了楼梯施工中所涉及的知识点和技能；同时通过架子工、钢筋工、模板工等实训项目的设计实现学生“边学、边做、边互动”。对于与柱施工相同的知识点和技能未作介绍，选择性地采用了任务单方式实施“任务引导式”教学。由于楼梯抄平放线、脚手架搭设、钢筋施工、模板施工、砼施工等任务在实施过程及结束后，均须对质量、安全进行检查和控制，所以任务9的内容与其他任务的内容有所交叉和重叠。

教学评估表

学习情境名称：________________班级：________________姓名：________________日期：________________

1.本表主要用于对课程授课情况的调查，可以自愿选择署名或匿名方式填写问卷。根据自己的情况在相应的栏目打“√”。

评估等级 / 评估项目	非常赞成	赞 成	不赞成	非常不赞成	无可奉告
(1)我对本学习情境的学习很感兴趣					
(2)教师的教学设计好，有准备并能阐述清楚					
(3)教师因材施教，运用了各种教学方法来帮助我的学习					
(4)学习内容能提升我的平法读图技能					
(5)有实物、图片、音像等材料，能帮助我更好地理解学习内容					
(6)教师知识丰富，能结合施工现场进行讲解					
(7)教师善于活跃课堂气氛，设计各种学习活动，利于学习					
(8)教师批阅、讲评作业认真、仔细，有利于我的学习					

评估等级 / 评估项目	非常赞成	赞 成	不赞成	非常不赞成	无可奉告
(9)我能理解并能应用所学知识和技能					
(10)授课方式适合我的学习风格					
(11)我喜欢这门课中的各种学习活动					
(12)学习活动有利于我学习该课程					
(13)我有机会参与学习活动					
(14)每个活动结束都有归纳与总结					
(15)教材编排版式新颖,有利于我学习					
(16)教材使用的文字、语言通俗易懂,有对专业词汇的解释、提示和注意事项,利于我自学					
(17)教材为我完成学习任务提供了足够信息,并提供了查找资料的渠道					
(18)教材通过讲练结合使我技能增强了					
(19)教学内容难易程度合适,紧密结合施工现场,符合我的需求					
(20)我对完成今后的典型工作任务更有信心					

2. 您认为教学活动使用的视听教学设备:

合适 □　　太多 □　　太少 □

3. 教师安排边学、边做、边互动的比例:

讲太多 □　　练习太多 □　　活动太多 □　　恰到好处 □

4. 教学进度:

太快 □　　正合适 □　　太慢 □

5. 活动安排的时间长短:

太长 □　　正合适 □　　太短 □

6. 我最喜欢本学习情境的教学活动是:

7. 我最不喜欢本学习情境的教学活动是:

8. 本学习情境我最需要的帮助是:

9. 我对本学习情境改进教学活动的建议是:

附 录

一、房屋倒塌前常出现的先兆特征

1. 地基不均匀沉降明显，或出现沉降突然加大，房屋或构筑物产生明显的倾斜、变形，地基土失稳，甚至涌出破坏。

2. 混凝土结构构件出现严重裂缝，并且继续发展。其中较常见的有悬挑结构构件根部（固定端）附近的裂缝，受压构件与压力方向平行的裂缝，框架梁与柱连接处附近的明显裂缝，梁支座附近的斜裂缝，梁受压区的压碎裂缝等。

3. 掉皮或落灰。混凝土表面层状剥落，抹灰层脱落（注意与抹灰质量差的区别），建筑碎屑下落，吊顶脱落等。

4. 承重构件产生过大的变形，如梁、板、屋架挠度过大。柱、墙倾斜，墙面弯曲、外鼓、开裂等。

5. 现浇钢筋混凝土结构构件拆除顶撑时困难，但应注意与支模方法不当造成拆支撑时困难相区别。

6. 其他。建筑构件或建筑材料破坏发出的声音，如“劈啪声”、“喳喳声”、爆裂声等。动物反常现象，如老鼠逃窜等。

二、钢筋混凝土主体结构施工的建筑工程倒塌事故分析

（一）地基事故造成建筑物倒塌

地基事故造成建筑物倒塌的特点和原因如下。

①地基承载力不足。较多见的是地基应力超过极限承载力，主体往往出现剪切破坏，地基基础旁侧土面隆起，建筑物倾斜或倒塌。

②整体失稳。主要指建造在古老滑坡区或施工引起新的滑坡，造成建筑结构事故。

③地基变形过大。主要指不均匀沉降在上部结构中产生附加应力，而造成建筑结构损坏，甚至倒塌。

上述三类原因造成的倒塌事故较多。其中最常见的是由于不进行或不认真进行地质勘测就进行建筑工程的设计与施工。

（二）柱、墙等垂直结构构件倒塌

柱、墙等垂直结构构件倒塌有下列主要原因。

①柱、墙设计截面太小。有的由于设计错误，致使截面承载力严重不足，安全系数太小，有的甚至小于1.0，个别竟低至0.29。在柱、墙上乱打洞或槽，致使过多地削弱截面面积。

②钢筋混凝土质量低劣。钢筋混凝土柱破坏的事故时有发生，其主要原因有的是设计不按规范、配筋不足、构造不合理，有的是施工质量低劣。例如吉林某市百货大楼的倒塌，就是因混凝土柱振捣不实，施工质量低劣而造成，经检查在二楼的两根柱子，竟分别有500 mm和1 000 mm高的“米花糖”区段，混凝土几乎像没有水泥浆的“石子堆”。因而柱在此薄弱区段破坏，而引起建筑整体倒塌。

③柱、墙失稳。其主要原因是施工过程中，房屋结构尚未形成整体时，有些柱、墙处于悬臂

或单独受力状态，当在施工过程中未采取可靠的防风、防倾倒的措施时，就会造成失稳倒塌。

（三）梁板结构倒塌

梁板结构倒塌有下列主要原因。

①设计人员的结构知识不足，乱出施工图。梁、板倒塌后验算，结构安全度远小于设计规范的规定，有的甚至仅在结构自重作用下就垮塌。

②构件质量差。尤其是预制楼板质量差引起垮塌的实例最多。

③楼、屋面超载。这类事故在全国各地、不同资质的施工企业发生过多次。

④乱改设计。有的施工人员结构知识较差，不按结构规律干，甚至乱改设计，盲目蛮干造成倒塌。

⑤施工质量低劣。常见的问题有：钢筋严重错位，混凝土强度严重不足，模板支架失稳等。

（四）悬挑结构倒塌

悬挑结构倒塌的类型主要有两种：一种是悬挑结构整体倾覆倒塌，另一种是沿悬臂梁或板的根部断塌。其主要原因有以下几种。

①设计和施工人员未做结构抗倾覆力矩的验算。悬挑结构的受力特点是大多数靠固定端（根部）的压重或外加拉力来维持其稳定而不致倾覆。因此，当设计或施工过程中实际的抗倾覆安全系数太小，势必造成整体倾覆而倒塌。

②模板及支架方案不当。悬挑结构的另一特点是从外挑端向固定端内力逐渐加大，不少设计将悬挑梁、板沿跨度方向做成变截面，施工中若不注意将模板做成等截面外形而造成固定端断面减小。如某钢筋混凝土建筑物有 900 mm 宽挑檐，挑檐板厚为：外挑端 100 mm，固定端 150 mm。施工中模板做成 100 mm，再加上配筋不良，结果拆模后断塌。有的悬挑结构所处位置较高，支模较困难，支模不当而倒塌的实例时有发生。如重庆某制药厂成品库，屋顶悬挑用斜撑支撑，斜撑与水平面之间的夹角太小，同时又无可靠的拉结固定措施，在浇筑混凝土时，整体倒塌。

③钢筋漏放、错位或产生过大变形。悬挑结构的又一特点是固定端处负弯矩大，主筋都配在梁或板的上部。但有的工程漏放或错放这些钢筋而造成悬挑结构断裂。如上海某宿舍工程，六层上的 7 个双阳台上的遮阳板，因漏放伸入圈梁的钢筋，在拆模时全部倒塌；又如贵州省遵义某公司楼梯挑板钢筋配反，受力筋伸入墙内长度不够，在拆模时倒塌；有的工程钢筋绑扎时的位置是准确的，但是固定方法不牢固或浇筑混凝土时不注意，而把钢筋踩下；有的悬挑部分长度较大的钢筋固定不牢，发生严重下垂，钢筋实际位置下移较多，这些都可能造成悬挑结构断裂。

④施工超载。挑檐雨篷类构件，设计荷载较小，如均布荷载值仅为 490 N/m^2，施工荷载远比这些数值大，如果支模不牢固或模板拆除后出现超载，往往造成悬挑结构断塌。如江苏某研究所图书馆，有一雨篷浇筑一年后突然倒塌，经检查，雨篷上堆积的建筑垃圾平均高达 15 cm，折合均布荷载约为 2 205 N/m^2，而且雨篷板上部钢筋被踩下，据验算，结构破坏安全系数小于 1（规范要求不小于 1.5）。

（五）现浇框架结构倒塌事故

现浇框架结构倒塌的主要原因有以下几种。

①乱估地基承载力。因地基产生明显的不均匀沉降，导致框架内产生较大的次应力，在上部结构也存在结构隐患的条件下发生垮塌。

②结构方案错误。常见的有在淤泥土地基上无根据地采用浅埋深(80 cm)的独立基础，框架梁柱连接节点构造不符合要求等。

③设计计算错误。常见的问题有荷载计算错误、内力计算错误以及荷载组合未按最不利原则进行等。其结果是导致结构构件截面太小，配筋量严重不足，框架的安全度大幅度下降。

④乱改设计。常见的问题有任意改变建筑构造，滥用保温材料，乱改节点构造等，其结果是有的造成超载，有的导致结构构造违反规定，还有的造成构件间的连接不牢固等。

⑤材料、制品质量问题。常见问题有未经设计同意，任意代用结构材料，导致承载力大幅度下降。

⑥混凝土质量低劣。常见问题有:混凝土配合比不良，浇筑成型方法不当，其结果是混凝土强度低下，构件成型后空洞、露筋严重，有的甚至出现像“米花糖”一样的混凝土构件。

⑦施工超载。楼、屋面乱堆材料和施工周转材料或机具，造成严重超载。

⑧监督管理失控。业主(建设单位)、监理公司和政府监督部门不能有效地进行质量监督。

⑨发现质量问题不及时分析处理，导致事态恶化，待到濒临倒塌状态时，无法挽救。

(六)模板及支架倒塌事故

模板及支架倒塌事故的主要原因有以下几种。

①模板与支架的构造方案不良，传力路线不清，导致不能承受施工荷载和混凝土侧压力。

②模板与支架的支撑结构不可靠。例如将支柱支撑在松散土上或新砌的砖、石砌体上等。

③模板支架系统整体失稳。具体的因素有支撑系统中和斜撑和剪刀撑，落地支撑的地面不坚实、不平整、支撑数量不够，布置不合理，杆件的支撑点和连接没有足够的支撑面积和可靠的连接措施，落地支撑下不设木垫板或木垫板太薄等。

④模板支架的材料质量不符合要求。主要有模板太薄，支柱太细，支柱接头太多，而且连接处不牢固，钢材或配件锈蚀严重等。

三、房屋倒塌案例分析

1. 工程概况

某市百货商店为3～4层现浇框架结构工程，在主体结构完成正在进行装修工程时，于2007年8月20日17时20分发生局部倒塌，倒塌面积989 m^2，造成2人死亡，1人重伤。

2. 事故原因分析

1)设计计算错误。包括荷载和内力计算错误，内力计算组合错误，框架配筋不足(最严重处配筋少45%)等。

2)施工图有差错。有的构造要求图纸中未表达清楚，如次梁的支撑长度等，导致施工错误。

3)施工质量低劣。主要问题有以下几种。

①混凝土浇筑质量低劣。主要是框架柱有严重孔洞、烂根和出现蜂窝状疏松区段(50 cm和100 cm高的无水泥石子)。

②混凝土实际强度低。该工程部分混凝土没有达到设计强度。

③砌筑工程质量差。砖与砌筑砂浆强度均未达到设计要求。砌体组砌方法不良,不符合施工规范要求。例如很多部位砂浆不饱满,灰缝达不到规范要求,通缝较多等。实际要求埋置的拉结或加强钢筋,施工中漏放或少放。

4)施工中实际荷载严重超过设计荷载。

①施工超载。三层屋顶的一部分在施工过程中作上料平台用,且堆料过多,倒塌时屋顶堆有 ф48 脚手架钢筋 49 根和屋面找坡用的炉渣堆等。

②构件超厚。经检查大部分预制空心板都超厚,设计为 18 cm,实际为 19 ~ 20.5 cm。

③炉渣层超重。倒塌时正值雨季,连阴雨天使屋面炉渣层的含水率达饱和状态,炉渣的密度达 1 037 kg/m^3;超过设计值 30%。

5)乱改设计。未经设计单位同意屋面坡度由 2% 改为 4%;地面细石混凝土厚度由 4 cm 改为 6 cm;水泥砂浆找平层由 1.5 cm 改为 3 cm,这就使静荷载由原设计的 1 392 N/m^2 增加到 1 911 N/m^2,比原设计增加 37%,而第四层则由 549 N/m^2 增加到 1 215 N/m^2,增加了 120%。

6)施工管理失控。钢筋位置不准,搭接长度不足。

参考文献

[1] 中国建筑标准设计研究院. 混凝土结构施工图平面整体表示方法制图规则和构造详图(11G101—1、11G101—2、11G101—3)[M]. 北京:中国计划出版社,2011.

[2] 中华人民共和国建设部. 混凝土结构设计规范(GB 50010—2010)[M]. 北京:中国建筑工业出版社,2010.

[3] 中华人民共和国建设部. 高层建筑混凝土结构技术规程(JGJ3—2010)[M]. 北京:中国建筑工业出版社,2010.

[4] 中华人民共和国建设部. 混凝土结构工程施工质量验收规范(GB 50204—2011)[M]. 北京:中国建筑工业出版社,2011.

[5] 中国建筑科学研究院. 混凝土泵送施工技术规程(JGJ/T10—2011)[M]. 北京:中国建筑工业出版社,2011.

[6] 中华人民共和国建设部. 建筑工程施工质量验收统一标准(GB 50300—2010)[M]. 北京:中国建筑工业出版社,2010.

[7] 中华人民共和国电力工业部. 建设工程施工现场供用电安全规范(GB 50194—2002)[M]. 北京:中国建筑工业出版社,2003.

[8] 汪绯. 建筑工程质量事故的分析与处理[M]. 北京:化学工业出版社. 2006.

[9] 雷宏刚. 土木工程事故分析与处理[M]. 武汉:华中科技大学出版社. 2009.

[10] 邹绍明. 建筑施工技术[M]. 重庆:重庆大学出版社. 2009.

[11] 卢循. 建筑施工技术[M]. 北京:中国建筑工业出版社. 1994.